人気の講義  改訂新版

鈴木誠治の
物理が
初歩からしっかり身につく

波動・電磁気・原子編

河合塾講師 **鈴木誠治**

JN100010

技術評論社

授業のはじめに

僕は様々な予備校で教えているのだが、いつも次のように考えている。

「物理がわからないのは、ぜーんぶ教える側の責任！！」

だから受験生が苦手とする電磁気の分野などは、講義を始める前に、この教え方で本当に良いのかと常に自問自答している。

だけど、生徒におもねるような講義じゃだめだと思う。本質的な部分は煙に巻いて、耳障りの良い話だけして、重要だから公式は暗記しちゃおうってのは、決して生徒のためにならない。

本書を書くときも常に意識したのは物理の本質は失わずに、できるだけわかりやすく書くことだ。

ごまかしなしに物理の真の姿を見つめることによって、物理の本当の楽しさを知ることができると思う。

物理を勉強して、一体何の役に立つんだ、という声をよく聞くのだが、日常生活に潜む現象が理解できるだけでなく論理的な考え方が身につくのだ。つまりは……、

人生が変わる！
（言い過ぎか……）

理解することは慣れることと、とても近いと筆者は考えている。一章を読んで内容がわからなくても、軽く読み飛ばして後の章を読み進めていこ

4

う。こうすることで、前の章の意味がわかったりする場合ってよくあることなんだ。

　最後に本書を書くにあたり、いつも的確なアドバイスをくださった技術評論社の浦野翔哉さん、僕の書いた原稿を2色刷りの校正紙に立ち上げてくれた職人さん、イラストレータのサワダサワコさん、印刷所の皆さん、取次店の皆さん、書店の販売員の皆さん……この本に関わった全ての方に心から御礼申し上げます。

2023年10月吉日

目　次

※単元にある記号は次のように対応しています。
基…物理基礎
物…物理（物理基礎の発展問題を含みます。）

第1部

波動

1章 波の基本

　波は、われわれの身の回りにあふれている現象だね。空気中を伝わる音波、大海原を伝わる水面波等……

　波が伝わるためには**振動を伝える物質**が必要だ。これを**媒質**って呼ぶ。音波ならば、空気が媒質だよね。

　ところが、媒質がなくても伝わることができる波があるよね？　つまり、真空中を伝わることができる波といえば何かな??

　ずばり光波だね！　光波は、一般的に電場Eと磁場Hの振動が伝わる**電磁波**の一種なんだけど、電磁波は例外的に媒質がなくても伝わることができる波だってことを覚えておこう。

1-1 周期：T〔s〕と振動数：f〔Hz〕

　円周上を一定の速さで回転する物体の運動（**等速円運動**）を真横から眺めると、上下に運動するように見えるよね。この上下運動が**単振動**だ。

円運動を横から見ると**単振動に見える！**

1往復の時間が**周期**T〔s〕だ。

　円運動の1回転を単振動で捉えると、上下に1往復するね。この1往復の時間を**周期：T〔s〕**という。

　また、1s当たりの往復回数を**振動数：f〔Hz：ヘルツ〕**という。

　では周期：Tと振動数：fの間には、どんな関係があるかな？　例として1往復の時間である周期：Tが0.2sだったとしよう。

　振動数fは1s当たりの往復回数なのだから、$f = 1 \div 0.2 = 5$〔Hz〕と計算できるね。つまり、**振動数 f は周期 T の逆数**だ！

$$\text{振動数：} f\text{〔Hz〕} = \frac{1}{T\text{〔s〕}} \quad \text{（振動数は周期の逆数）}$$

1-2 波長、振幅、波の速さ

次の図のように、結び目のあるロープの一端を手で支え、上下に単振動させる。すると、振動がロープを伝わり波形が移動するよね。ロープのような波を伝える物質を**媒質**、媒質中を振動が伝わる現象を**波動**と呼ぶ。

ロープの一端を上下1往復(周期Tだね！)させた場合に送り出される波形は、次の図のように、**山**と**谷**を含んだサインカーブとなるよね。

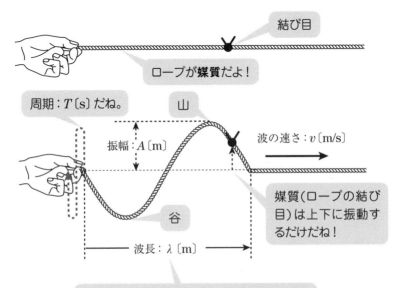

結び目

ロープが**媒質**だよ！

周期：T〔s〕だね。

振幅：A〔m〕

山

波の速さ：v〔m/s〕

媒質(ロープの結び目)は上下に振動するだけだね！

谷

波長：λ〔m〕

1往復＝周期Tで送り出す長さが波長λだ！

上下1往復で、送り出された波の長さを**波長：λ〔m〕**という(λはギリシャ文字でラムダって読むんだ)。また、山の高さ、または、谷の深さを**振幅：A〔m〕**っていうんだ。

POINT

波形が右に移動しても、媒質(ロープなど)が右に移動する訳じゃないよね。ロープの結び目の運動を見てわかるように、**媒質は上下に振動**しているだけだ。

では、波形の移動する速さ：v〔m/s〕は周期T〔s〕と波長λ〔m〕を用いて、どのように表すことができるかな？

　上下1往復の時間：T〔s〕の間に、波形は1波長：λ〔m〕進んだのだから、次のように、速さ $= \dfrac{距離}{時間}$ で計算できるね。

　　波の速さ：v〔m/s〕$= \dfrac{\lambda \text{〔m〕}}{T\text{〔s〕}}$

上の式は$v = \lambda \times \dfrac{1}{T}$と書ける。**1-1** で登場した振動数と周期の関係：f〔Hz〕$= \dfrac{1}{T\text{〔s〕}}$ を用いると、波の速さは$v = f\lambda$と書くこともできるね。以上をまとめると、次のとおりだ。

> **波の速さ**：v〔m/s〕$= \dfrac{\lambda \text{〔m〕}}{T\text{〔s〕}} = f\lambda$

1-3 y–xグラフ、y–tグラフ

　波を表すグラフは、次に示す2種類あることを覚えよう。

(1)　y–xグラフ

　y軸は波の高さを表し、x軸は媒質上（ロープ上）の位置だ。y–xグラフは、ある時刻の波形を表すグラフなんだ。

　次の図で①とあるのは、時刻$t = 0$sの瞬間の波形を表している。

　②、③と時間が経つにつれて、波形がどんどん右に移動するのがわかるよね。

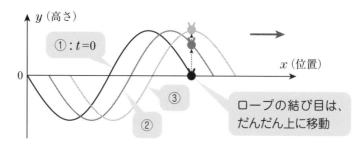

y–xグラフは、**時間よ止まれ！**ってカンジ。その瞬間の波形を表すんだね。

(2)　y–tグラフ

y軸は波の高さ、t軸は時間だよ。y–tグラフは、**ある位置に注目し、時間とともに高さが変わる様子**（単振動の運動）を表すグラフだ。(1)のy–xグラフで、結び目の動きに注目しよう。

①：$t=0$sでは、結び目の高さ：yは0mだ。②、③と時間が経つにつれて、結び目が上に動いていくのがわかるよね。

結び目の、時間：tとともに高さ：yが変化する様子を表したものが次のy–tグラフだ。

結び目の振動を表すy–tグラフ

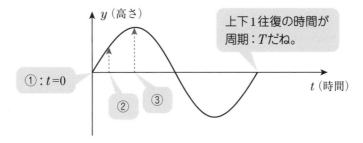

上下1往復の時間が周期：Tだね。

y–tグラフは、ある位置に注目して、時間とともに高さが変化している様子を表すんだね。

　波を表すグラフは、**ある時刻の波形を表すy–xグラフ**と、**ある位置の振動の様子を表すy–tグラフ**の2種類あることをしっかり覚えよう！

基本演習

図のようにx軸の正方向に進む波がある。0sにおける波形が実線で、2.0sにはじめて点線で示されている波形になった。

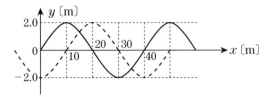

(1)　波の振幅、伝わる速さ、周期を示せ。

(2)　$x=0$における媒質の変位yと時刻tのグラフを描け。

解答

(1)　問題に登場したグラフは**y–xグラフ**だね。

> **y–xグラフ：時間を止めたときの波の形を表す**

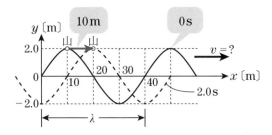

振幅Aは山の高さだよね。よって、$A=2.0$m ……答

実線0sの波形の山に注目すると、2.0s後には10m進んでいるのがわかるよね。よって、波の速さをv[m/s]とすると、次のように計算することができる。

$$v=\frac{10\,\text{m}}{2.0\,\text{s}}=5.0\,\text{m/s}\ \cdots\cdots\text{答}$$

y–xグラフから波の波長λは、$\lambda=40$mと読み取ることができる。

ここで、**波の速さ**：$v = \dfrac{\lambda\,(波長)}{T\,(周期)}$ を利用すると、波の周期：$T\,(s)$は、波の速さv、波長λから計算できるね。波の速さの式を次のように変形し、前問で求めた速さと波長を代入する。

$$T = \frac{\lambda}{v} = \frac{40\,\mathrm{m}}{5.0\,\mathrm{m/s}} = 8.0\,\mathrm{s} \quad\cdots\cdots\text{答}$$

(2) $x = 0$での振動を考えてみる。

$t = 0\,\mathrm{s}$での、波の高さ$y\,(m)$は、$y = 0\,\mathrm{m}$だったね。では次の瞬間波の高さは上がる？ 下がる？

ここで、y–xグラフ（波形）をなぞって、上向きと答えたらアウトだ！

 POINT

y–xグラフから、ある位置の振動を調べるには、**波形を進行方向にずらしてみよう。**

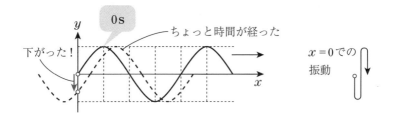

すると、$x = 0$での波の高さyは、時間が経つにつれ下がるのがわかるよね。これをもとに**y–tグラフ**を書く。y–tグラフは、ある位置の振動を表すグラフだね。

$\boxed{\textbf{\textit{y}--\textit{t}グラフ}：ある位置の振動を表す}$

1往復する時間が周期$T\,(s)$だ。前問で求めた$T = 8.0\,\mathrm{s}$をグラフ上に書き込むとy–tグラフは次のように書けるね。

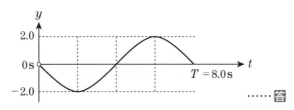

$\cdots\cdots\text{答}$

演習問題

　気体中を x 軸に沿って音波が進んでいる。上図は時刻 $t = 0$ における場所ごとの気体の変位を表したグラフである。下図は場所 $x = 0$ における気体の変位の時間変化を表したグラフである。ただし、気体の変位の符号は x 軸の正の方向を正としている。

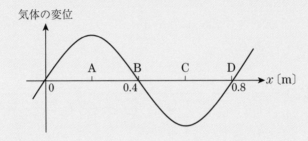

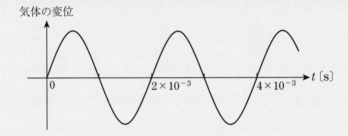

　この音波の速度はほぼいくらか。次の①～⑥のうちから正しいものを一つ選べ。ただし、x 軸の正の方向に進む向きを正とする。

　　□ 〔m/s〕

　　①　−800　　②　−400　　③　−200

　　④　800　　⑤　400　　⑥　200

解答

　まず、音波が左右どちらに進むかを考えよう。0sの$y-x$グラフが右に進む場合、左に進む場合を考えて、$x=0$での単振動を調べてみよう。

右に進む場合

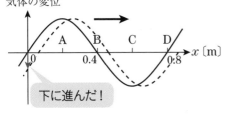

気体の変位

下に進んだ！

左に進む場合

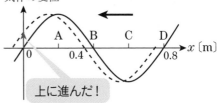

気体の変位

上に進んだ！

$x=0$における$y-t$グラフより、$t=0$で波の高さが$y=0$から始まり、時間が進むにつれて高さが上がっていくことがわかるよね！
よって、波の進行方向は??

　問題に与えられた$t=0$sの$y-x$グラフを進行方向にちょっと進ませてみると、$x=0$で高さが上がっていくのは、波が左に進む場合であることがわかるね。また、$y-x$グラフから波長は、$\lambda=0.8$m、$y-t$グラフから周期は$T=2\times10^{-3}$sだね。よって、波の伝わる速さv〔m/s〕は、波の速さの公式を用いて次のように計算できる。

$$|v|=\frac{\lambda}{T}=\frac{0.8}{2\times10^{-3}}=400 \text{〔m/s〕}$$

　波が進む方向($-x$方向)を含めると、速度：$v=-400$〔m/s〕 ……②答

　この章では、波を表す式が登場だ。波の式を作るには、単振動の知識が必要となるよ！

補足　**単振動の基本**

　次の図のように、半径Aの円周上を、**等速円運動**する物体があり、前章で学んだように真横から見ると、**単振動**だね。

　円の中心を原点（$y=0$）、上向きを正とするy軸を与える。

　円運動で大切な物理量に**角速度**ω（オメガって読む）があるが、t〔s〕間に中心と物体を結ぶ線分の進んだ角度をθ〔rad〕として、次のように表すことができる。

> **角速度**：ω〔rad/s〕$= \dfrac{\theta}{t}$

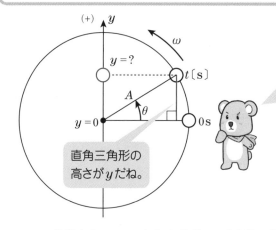

円運動を横から眺めると、y軸上を上下に振動してるように見える！
これが単振動だね。

直角三角形の高さがyだね。

　0sで、真横からスタートした物体のt〔s〕後の単振動の位置y（図の赤丸）は、進んだ角度θを用いて次のように表すことができる。

単振動の位置：$y = A\sin\theta$

　進んだ角度θは**角速度**：ωの定義より、次のように計算できる。

角速度：ω〔rad/s〕$= \dfrac{\theta\,〔rad〕}{t\,〔s〕}$、よって$\theta = \omega t$〔rad〕

$\theta = \omega t$を位置：$y = A\sin\theta$に代入すると、単振動の位置：yは次のよう

に表すことができる。

　　　　単振動の位置：$y = A\sin\omega t$

　上式のAは**振幅**、ωは**角振動数**という。ちなみに、円運動の周期Tを用いて角速度ωは次のように計算できる。

$$\omega = \frac{\theta}{t} = \frac{2\pi\,[\mathrm{rad}]}{T\,[\mathrm{s}]}$$

　よって、単振動の位置yは
周期を用いて次のように表すことができるね！

1回転で進んだ角度
は$2\pi\,[\mathrm{rad}]$だね！

$T\,[\mathrm{s}]$

周期Tを用いた単振動の位置：$y = A\sin\dfrac{2\pi}{T}t$

2-1　波の式の作り方

　波の式とは波の高さ$y\,[\mathrm{m}]$を、位置$x\,[\mathrm{m}]$と時間$t\,[\mathrm{s}]$で表したものだ。

【サーファーA、Bの会話】

「あのビックウェーブはすごかったぜ。高さ2mかな？」

　　　　　　　　　　　　　　　　⇒**波の高さ$y\,[\mathrm{m}]$**

「それっていつの話なの？」

「2015年の正月だよ」　　　　　⇒**時間$t\,[\mathrm{s}]$**

「ところで場所は？」

「湘南海岸さっ！」　　　　　　⇒**位置$x\,[\mathrm{m}]$**

　上記の会話からわかるように、波の高さyは、位置xと時間tを与えることによって決まるね！

　例として次の図のように、x軸上を右向きにv〔m/s〕で進む波がある。時刻$t=0$sに波の先端が$x=0$（原点）に達したとする。この波の式を作ってみよう！

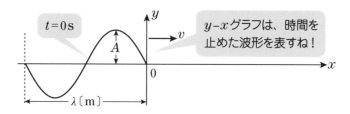

　波の式は次の2つの step で作ることができる。

step1 　**原点：$x=0$の波の高さ：yを、時間：tの関数として表す。**

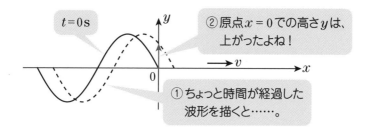

　ちょっと時間が経過し波が進むと、原点での高さは上に移動し始める単振動となることがわかるよね。

　そこで、単振動を式で表すために、原点：$x=0$でのy-tグラフを描いてみよう。

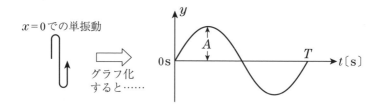

　原点$x=0$における単振動は、$y=A\sin\omega t$の形であることがわかるよね。ωを周期Tを用いた形：$\dfrac{2\pi}{T}$に書き換えると次のようになる。

原点$x=0$での単振動：$y = A \sin \dfrac{2\pi}{T} t$ 　　　　……①

step2　位置xでの波の高さyを時間tと位置xの関数として表す。これが、まさに波を表す式となる！！

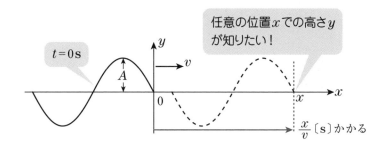

任意の位置xでの高さy
が知りたい！

$t=0\,\text{s}$

A

$\dfrac{x}{v}$〔s〕かかる

原点$x=0$から出発した波は、位置xに届くまでに時間が$\dfrac{x}{v}$〔s〕かかるよね？　ということは、**位置xでの単振動は、原点に比べて$\dfrac{x}{v}$〔s〕遅れた単振動となる。**xにおけるy–tグラフは、次の図の赤いサインカーブとなる。

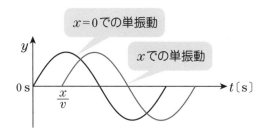

$x=0$での単振動

xでの単振動

$\dfrac{x}{v}$

よってxでの振動は、$x=0$での単振動のグラフをt軸の正方向に$\dfrac{x}{v}$だけ**平行移動**したものだ。

■ **平行移動の基本確認**

次の図のように $y = x^2$ を x 軸の正の方向に2だけ平行移動すると、どのような関数？

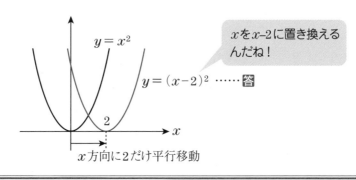

$xを x\text{-}2 に置き換えるんだね！$

$y = (x-2)^2$ ……答

x 方向に2だけ平行移動

平行移動の考えで、$x = 0$ での単振動の式 $y = A\sin\dfrac{2\pi}{T}t$ の時刻 t を $t - \dfrac{x}{v}$ に置き換えると、位置 x での単振動は次のように表すことができる。

$$y = A\sin\dfrac{2\pi}{T}\left(t - \dfrac{x}{v}\right) \qquad\qquad \cdots\cdots②$$

②は波の高さ y が時刻 t と位置 x で決まることを表している。これが**波の式**だ！

波の伝わる速さ $v\text{[m/s]} = \dfrac{\lambda\text{[m]}}{T\text{[s]}}$ を②に代入すると、波長 λ を用いて次のようにも書ける。

$$y = A\sin 2\pi\left(\dfrac{t}{T} - \dfrac{x}{\lambda}\right)$$

波の高さ y が x と t で表されているよね！　まさにこれが波の式だ！

波の式は、覚えちゃだめだね！

step1
原点：$x = 0$ の単振動を決める。

step2
$x = 0$ での単振動の t を $t - \dfrac{x}{v}$ に置き換える。この流れだよ。

基本演習

　図1は、x軸の正の向きに進む正弦波の横波のある瞬間の媒質の座標xと変位yの関係を表し、図2は、媒質のある点の変位yと経過時間tの関係を表している。次の問いに答えよ。

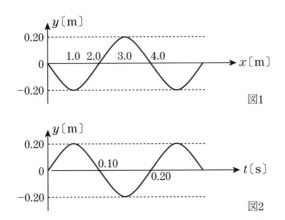

図1

図2

(1)　この波の速さを求めよ。

(2)　図1が時刻$t=0$のときのxとyの関係を表しているとき、時刻tにおける原点($x=0$m)での変位yを表す式を求めよ。

(3)　この波の座標xでの時刻tにおける変位yを表す式を求めよ。

解答

(1) 波の速さを求めるために、波長 λ と周期 T をグラフから読もう!

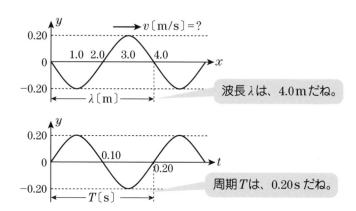

波長 λ は、4.0 m だね。

周期 T は、0.20 s だね。

波の速さの公式:$v = \dfrac{\lambda\,\text{[m]}}{T\,\text{[s]}}$ より速さ v を求めよう!

$$v = \frac{4.0\,\text{[m]}}{0.20\,\text{[s]}} = 20\,\text{[m/s]} \quad \cdots\cdots \boxed{\text{答}}$$

(2) y–x グラフから、原点 $x=0$ における振動を調べたい。そこで波形を進行方向にちょっとずらしてみて、y–t グラフを書く。

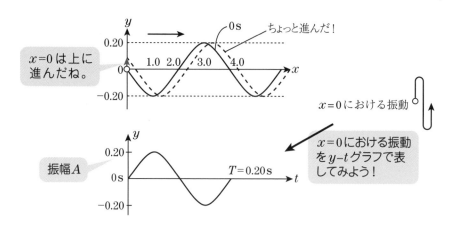

$x=0$ は上に進んだね。

0s ちょっと進んだ!

$x=0$ における振動

$x=0$ における振動を y–t グラフで表してみよう!

振幅 A

この y–t グラフを式で表すと、$y = A\sin\omega t$ となるが、ω は周期 T を用いて、$\omega = \dfrac{2\pi}{T}$ に書き換える。

$x=0$での単振動：$y = A\sin\dfrac{2\pi}{T}t$

周期 $T=0.20\,\text{s}$、振幅 $A=0.20\,\text{m}$ を代入する。

$$y = 0.20\sin\dfrac{2\pi}{0.20}t$$

$$y = 0.20\sin10\pi t \ \cdots\cdots \boxed{答}$$

(3)　問題文に「**座標xでの時刻tにおける変位yを表す式**」とあるのは、波の高さyを位置xと時間tで表せってことだよね。つまり**波の式**を作りなさいって問題だね！

波の式の作り方

step1　$x=0$における高さyを時間tで表す。

step2　xにおける高さyを求める。原点のtを$t-\dfrac{x}{v}$に置き換える。

---

step1　原点$x=0$における振動は(2)で求めたよね。

$$y = A\sin\dfrac{2\pi}{T}t = 0.20\sin10\pi t \qquad\qquad \cdots\cdots ①$$

step2　①のtを$t-\dfrac{x}{v}$に置き換えるだけだ。

$$y = 0.20\sin10\pi\left(t-\dfrac{x}{v}\right)$$

上式に、速度$v=20\,\text{m/s}$を代入する。

$$y = 0.20\sin10\pi\left(t-\dfrac{x}{20}\right) \ \cdots\cdots \boxed{答}$$

3章　定常波、自由端反射・固定端反射

次の図のように、逆向きに進む高さ2mと1mの箱型（？）の波形が出合うとどうなるかな？

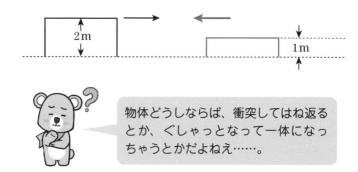

物体どうしならば、衝突してはね返るとか、ぐしゃっとなって一体になっちゃうとかだよねえ……。

実際には、次のように重なり合って**合成波**が生まれる。**合成波**はそれぞれの波の高さの和となるんだ。この原理が**重ね合わせの原理**だ。

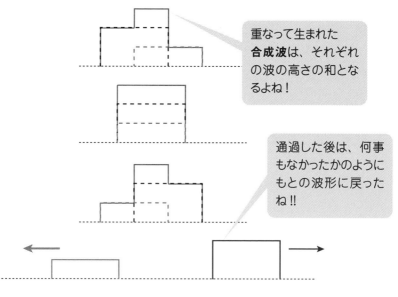

重なって生まれた**合成波**は、それぞれの波の高さの和となるよね！

通過した後は、何事もなかったかのようにもとの波形に戻ったね!!

2つの波が通りすぎると、上図のように何事もなかったかのようにもとの波形に戻る。このことを**波の独立性**っていうんだよ。

3-1 定常波

　逆方向に進む同じ形の**進行波**（一方向に進む波）が重なり合うと、どんな合成波が生まれるか？　次の図は2つの波が出合ったときから$\frac{T}{4}$ごとの波形$\left(\frac{\lambda}{4}$進むごとの波形$\right)$を示したものだよ。合成波（赤い太実線）は**重ね合わせの原理**で作図できるね。

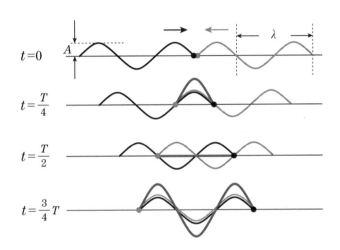

　合成波だけを書くと次のようになる。

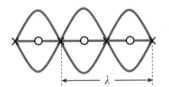

○ **腹**：振幅$2A$
✕ **節**：振幅0

　合成波は、全く振動しない部分（節）と、大きく振動（振幅2倍）する部分（腹）が$\frac{\lambda}{4}$の等間隔で並び、左右どちらにも移動しない波ができたね。この合成波が**定常波**だ！

● 覚えておくと便利！

定常波の1波長はレモン2個分＝

3-2 自由端反射、固定端反射

　次の図のように、ロープの右端を棒（**反射点**）に取り付ける。反射点に**入射波**が入射すると、反射点から**反射波**が送り出されるよね。

　反射には**自由端反射**と**固定端反射**の2種類があることを覚えよう！

● **自由端**はロープに**質量の無視できるリング**を取り付け、棒に対して摩擦なくなめらかに動ける反射点だ。（重力の影響は無視）

● **固定端**はロープが棒に結ばれて動けない反射点だよ。

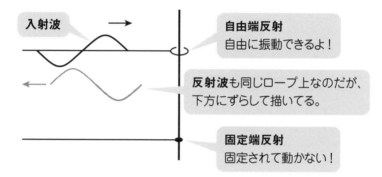

入射波

自由端反射
自由に振動できるよ！

反射波も同じロープ上なのだが、下方にずらして描いてる。

固定端反射
固定されて動かない！

　ロープには、逆向きに進む入射波と反射波が重なるので、<u>**3-1**</u> で学んだように**定常波**が作られるよね。

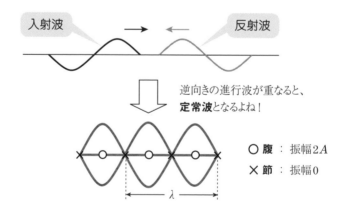

入射波　　　反射波

逆向きの進行波が重なると、**定常波**となるよね！

○ 腹 ： 振幅$2A$
× 節 ： 振幅0

λ

では、自由端、固定端には定常波のどの部分が作られるのか？
まず、固定端は反射点で全く振動できないので、定常波の節となるよね。

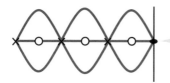

固定端は全く振動で
きないので、**節**だね!!

これに対して、自由端はというと……結論だけ先に言っちゃうと**定常波
の腹**となるんだ。

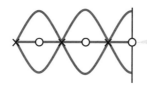

自由端は定常波の
腹となる。

自由端に定常波の腹が生じる原因（ちょっとややこしい……）
　リングがロープから受ける張力の大きさをT、その水平成分をT_x、
鉛直成分をT_yとする。

ロープの張力は斜め
方向にはたらくと仮
定しよう。

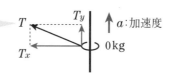

a:加速度

0kg

　リング質量をmとして、鉛直方向の運動方程式：$ma=F$を与える
と次のようになる。
　　　　　リングの鉛直方向の運動方程式：$ma=T_y$
　リングの質量$m=0$kgを上式に代入すると、$T_y=0$となるよね！
　つまり、リングにはたらく張力は水平成分T_xのみであることがわ
かる。よって、**リング付近のロープの傾きは常に0**であることがわか
るよね！
　定常波で傾きが常に0となるのは腹なので、自由端は定常波の腹と
なるのだ！

3-3　反射点での位相変化

　ここでは、反射点での位相変化を考える。まず入射波の反射点での単振動が、次の式で表されるとしよう。

入射波の反射点での単振動：$y_1 = A\sin\omega t$

　上記の式のsinの中身ωtが単振動の**位相**だよ！

　では、反射波の反射点での単振動y_2をどのように表すことができるか、考えよう！

① 自由端反射での位相変化

　自由端は定常波の腹が生じたね。腹は振幅が2倍の振動をしているのだから、**自由端では同位相の振動が重なっている**はずだ！

　つまり自由端反射では、入射波と反射波の振動は同じなので**位相の変化がない**。

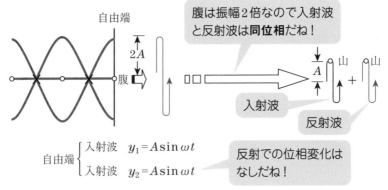

自由端 $\begin{cases} 入射波 & y_1 = A\sin\omega t \\ 入射波 & y_2 = A\sin\omega t \end{cases}$

② 固定端反射での位相変化

　固定端は定常波の節が生じたね。節は全く振動しないのだから、**固定端では逆向きの単振動が重なっている**はずだ！

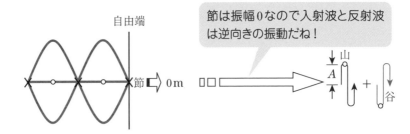

固定端での振動を式で表すと、次のようになる。

固定端 $\begin{cases} \text{入射波} & y_1 = A\sin\omega t \\ \text{反射波} & y_2 = -y_1 = -A\sin\omega t \end{cases}$

三角関数の公式：$\sin(\theta + \pi) = -\sin\theta$ を利用すると、y_2は次のように表すことができる。

反射波：$y_2 = A\sin(\omega t + \pi)$

固定端反射では、反射の際に振動方向が逆転するが、これは位相が π〔rad〕ずれると言い表してもよい。

<u>**3-2**</u> 、<u>**3-3**</u> をまとめると次のとおりだ。

反射点	定常波	反射点での位相変化
自由端	**腹**	**なし（入射波と反射波は同じ振動）**
固定端	**節**	**π〔rad〕（入射波と反射波は逆方向の振動）**

基本演習

図のようにx軸の正の向きに進行する波が、原点$x=0$にある反射点で反射している。図は入射波を表し、この時点で反射波は既に十分遠方まで進行している。

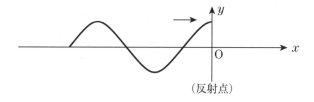

（反射点）

(1)　反射点が自由端の場合、反射波と合成波を作図せよ。

(2)　反射点が固定端の場合、反射波と合成波を作図せよ。

解答

　この問題で、自由端反射、固定端反射の反射波の作図法をしっかり覚え
よう！

（1）　自由端反射の場合

① 　反射点がないと考えて、反射点より右側の波形（透過波）を描く。

② 　**自由端反射では位相の変化がないので、入射波と反射波の高さが一致**
する。そこで、反射点に線対称となるように透過波を折り返す。これが
反射波（太線の波形）となる。

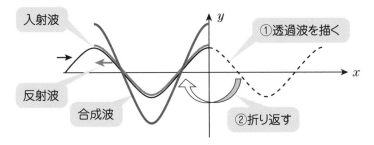

　合成波は重ね合わせの原理により、入射波と反射波の高さの和なので、
赤い波形となる。

（2）　固定端反射の場合

① 　反射点がないと考えて、反射点より右側の波形（透過波）を描く。

② 　**固定端では反射の際に位相が π ずれるので、反射波の高さは入射波と**
逆向きになる。そこで、透過波を x 軸に線対称となるように、折り返す。

③ 　反射点に線対称となるように②の波形を折り返す。これが**反射波**とな
る。

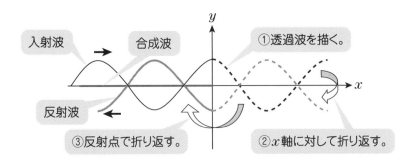

自由端は、透過波を反射点で1度だけ
折り返し、固定端は透過波をx軸と反
射点で2度折り返すんだね!!

演習問題

　左遠方よりx軸の正の向きに進行する波形が、座標$x=50\,\mathrm{cm}$のところにある固定端Pで反射している。図は入射波を表し、この時点で反射波は既に十分遠方まで進行しているとする。

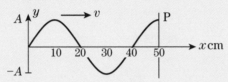

(1)　反射波を点線で合成波を太実線で表したものを選べ。

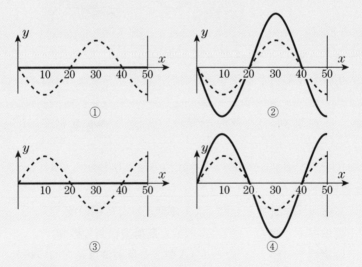

(2)　定常波の節が生じる座標xを$0 \leqq x \leqq 50$の範囲で次の選択肢から選べ。

　　① 0cm　　② 10cm　　③ 20cm

　　④ 30cm　　⑤ 40cm　　⑥ 50cm

解答

(1)　反射波の作図は次のとおりだよ！

① 　反射点がないとして透過波を書く。

② 　**自由端** ➡ 透過波を反射点に対して折り返す。

　　　固定端 ➡ 透過波をx軸に対して折り返してから、反射点Pに対して折り返す。

この問題は、固定端反射なので2回折り返しだね！

　合成波は**重ね合わせの原理**より、入射波と反射波の高さをたしたものになる。すべての場所で大きさが同じで符号が逆なので、合成波の高さは0mとなる。

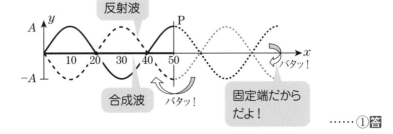

……①答

(2)　入射波と反射波が重なり合うと合成波は定常波となるよね。

> 逆向きに進む進行波が重なり合うと ➡ **定常波**

　(1)で求めた合成波を眺めても、節の位置はわからない。そこで次の表を思い出してほしい。

反射点	定常波	反射点での位相変化
自由端	腹	**なし（入射波と反射波は同じ振動）**
固定端	節	$\boldsymbol{\pi}$〔rad〕（入射波と反射波は逆方向の振動）

固定端Pには、定常波の節が生じるね。また隣り合う節は、レモン1個、$\frac{\lambda}{2}$（半波長）ごとに並ぶ。

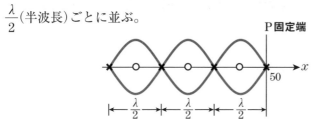

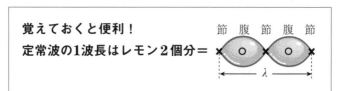

覚えておくと便利！
定常波の1波長はレモン2個分＝

波長λは、図の入射波の波形からよむと、$\lambda = 40\,\text{cm}$だ。節が生じる場所は固定端の位置$x = 50\,\text{cm}$から$\frac{\lambda}{2} = 20\,\text{cm}$ずつ引いてみよう。あとは、$0 \leq x \leq 50$の範囲に収まる位置を選ぶだけだ。

節の位置　　　$x = 50\,\text{cm}$　　固定端

$x = 50\,\text{cm} - \dfrac{\lambda}{2} = 30\,\text{cm}$

$x = 50\,\text{cm} - \dfrac{\lambda}{2} \times 2 = 10\,\text{cm}$

$x = 50\,\text{cm} - \dfrac{\lambda}{2} \times 3 = -10\,\text{cm}$　　×

$0 \leq x \leq 50$の範囲に収まっているのは、

　　$x = 10\,\text{cm}$、$30\,\text{cm}$、$50\,\text{cm}$

　　②　　　　④　　　⑥　……**答**

波には2種類ある。ずばり**横波**と**縦波**だ。この章では、2つの波の特徴を説明し、それぞれの波の違いを詳しく説明しよう。

4-1　横波と縦波

①　横波（波の伝わる方向と媒質の振動方向が直角）

次の図のように、ロープを上下に振動させ発生した波を考えよう。波の伝わる方向に対して、**媒質**（波を伝える物質）の振動方向は直角だね。これが**横波**だ。

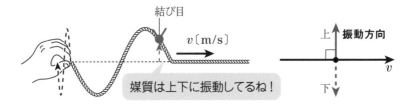

②　縦波（波の伝わる方向と媒質の振動方向が一致する）

これに対して次の図のように、ばねを左右に振動させ発生した波は、波の伝わる方向と媒質の振動方向が一致する。これが**縦波**だ。

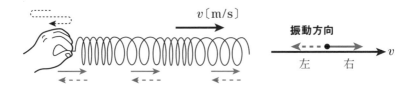

では、縦波には横波にない特徴が2つあるんだけど、それは何かな？

振動方向が違うのはわかるけど……。
横波にはないけど、縦波にある特徴っていったいなんだろう？？

■ 縦波の特徴その1　　**波形（サインカーブ）が見えない**

ばねの振動が伝わる縦波を眺めても、横波のような波形（サインカーブ）が見えないよね。

なぜなら**縦波は、波の伝わる方向と媒質の移動方向が一致**するからだ。

そこで、次の図のように、右向きの移動を上に、左向きの移動を下方向に書き換えることによって横波のように波形を見ることができるんだ。

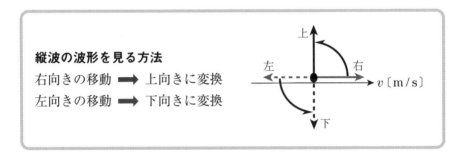

縦波の波形を見る方法
右向きの移動 ➡ 上向きに変換
左向きの移動 ➡ 下向きに変換

右 ➡ 上、**左 ➡ 下**の書き換えによって、次のy-xグラフのように、縦波の波形を見ることができる。

y軸が、左右の移動方向を表していることに注意しよう！

y軸は左右の移動を表してるよ！
右、左を書こう！

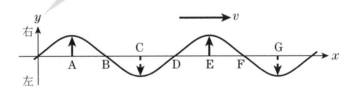

例えば点Aの移動方向は、上向きではなく右向き、点Cの移動方向は下向きではなく左向きに移動してるんだね。

■ 縦波の特徴その2　密度変化（疎と密）

　縦波に特有な現象として、**密度の変化**がある。密度とは1m³当たりの質量だよ！

　まず、ばねに生じた縦波を考えてみよう。一周ごとのばねの位置を太線で表すと、次のように間隔が開いている部分と狭い部分があるのがわかるよね。

　ばねの間隔が最も狭い部分は、密度が最大値となるが、この部分を**密**と呼ぶ。これに対し、ばねの間隔が最も広い部分は、密度が最小値となり、この部分を**疎**と呼ぶ。

　縦波のy-xグラフで、**上を右**、**下を左**の実際の移動に書き直すと次のようになる。

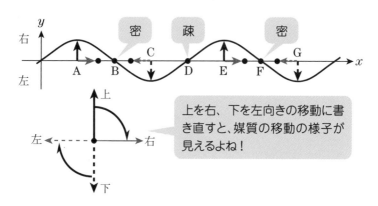

　点B、Fのように媒質が混み合っている部分が**密**、点Dのように媒質がスカスカな部分が**疎**と判断できるね。

参考 　**密度変化の厳密な考え方（グラフの傾きに注目！）**

　縦波の密度変化は、上 ➡ 右、下 ➡ 左の実際の移動に書き直すと、なんとなく、疎、密が見えるよね。

　ただし、もうちょっと厳密に密度の変化を考察したい。次の図のように、質量を無視できる小球が同じばねでつながれ、静止状態でばねは自然長とし、小球の間隔をΔxとする。

　縦波が伝わった結果、ある時刻の座標xの小球の変位を$y(x)$、隣の小球の変位を$y(x+\Delta x)$と表すと、ばねの伸びは、$y(x+\Delta x)-y(x)$となるよね？

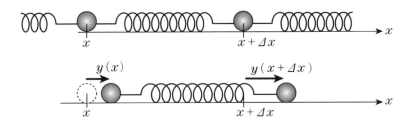

　また、単位長さ（1 m）当たりのばねの伸びは、ばねの伸びをばねの自然長Δxで割ると次のように計算できる。

$$\textbf{単位長さ（1\,m）当たりのばねの伸び} = \frac{y(x+\Delta x)-y(x)}{\Delta x}$$

　以後、単位長さ当たりのばねの伸びを**伸び率**と呼ぶ。ここで、隣り合う小球の間隔Δxがきわめて小さいとする。

　すると$\Delta x \to 0$の極限を考えると、**ばねの伸び率はyをxで微分**したものとなる。

$$\lim_{\Delta x \to 0}\frac{y(x+\Delta x)-y(x)}{\Delta x}=\frac{dy}{dx}\ (y を x で微分したものだね！)$$

　yをxで微分したものは、ずばり**y–xグラフの傾き**だ！

つまり、y–xグラフの傾きが正で大きさが**max**な場所は、ばねが最も伸びているのだから、密度は**min**となり**疎**だよね。

これに対し、y–xグラフの傾きが負で大きさが**max**な場所はどうかな？

伸び率が負で大きさ**max**ということは、ばねが最も縮んでいる場所だから、密度は**max**となり**密**だよね。

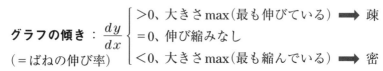

グラフの傾き：$\dfrac{dy}{dx}$ $\begin{cases} >0、大きさ\,max（最も伸びている）\;⟹\;疎 \\ =0、伸び縮みなし \\ <0、大きさ\,max（最も縮んでいる）\;⟹\;密 \end{cases}$

（＝ばねの伸び率）

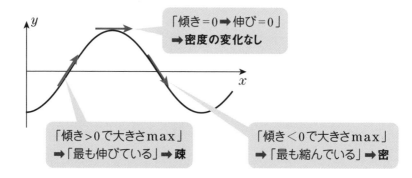

グラフの傾きがばねの伸び（率）に対応してることを覚えておくと、「傾きが正で大きさが**max**な場所」は「ばねが伸びているから疎」だな、「傾きが負で大きさが**max**な場所」は「縮んでいるから密」だなって判断できるよね！

グラフの傾きから疎密を判断する考え方は、ちょっとムズイな……。

演習問題

　次の図はx軸の正の方向に伝わる縦波の時刻0sの波形である。媒質のx軸の正方向の変位は、y軸の正方向に取って表している。

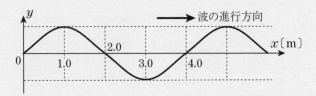

(1)　時刻0sにおいて、右向きの変位が最大となっているx座標を$0 \leqq x \leqq 4.0$の範囲で示せ。

(2)　時刻0sにおいて媒質の密度が最大となっているx座標を$0 \leqq x \leqq 4.0$の範囲で示せ。

縦波のy-xグラフって、一見上下に振動してるように見えるけど、実際は左右に振動してることに注意だね!!

解答

　問題文に「**x軸の正方向の変位は、y軸の正方向に取って表している**」と
あるのは、右向きの移動を上向きの移動に書き換えてるってことを表して
るよね！

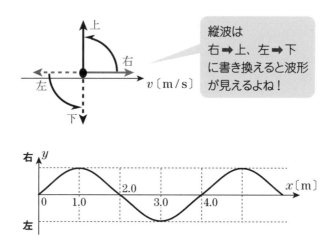

縦波は
右➡上、左➡下
に書き換えると波形
が見えるよね！

(1)　まず、縦波なのでy軸上向きに右、下向きに左と書いておこう！　問
　　題文にある「**右向きの変位が最大**」とあるのは、$y-x$グラフで**上向きに最
　　も移動する位置**xを探せばよい。ずばり山を探せばよいことがわかるよね。
　　$0 \leqq x \leqq 4.0$の範囲で、山となる場所は$x = 1.0$ ……答

(2)　密度が最も大きい場所：**密**を探すために0sの波形で山、谷の上下の
　　移動を、実際の左右の移動に書き直してみる。

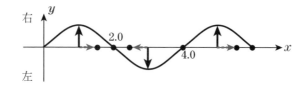

　　$0 \leqq x \leqq 4.0$の範囲では$x = 2.0\mathrm{m}$が混み合っている（密である）ことがわ
かるよね。
　　よって、媒質の密度が最大となっている場所は、
　　　$x = 2.0$ ……答

5章 弦の振動、共鳴現象

　ギターなどの両端を固定した弦をはじくと、決まった振動数の音が聞こえるね。この振動数を弦の**固有振動数**という。この章では、弦の固有振動数がどのように決まるのかを考える。

5-1 弦の振動

① 弦に生じる波長 λ〔m〕

　次の図のように、両端を固定した長さ ℓ の弦のある場所を指ではじく。

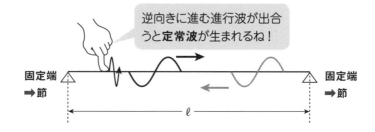

　弦をはじいて生まれた横波が、両端（**固定端**）で反射すると、逆向きに進む進行波が重なり合うので**定常波**ができるよね。

　また、3章で学んだように**固定端には節**ができるので、両端が節となる定常波の波長 λ を計算しよう。

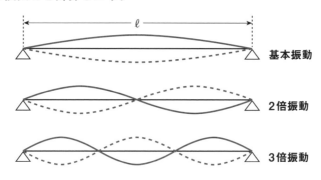

定常波の1波長は
レモン2個分だよ！

　弦に生じる最も単純な定常波は、レモン1個が収まる状態だよね！　この状態を**基本振動**っていうよ！

　基本振動数以外は、弦にレモンが2個、3個……の自然数個収まった状態だよね。この振動状態を2倍振動、3倍振動……という。

　弦の長さ ℓ 〔m〕をレモン1個分 $\left(\dfrac{\lambda}{2}\right)$ の長さで表すと、次のようになる。

レモン1個　：　$\ell = \dfrac{\lambda}{2} \times 1$　（**基本振動**）

レモン2個　：　$\ell = \dfrac{\lambda}{2} \times 2$　（**2倍振動**）

レモン3個　：　$\ell = \dfrac{\lambda}{2} \times 3$　（**3倍振動**）

$\vdots$　　　　　　　$\vdots$

レモン n 個　：　$\ell = \dfrac{\lambda}{2}$ 個 $\times n$　（**n倍振動**）
（自然数 $n = 1$、2、3、……）

　よって弦に生じた定常波の波長 λ は、一般的に自然数 n を用いて表すと次のようになる。

> **弦の波長**：$\lambda = \dfrac{2\ell}{n}$　（自然数 $n = 1$、2、3、……）

波長の式は、覚えずに自分で導き出せるようにしよう！

②　弦を伝わる波の速さ

　弦を伝わる波の速さ v 〔m/s〕は、弦の両端にはたらく張力 T 〔N〕と弦の線密度 ρ 〔kg/m〕(弦1m当たりの質量〔kg〕)を用いて、次の式で表すことができる。

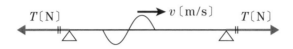

$$\text{弦を伝わる波の速さ} : v\text{〔m/s〕} = \sqrt{\frac{T\text{〔N〕}}{\rho\text{〔kg/m〕}}}$$

　なぜ、上記の式で速さ v を表すことができるのか？　一般的に高校物理の範囲を超えた知識が必要となるが、章の後半で補足説明するね！

③　弦の固有振動数

　弦を振動させると定常波ができるが、この際の**固有振動数** f 〔Hz〕を計算しよう。

　まず波の伝わる速さの式： $v = f\lambda$ に①の波長の式： $\lambda\text{〔m〕} = \dfrac{2\ell}{n}$ 、②の

弦を伝わる速さの式 $v\text{〔m/s〕} = \sqrt{\dfrac{T}{\rho}}$ を代入すると、次のようになる。

$$\sqrt{\frac{T}{\rho}} = f \times \frac{2\ell}{n}$$

上式を振動数 f について求めると、固有振動数の式が完成だ。

$$\text{弦の固有振動数} : f\text{〔Hz〕} = \frac{v}{\lambda} = \frac{n}{2\ell} \times \sqrt{\frac{T}{\rho}}$$

$$(\text{自然数}\, n = 1、2、3、\cdots\cdots)$$

　　$n=1$（レモン1個）の振動数 f を**基本振動数**と呼び、自然数 n（レモンの個数）を2、3、……と増やすと振動数も2倍、3倍、……と増えていく。これらの振動数を、**2倍振動数**、**3倍振動数**、……と呼ぶ。

5-2　共振（共鳴）

　　次の図のように、ブランコのうしろから押して大きくふれるようにするにはどうすれば良いかな？

> どういうタイミングで押すと
> 大きくふれるかな？

　　まず、ブランコを単独で揺らした場合の振動数 f が1Hzだったとしよう。$f=1$Hzはブランコの**固有振動数**だ。

　　ブランコの固有振動数と同じ $f=1$Hzのタイミングで外部から振動を加えることによって、次第に振幅が大きくなり、より大きく振動させることができる。

　　このように外から振動を与えるときに、固有振動数と一致した場合に振幅が大きくなる現象を**共振**、または**共鳴**という。

> 公園でブランコに乗っている友だちを
> 見つけたら、**共振**の原理を利用して思
> いっきり揺らしてあげよう！

補足　弦を伝わる波の速さvの証明

　次の図のように、張力T〔N〕、線密度ρ〔kg/m〕の弦上を、半径rの円弧の形をした波形が右向きに伝わっているとする。この波形の移動する速さvを求めることを考える。

弦は上下に振動しており最高点では一瞬静止しているはず……。

v〔m/s〕=?

v

　弦自体は上下に振動している。弦の最高点は折り返し点なので一瞬静止しているはずだ。

　上図のように、波の伝わる速さvと同じスピードで移動する観測者から波形の頂点を眺めると、波形の頂点がvで左向きに移動するかのように見えるよね。

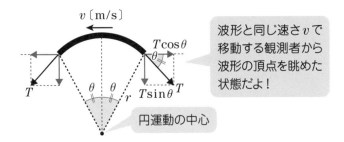

v〔m/s〕

$T\cos\theta$

T

θ　θ　r　$T\sin\theta$　T

波形と同じ速さvで移動する観測者から波形の頂点を眺めた状態だよ！

円運動の中心

　波形の頂点付近の円弧の中心角を2θとすると、円弧の質量は線密度ρ〔kg/m〕を用いて$\rho \times r2\theta$〔kg〕と表すことができる。

　円弧上の弦の両端にはたらく張力を水平成分と上下の成分に分解すると、水平成分は打ち消し合っているが、下向き成分の合力$2T\sin\theta$が、θが0に近づくときの極限で、**向心力**の役目をはたしている。

　円運動の加速度aは、半径rと速さvを用いて次のように表すことができる。

円運動の加速度：$a = \dfrac{v^2}{r}$

運動方程式 $ma = F$ を円弧上の弦について立てると、次のようになる。

$$\rho r 2\theta \times \frac{v^2}{r} = 2T\sin\theta$$

θ を0に近づけたとき、$\sin\theta \fallingdotseq \theta$ の近似式が成り立つ。

$$\rho r \frac{v^2}{r} \fallingdotseq T$$

よって弦を伝わる波の速さ v は次のように表すことができる。

弦を伝わる波の速さ：$v = \sqrt{\dfrac{T}{\rho}}$ ……（証明終）

基本演習

　ギターのある弦は、どこも押さえずに弾くと振動数330Hzの音が出る。図1のように、この弦の長さの $\dfrac{3}{4}$ の場所を強く押さえて弾くと、振動数 ⬚ 1 ⬚ Hzの音が出た。同じ場所を軽く押さえて弾いたところ、押さえた点が振動の節になる図2のような定常波が生じ、振動数 ⬚ 2 ⬚ Hzの音が出た。

図1

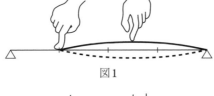

図2

解答

　弦全体の長さを ℓ 、弦を伝わる波の速さを v とする。どこも押さえず鳴らした振動数 $f=330\,\text{Hz}$ は、問題文に特に断りがないので下の図のような**基本振動**の状態と考えよう。波長 λ は、次のように計算できるね。

$$\ell = \frac{\lambda}{2} \times 1、よって \lambda = 2\ell$$

　波の伝わる速さを v とすると、$v=f\lambda$ より振動数 f は次のように表すことができる。

$$f = 330 = \frac{v}{\lambda} = \frac{v}{2\ell} \qquad \cdots\cdots\text{①}$$

<u>　1　</u>　弦の長さの $\frac{3}{4}$ のところを強く押さえた場合、弦の長さが $\frac{3}{4}l$ に減っただけだよね。張力 T や線密度 ρ はそのままなので、速さ v は変化なしだ！

　①式の ℓ を $\frac{3}{4}\ell$ に置き換えると新たな振動数 f_1 が計算できる。

$$f_1 = \frac{v}{2 \times \frac{3}{4}\ell} = \frac{v}{2\ell} \times \frac{4}{3}$$

上式より、振動数は $\frac{4}{3}$ 倍に増えたことがわかるよね。

$$
\begin{aligned}
f_1 &= f \times \frac{4}{3} \\
&= 330 \times \frac{4}{3} \\
&= 440 \ \cdots\cdots \boxed{\textbf{答}}
\end{aligned}
$$

[2]　同じ場所を軽く押さえた場合の波長を λ_2、振動数を f_2 とする。

弦の長さ ℓ に、レモン4個生じたことから λ_2 を求める。

$$\ell = \frac{\lambda_2}{2} \times 4、よって \lambda_2 = \frac{1}{4} \times 2\ell$$

張力 T や線密度 ρ はそのままなので、速さ v は変化ないことに注意しよう。

$$f_2 = \frac{v}{\lambda_2} = 4 \times \frac{v}{2\ell}$$

f_2 は①式 $f = \dfrac{v}{2\ell}$ の4倍であることがわかるよね。

$$f_2 = 4f = 4 \times 330 = 1320 \quad \cdots\cdots \boxed{答}$$

演習問題

　図のように、弦の一端に音さをつなぎ、他端に滑車を通しておもりをつるした。音さで弦に一定の振動数の振動を与えて波を発生させ、図のABの距離を調節して l にしたところ、AB間に4個の腹をもつ定常波ができた。

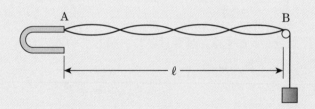

(1)　図の定常波の波長を求めよ。

(2)　弦を伝わる波の速さを v として、音さの振動数を求めよ。

(3)　おもりの質量を4倍にすると、AB間に生じる定常波の腹の個数を示せ。

解答

　音さは外部から弦を振動させる役目をもっている。音さの振動数を F〔Hz〕、弦の**固有振動数**を f〔Hz〕とすると、両者が一致した場合：$F=f$ に**共振（または共鳴）**が起きるよね。

　この**共振が起きた場合に限って、弦には定常波が生じる**んだ。

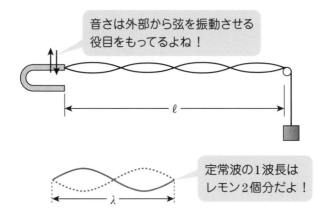

音さは外部から弦を振動させる
役目をもってるよね！

ℓ

定常波の1波長は
レモン2個分だよ！

λ

(1)　長さ ℓ の弦に生じた定常波は、レモン4個分だね。式で表すと、次のとおりだ。

弦の長さ： ℓ ＝レモン1個の長さ $\left(\dfrac{\lambda}{2}\right)$ ×レモンの数（4個）

$\therefore \lambda = \dfrac{1}{2}\ell$ ……**答**

(2)　弦の振動数を f とする。音さは弦に共鳴しているのだから音さと弦の振動数は一致するよね。

　波の伝わる速さ $v=f\lambda$ に(1)の結果を代入し、振動数を求めよう。

$v=f\times\dfrac{1}{2}\ell$

よって、$f=\dfrac{2v}{\ell}$ ……**答**

(3)　はじめにつるされたおもりの質量を m、重力加速度を g とすると、弦の張力 T は、おもりにはたらく力のつり合いにより、次のように表すことができる。

　　弦の張力：$T = mg$

　また、弦の線密度を ρ とすると、弦を伝わる波の速さは次のように表すことができる。

$$v = \sqrt{\frac{T}{\rho}} = \sqrt{\frac{mg}{\rho}}$$

　おもりの質量 m を4倍にすると、新たな速さ v' は次のように計算できる。

$$v' = \sqrt{\frac{4mg}{\rho}} = 2\sqrt{\frac{mg}{\rho}}$$

　つまり、波の伝わる速さ v は、2倍になったことがわかるよね。

　音さの振動数 f は変わらないのだから、波の伝わる速さ $v = f\lambda$ より、波長は2倍となったことがわかる。腹の個数を n とすると

$$\ell = \frac{\lambda}{2} \times 4 = \frac{2\lambda}{2} \times n$$

　よって、腹の個数 $n = 2$ ……🈁

ビンの口に息を吹きかけると、ボーッと音が鳴るよね。これはビン内の空気が振動したことが原因だ。ビンなどの管に含まれる空気を**気柱**（きちゅう）と呼ぶ。気柱はどのように振動しているのか？　また気柱の固有振動数はいくらか？　を考えよう。

6-1　気柱の振動

① 一端を閉じた気柱に生じる波長： λ〔m〕

次の図のように、一端を閉じた長さL〔m〕の気柱を用意する。音さによって開端側から、音波を送り込む。

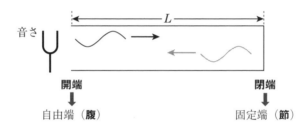

音波は閉端で反射されるので、気柱内では逆向きに進む音波が重なるよね。すると、どんな波が生じる？

逆向きの進行波が重なると、定常波が生じるよね。ここで注意点なのだが、**音波は縦波**だ！

縦波は、波の伝わる方向と媒質（空気分子）の振動方向が一致しているよね。閉端では空気分子が左右に振動できないので、**固定端**となる。一方開端は空気の分子が自由に振動できるので、**自由端**となる。

最も単純な定常波を考えると、気柱にレモン半分が収まった状態だ。この振動状態が気柱の**基本振動**だ。あとは、レモン半分×3、レモン半分×5……、と**レモン半分が奇数個**並んだ状態が考えられるね。

それぞれの振動状態を3倍振動、5倍振動、……、と呼ぶ。

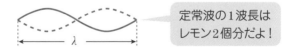

定常波の1波長はレモン2個分だよ！

レモン半分
基本振動

レモン半分×3
3倍振動

レモン半分×5
5倍振動

　気柱に生じた定常波の波長 λ〔m〕は、次のように、気柱の長さL〔m〕を、

レモン半分$\left(\dfrac{\lambda}{4}\right)$の数×奇数で表すと、計算できる。

$$\text{レモン半分}：L=\frac{\lambda}{4}\times1 \quad （\textbf{基本振動}）$$

$$\text{レモン半分×3}：L=\frac{\lambda}{4}\times3 \quad （\textbf{3倍振動}）$$

$$\text{レモン半分×5}：L=\frac{\lambda}{4}\times5 \quad （\textbf{5倍振動}）$$

$$\vdots$$

　一般的に、気柱の長さは次のように表現できるね。

$$\textbf{気柱の長さ}：L=\frac{\lambda}{4}\times(2m+1：奇数) \quad （m=0、1、2、……）$$

よって、気柱にできた定常波の波長 λ は、次のようになる。

$$\textbf{気柱の波長}：\lambda=\frac{4L}{2m+1} \quad （m=0、1、2、……）$$

波長の式は、自分で導き出せるようにしよう！

②　気柱の固有振動数：f〔Hz〕

音波の伝わる速度V〔m/s〕は、空気の温度t〔℃〕を用いて、次のように表すことができる。

> **音速：V〔m/s〕$= 331.5 + 0.6t$〔℃〕**

上記の式は、0℃の音速が331.5m/sであり、温度が1℃上昇するたびに0.6m/sずつ増加することを表している。

音速Vと①で求めた波長λを用いて、気柱の固有振動数f〔Hz〕を計算する。波の速さの式：$V = f\lambda$に$\lambda = \dfrac{4L}{2m+1}$を代入すると、次のようになる。

> **気柱の固有振動数：$f = \dfrac{V(音速)}{\lambda} = \dfrac{V}{4L} \times (2m+1)$　　$(m = 0、1、2\cdots\cdots)$**

奇数：$2m+1 = 1$の振動数f〔Hz〕を**基本振動数**といい、$2m+1 = 3$、5、……の振動数を**3倍振動数**、**5倍振動数**、……という。

> 気柱の固有振動数は、覚えなくてもいいよね。波の基本式：$V = f\lambda$と波長の式から作れるもんね!!

■気柱の振動で注意する点

注意点その1

気柱の固有振動数をf〔Hz〕、音さの振動数をF〔Hz〕とすると**両者の振動数が一致した場合に限って定常波が生じる**のだ。弦の振動でも登場したが、この現象が**共鳴**（または**共振**）だね。

注意点その2

　まず、**音波は縦波**であることを、しっかり覚えよう。例えば、「次の図で開端付近の振動方向を答えよ」と言われて、上下に振動しているのかな？と思ったらアウトだよ。

　音波は縦波なのだから、実際は左右に振動しているよね。

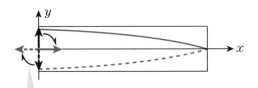

> 一見、上下に振動しているようだが、実際の移動方向に書き直すと、左右に振動しているよ。

注意点その3

　実際に気柱実験を行うと、自由端(腹)は開端よりほんの少し外側にずれる。このずれを、**開口端補正：ΔL** というんだ。

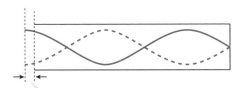

> 開端と腹の位置のずれが
> 開口端補正：ΔL だよ。

> 気柱の定常波を描くとき、開口端の腹は開口端補正を考慮しなければいけないね！

基本演習

　図のように、一方の端を閉じた細長い管の開口端付近にスピーカーを置いて音を出す。音の振動数を徐々に大きくしていくと、ある振動数 f のときに初めて共鳴した。このとき、管内の気柱には図のような開口端を腹とする定常波がでてきている。そのときの音の波長を λ とする。さらに振動数を大きくしていくと、ある振動数のとき再び共鳴した。このときの音の振動数 f' と波長 λ' の組み合わせとして最も適当なものを、下の①〜⑥のうちから一つ選べ。

スピーカー　　　　　　　　　　管

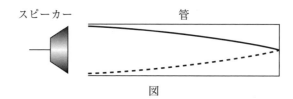

図

	f'	λ'
①	$\dfrac{3f}{2}$	$\dfrac{\lambda}{3}$
②	$\dfrac{3f}{2}$	$\dfrac{2\lambda}{3}$
③	$2f$	$\dfrac{3\lambda}{2}$
④	$2f$	$\dfrac{\lambda}{2}$
⑤	$3f$	$\dfrac{2\lambda}{3}$
⑥	$3f$	$\dfrac{\lambda}{3}$

解答

　問題文に「開口端を腹とする」とあるので、開口端補正は無視だよ！

　管の長さをL、音速をVとしてスタートの波長λと振動数fを計算しよう。**音速Vは常に一定**であることに注意だよ！

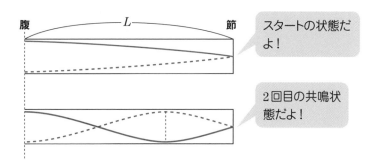

スタートの状態だよ！

2回目の共鳴状態だよ！

スタート：$L = $ レモン半分$\left(\dfrac{\lambda}{4}\right) \times 1$、$\lambda = 4L$ 　　　　……①

　波の伝わる速さの式より、振動数fを計算する。

$$V = f\lambda = f \times 4L,\quad f = \frac{V}{4L} \qquad\qquad ……②$$

　振動数fを大きくすると、$V = f\lambda$より、波長λは短くなるよね。2回目の共鳴は上図のとおりレモン半分×3の状態だね。2回目の波長をλ'、振動数をf'とする。

再び共鳴：$L = \dfrac{\lambda'}{4} \times 3$、$\lambda' = \dfrac{4L}{3}$

①$\lambda = 4L$と比較すると、$\lambda' = \dfrac{\lambda}{3}$ ……**答**

波の基本式より、振動数f'を計算する。

$$V = f'\lambda' = f'\frac{4L}{3},\quad f' = \frac{3V}{4L}$$

②より、$f' = 3f$ ……**答**

以上をまとめると、$f' = 3f$、$\lambda' = \dfrac{\lambda}{3}$ ……⑥**答**

演習問題

　図のように、振動数500Hzの音さをガラス管の管口付近で鳴らしながら、ガラス管内の水面を管口から次第に下げていくと16.4cmのときに最初の共鳴が生じ、50.4cmのときに次の共鳴が生じた。開口端補正は振動数や音速によらず一定であるとして次の問いに答えよ。

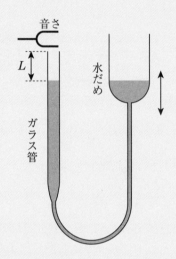

(1)　気柱内を伝わる音速を求めよ。

(2)　音さの振動数を小さくしたところ、再び共鳴が起こった。この場合の振動数を求めよ。

気柱が共鳴とあるのは、音さと気柱の振動数が一致して定常波が生じたんだね！

解答

　音さの振動数をF〔Hz〕、気柱の固有振動数をf〔Hz〕とすると、両者の振動数が一致($F=f$)した場合に、気柱内に定常波ができる。この現象が**共鳴(共振)**だね。

(1)　音速V〔m/s〕を求めるためには、音さから送り出される波長λ〔m〕が知りたい。

　音さの振動数は500Hzで一定、音速V〔m/s〕も一定なのだから、波の基本式$V=f\lambda$より、**波長λは一定**だね。

　共鳴が起こったとき、気柱内には**定常波**が形成されるが、水面(閉端)が節、開端に腹が収まるものを考える。

　なお、開端の腹の位置は**開口端補正：ΔL**だけのずれを考慮する。

　最初にできる定常波は、最も短い定常波を考えるとレモン半分だね！
再びできた定常波は、レモン半分に、レモン1個を付け足したものとなる。

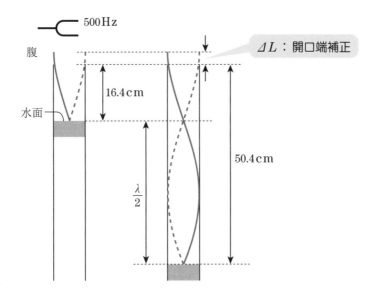

　　波長 λ を求めるために、開口端補正 ΔL を含むレモン半分 $\dfrac{\lambda}{4}$ の長さは無視し、レモン 1 個分の長さ $\dfrac{\lambda}{2}$ に注目しよう。

$$\frac{\lambda}{2} = 50.4 - 16.4 = 34.0$$

$$\lambda = 68.0 \, \mathrm{cm}$$

　　音速 $V\,\mathrm{[m/s]}$ は、$V = f\lambda$ で計算できる。λ の単位は〔m〕に直して代入する。

$$音速\,V = f\lambda = 500 \times 0.680$$
$$= 340 \, \mathrm{[m/s]} \,\cdots\cdots 答$$

(2)　$V = f\lambda$ で音速 V は一定なのだから、音さの振動数 f を小さくすると、波長 λ はどんどん大きくなるよね。

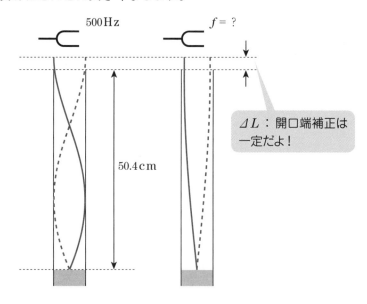

　再び、共鳴が起こるのは管内にレモン半分が収まる状態だよね。

　新たな波長を λ' とし、開口端補正 ΔL を含めた全体の長さを式で表すと次のようになる。

$$\Delta L + 50.4 = \frac{\lambda}{4} \times 3 = \frac{\lambda'}{4} \times 1$$

よって $\lambda' = 3\lambda$

　波長が3倍になったということは、$f = \dfrac{V}{\lambda}$ より振動数は $\dfrac{1}{3}$ 倍に減少したよね。新たな振動数を f' とおくと次のように計算できる。

$$f' = \frac{1}{3}f = \frac{1}{3} \times 500 = 166.6\cdots\cdots \fallingdotseq 167 \,\text{(Hz)} \cdots\cdots \boxed{答}$$

7章 ドップラー効果

ドップラー効果とは、音源や観測者が動くことにより、受け取る振動数が変化する現象だよ。例えば、救急車が近づくとサイレンが高く聞こえていたのが、遠ざかると急に低く変化するよね。

ドップラー効果を考える際に、注意する点が2つあることを覚えよう！

POINT

> **音源が動いても、音速 V は変化しない！**

次の図のように、水面を指で触れて振動させると、指を波源として円形波が広がるね。ここで注意点。

> **波の伝わる速さ：V は媒質の種類で決まる一定値だ！**

ということは、波源（指）を動かしても、円形波の広がる速さは一定となるよね。

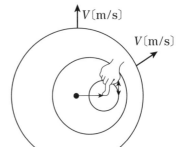

波源が静止の場合   波源が移動する場合

波源が動いても、波の伝わる速さ V は一定なので円形波が広がる。
だけど、波源が静止の場合と比べると、円形波の中心がずれていくんだね。

POINT

> **音源が動いても、音源の振動数 f〔Hz〕は変わらない。**

　振動数とは、1s当たりの往復回数(送り出される波長数)だ。例えば、振動数 f が5Hzならば、音源が動いても1s間に送り出される、波の数は5個だよね。

7-1　ドップラー効果

①　音源が動く場合のドップラー効果

　次の図は振動数 f〔Hz〕の音源(音さ)が静止している場合と、音源が速さ v で右に動く場合、1s間に送り出された右向きに伝わる波の様子を示す。

　1s当たりの波の数は、音源の移動は無関係で、f 個だよね!

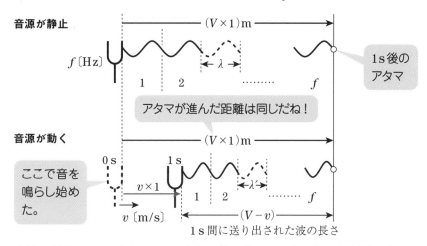

　音波の速さ V は一定なので、1s間に波の「アタマ」が進んだ距離はともに $(V×1)$ m で同じだね。

　音源が静止の場合の波長 $λ$ は、波の長さ V を波の個数 f で割った $λ = \dfrac{V}{f}$ と計算できるよね。

　ところが音さが動く場合、音さの移動距離 $(v×1)$ m が、1s後の波の「シッポ」となるので、波の長さは $(V-v)$〔m〕となる。

　音源が動く場合の波長:$λ'$ は、1s間に送り出された波の長さ:$(V-v)$ を、波長の数 f 個で割ると次のように計算できる。

音源が動く場合の波長: $λ' = \dfrac{V-v}{f}$　　　　　　……①

---

①の波長 $\lambda' = \dfrac{V-v}{f}$ は、音源Sが静止の場合の波長 $\lambda = \dfrac{V}{f}$ に比べて短く

なった。**音さが動くと、波長が変わるよね！**

②　音源、観測者両方が動く場合のドップラー効果

音源を動かして送り出した音波を、観測者が右向きに u〔m/s〕で移動し

ながら聞いた場合の振動数：f' を求めよう。

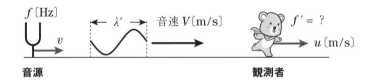

┌─POINT─┐

　　　音源から送り出された波長 λ' は、観測者がどのように動

いても変えることはできないよね。つまり、**波長 λ' は音源**

の速度 v だけで決まるんだね！

観測者が動くと、**観測者から眺めた音速が変わる。**

（相対速度）＝（相手の速度）－（自分の速度） より、観測者から眺めた音速

は $(V-u)$ の速さで伝わるように見える。

観測者が静止の場合は受け取る音波の速さが V なので、振動数 f' は波の

速さの公式 $V = f'\lambda'$ より、$f' = \dfrac{V}{\lambda'}$ と計算できる。

これに対し、観測者が動く場合、音波の速さが V から $(V-u)$ に変わるの

で振動数 f' は次のように計算できる。

移動する観測者が受け取る振動数：$f' = \dfrac{V-u}{\lambda'}$

上式に、①で求めた波長：$f' = \dfrac{V-v}{f}$ を代入すると次のようになる。

┌─────────────────────────────────┐
│ **音源、観測者が動く場合の振動数**：$f' = f\dfrac{V-u（観測者）}{V-v（音源）}$　　……② │
└─────────────────────────────────┘

ドップラー効果は、②の振動数の公式だけをしっかり覚えよう！

ただし、②の公式なのだが、音源の速度 v と観測者の移動 u の符号は、移動方向によって＋と－の場合があるんだ。

そこで、振動数公式の機械的な作り方と、符号の決定方法を次の**3つのstep**で覚えよう。

（例）　次の図のように振動数 f の音源と観測者がお互いに近づく場合、観測者が受け取る振動数 f' および、波長 λ' を計算しよう。

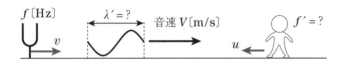

step1　$f' = f \times \dfrac{\quad}{\quad}$ と、分母分子を区切る線を長めに書き、分母と分子の左側に音速 V を書く。

$$f' = f\dfrac{V}{V}$$

> 長めに書いて、分母と分子に音速 V を書く。

step2　符号を入れるスペースを空けておき、分母の右側に音源の速さ v、分子の右側に観測者の速さ u を書く。

$$f' = f\dfrac{V \bigcirc u}{V \bigcirc v}$$

> 音さの上に自分が立っている姿をイメージしよう！

step3　音さを見る「目」を観測者に描き、音さに向かう視線の方向を（＋）に定める。

> 音さを見つめる目を描き、視線を書き込もう。

視線の方向を（＋）に定める

音源の速度 v は、視線と逆向きだから（－）、観測者の速度 u は視線と同じ方向だから（＋）と決まるね。

$$f' = f\dfrac{V \oplus u}{V \ominus v}$$

> 完成！

> **振動数 f' の公式さえ覚えれば、波長 λ' の公式は覚える必要はない！**

波長 λ' は、波の伝わる速さの式：$V = f'\lambda'$ から計算できるよね。

ただし、**波長 λ は音源の速度 v だけで決まる**ことに注意しよう。

振動数 f' から波長 λ' は次の2つの **step** で求めよう。

step1 観測者の速度 u を $u = 0$ とおいた振動数 f' を求める。

$$f' = f\frac{V + u}{V - v} \quad \xrightarrow{u = 0 \text{ とおくと……}} \quad f' = f\frac{V}{V - v}$$

step2 波の伝わる速さの式：$V = f'\lambda'$ に **step1** の結果を代入。

$$\lambda' = \frac{V}{f'} = \frac{V}{f\dfrac{V}{V - v}} = \frac{V - v}{f} \quad \cdots\cdots \text{答}$$

7-2 うなり

振動数がわずかに異なる音さを、同時に鳴らすと、「ウォーン、ウォーン」と、音が大きくなったり小さくなったりが繰り返される。

この現象を**うなり**と呼ぶ。音さの振動数を f_1〔Hz〕、f_2〔Hz〕として、1s当たりのうなりの回数：n〔回/s〕を計算しよう。

まず $f_1 > f_2$ として、振動の様子を y-t グラフで示すと、次のようになる。

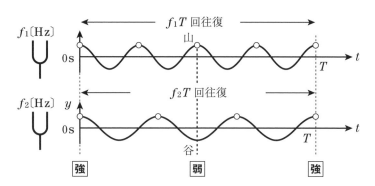

0 s は山と山が重なっているので、音が大きくなるよね。しかし、両者の振動数がわずかに異なるので、やがて山と谷が重なり弱め合い音が小さくなる。この後、山と山が重なると再び音が大きくなる。

　強め合う時間間隔をT〔s〕とすると、それぞれの音さの振動回数は、$f_1 T$回、$f_2 T$回だね。Tの間に、振動回数が1個ずれているので、次の式が成り立ち、強め合う時間間隔：Tを計算することができる。

$$f_1 T - f_2 T = 1, \quad T = \frac{1}{f_1 - f_2} \text{〔s〕}$$

　1s当たりの強め合う回数(=**うなりの回数**)をn〔回/sまたはHz〕とすると、強め合う時間間隔T〔s〕を用いて次のように計算できる。

1s当たりのうなりの回数：$n = \dfrac{1}{T}$

$T = \dfrac{1}{f_1 - f_2}$ を上式に代入する。

> **1s当たりのうなりの回数**：$n = |f_1 - f_2|$ (**振動数の差**だね！)

(例)　$f_1 = 400\,\text{Hz}$、$f_2 = 402\,\text{Hz}$ならば、1s当たりのうなりの回数n〔回/s〕は、次のように振動数の差として計算できる。

$$n = |f_1 - f_2| = |400 - 402| = 2 \text{〔回/s〕} \quad \cdots\cdots \boxed{答}$$

基本演習

　図のように振動数f_0の音源Sと観測者Oが同一直線上を同じ向きに動いている。SとOの速さをそれぞれv、u、音速をVとする。

音源S　　　　　　　　観測者O

(1)　観測者Oが聞く音の振動数fを求めよ。

(2)　観測者Oが聞く音の波長λを求めよ。

解答

(1)　step1 $f = f_0 \dfrac{V}{V\quad}$、step2 分母に音源S、分子に観測者Oの速度を

書き込むまで、機械的にできるよね！

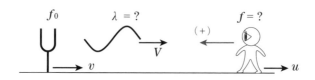

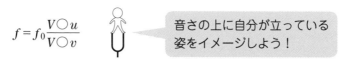

$$f = f_0 \dfrac{V \bigcirc u}{V \bigcirc v}$$

音さの上に自分が立っている
姿をイメージしよう！

step3 音さを見つめる目を描き、視線の方向を(+)に定める。

音源、観測者いずれも視線と逆方向なので、符号は−となるよね！

$$f = f_0 \dfrac{V - u}{V - v} \quad \cdots\cdots 答$$

(2)　**波長 λ は音源の速度 v だけで決まる**ことに注意しよう。(1)で求めた
結果で観測者の速度 $u = 0$ とすると、次の式が得られる。

　　　$u = 0$ とした振動数：$f = f_0 \dfrac{V}{V - v}$

　波の伝わる速さの式：$V = f\lambda$ より $\lambda = \dfrac{V}{f}$ が得られ、上式を代入し、波
長 λ を求めよう。

$$\lambda = \dfrac{V}{f} = V \times \dfrac{1}{f_0} \cdot \dfrac{V - v}{V} = \dfrac{V - v}{f_0} \quad \cdots\cdots 答$$

　振動数f_0の音を出す音源Sが直線上を速さvで運動している。その直線上に静止している観測者Oがいて、Sに関してOの反対側にある反射板Rが速さuでOに向かって運動している。音速をVとして以下の問いに答えよ。

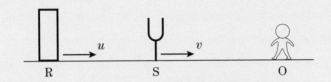

(1)　SからOに直接届いた音の振動数f_1を求めよ。

(2)　Rで反射されOに届いた音の振動数f_2を求めよ。

(3)　Rが静止している場合、Oが聞く単位時間当たりのうなりの回数nを求めよ。

反射波の振動数はすぐに求まらないよなあ……。
一度、反射板で音波を受け取ってから送り返すのがよさそうだね。

解答

（1）　ドップラー効果の振動数の公式を用いれば楽勝だ！

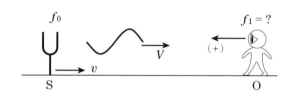

$$f_1 = f_0 \frac{V+0}{V \ominus v}$$

視線と逆だから「－」

$$\therefore f_1 = f_0 \frac{V}{V-v} \quad \cdots\cdots \text{答}$$

（2）　反射板は2段階に分けて計算する。

> ①　反射板Rで音を受け止める。これをf'とし計算する。
> ②　反射板Rをf'の音源とみなし、観測者Oが聞く音が反射音f_2となる。

　①　反射板Rに観測者がいると考えf'を計算する。

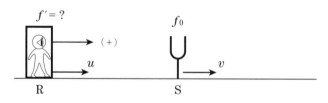

$$f' = f_0 \frac{V+u}{V+v} \qquad\qquad\qquad \cdots\cdots①$$

② 次にRを振動数f'(Hz)の音さとみなして、Oが聞く音の振動数f_2を計算する。

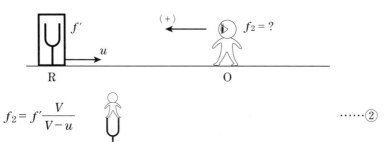

$$f_2 = f' \frac{V}{V-u} \qquad \qquad \cdots\cdots②$$

①を②に代入すると反射音f_2が計算できる。

$$f_2 = f_0 \frac{V+u}{V+v} \times \frac{V}{V-u}$$

$$= f_0 \frac{(V+u)V}{(V+v)(V-u)} \quad \cdots\cdots\text{答}$$

(3) 「Rが静止」とあるので、$u=0$をf_2に代入すると次のようになる。

$$f_2 = f_0 \frac{V+0}{V+v} \frac{V}{V-0} = f_0 \frac{V}{V+v}$$

観測者Oは直接音f_1と反射音f_2の振動数の音を聞くためにうなりを観測する。1s間に聞くうなりの回数nは振動数の差で計算できるよね。

> **1s当たりのうなりの回数：$n = |f_1 - f_2|$（振動数の差だね！）**

$f_1 = f_0 \dfrac{V}{V-v} > f_2 = f_0 \dfrac{V}{V+v}$ なので、次のように計算できる。

$$n = f_1 - f_2$$

$$= f_0 \frac{V}{V-v} - f_0 \frac{V}{V+v}$$

$$= f_0 \frac{2vV}{(V-v)(V+v)} \quad \cdots\cdots\text{答}$$

応用問題

　図のように線路上を電車が40〔m/s〕で左に走行している。電車の警笛の振動数を600〔Hz〕、音の速さを340〔m/s〕、無風状態として次の問いに答えよ。なお、有効数字は2桁とする。

(1)　電車の前方の踏み切りで静止している観測者が、近づいてくる電車の警笛を3.0秒間聞いた。この場合、電車の運転手は警笛を何秒鳴らしたか。

(2)　(1)の場合、観測者が聞いた警笛の波長および振動数を求めよ。

解答

■普通の解答

(1)　運転手が警笛を鳴らした時間をt、音速をV、電車の速さをvとする。

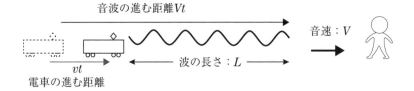

　音速は、音源の速度とは無関係なので、tの間に音の先端が進んだ距離はVtとなる。一方、この間に電車が進んだ距離はvtなので、tの間に送り出された波の長さLは次のように計算できる。

　　tの間に送り出された波の長さ：$L = Vt - vt$

　次に、観測者が音を聞いた時間をt'とすると、波の長さLの音波がVの速さで通過する時間がt'なので、次のように計算できる。

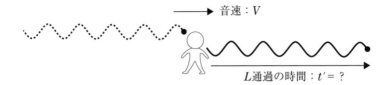

$$L\text{の波が通過する時間}：t' = \frac{L}{V} = \frac{Vt - vt}{V}$$

上式を、運転手が警笛を鳴らした時間tについて計算しよう。

$$t = \frac{V}{V - t}t'$$

$V = 340\,\text{[m/s]}$、$v = 40\,\text{[m/s]}$、$t' = 3.0\,\text{[s]}$を代入する。

$$V = \frac{340}{340 - 34} \times 3.0 = 3.4\,\text{[s]} \quad \cdots\cdots \text{答}$$

(2)　観測者に向かう音波の波長を λ' とする。1[s]間に送り出された波に注目する。

1[s]間に送り出された波長の数は、ズバリ振動数fだよね。

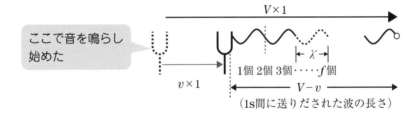

音波の速さVは一定なので、1[s]間に波の「アタマ」が進んだ距離は$V \times 1$、一方、音さは$v \times 1$移動するので、波の長さは$V - v$[m]となる。

音源が動く場合の波長：λ'は、1[s]間に送り出された波の長さ：$V - v$を、波長の数f個で割ると次のように計算できる。

$$\lambda' = \frac{V - v}{f}$$

$V = 340\,\text{[m/s]}$、$v = 40\,\text{[m/s]}$、$f = 600\,\text{[Hz]}$を代入する。

$$\lambda' = \frac{340 - 40}{600} = 0.50 \text{(m)} \quad \cdots\cdots \boxed{答}$$

観測者が受け取る振動数をf'とすると、波の基本式：$v = f\lambda$で計算できるよね。

$$V = f'\lambda'$$

$$f' = \frac{V}{\lambda'} = \frac{340}{0.50} = 6.8 \times 10^2 \text{(Hz)} \quad \cdots\cdots \boxed{答}$$

■ **別解**

　ドップラー効果の問題は、波長、振動数、時間間隔などが問われる。すばやい解法の戦略として、振動数を次の公式で機械的に解きたい。まず、(2)の振動数を機械的に計算しよう！

(2)　警笛の振動数をf、音速をv、観測者が聞く振動数をf'とすると、fは次の手順で与えることができるね。

手順❶　$f' = f\dfrac{V}{V}$

手順❷　分母に音源S、分子に観測者Oの速さを与え

手順❸　観測者Oに、音さを見つめる目から音さに向かう視線を書く。この方向を(+)に定め符号を決める。

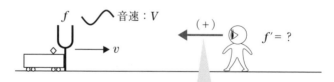

音さを見る視線が（+）だよ！

$$f' = f\frac{V}{V - v}$$

この図をおぼえようね！

視線と逆

$f=600$〔Hz〕、$V=340$〔m/s〕、$v=40$〔m/s〕を代入して、f'を求めよう。

$$f'=600\frac{340}{340-40}=6.8\times10^2〔\text{Hz}〕 \quad\cdots\cdots 答$$

波長 λ'は波の基本公式：$V=f'\lambda'$で計算できるよね！

$$\lambda'=\frac{V}{f'}=\frac{340}{680}=0.50〔\text{m}〕$$

(1)　次に時間間隔だが、振動数から計算できるよ。**音源から送り出される波長の数と受け取る波長の数は同じだ。**

波長の数＝f(1秒当たりの波長数)×t(時間)は、送り手、受け手で一致だね！

観測者が聞いた時間の間隔をt'とする。送り手側の波長数＝受け手側の波長数より、

$$ft=f't'$$

$t'=3.0$〔s〕を代入する。

$$t=\frac{f'}{f}t'=\frac{680}{600}\times3.0=3.4〔\text{s}〕 \quad\cdots\cdots 答$$

この章では、**波面**が登場！　波面とは山や谷などの波の高さが等しい部分をつなげた面だよ。この波面がどのように進むのかを予想するのが**ホイヘンスの原理**だ。

さらに、この原理を用いて屈折の法則を導くことを考える。

8-1　ホイヘンスの原理

図1のような時刻0sの波面が右方向にv〔m/s〕で進んでいる。ではt〔s〕後の波面がどのように描けるか？

次の2つの**step**で描くことができる。

step1　波面上の各点を波源と考え円形波（**素元波**）を書く。

　　　　円形波の半径はvt〔m〕だよね。

step2　すべての円形波に接する面を書く。これがt〔s〕後の波面だ。

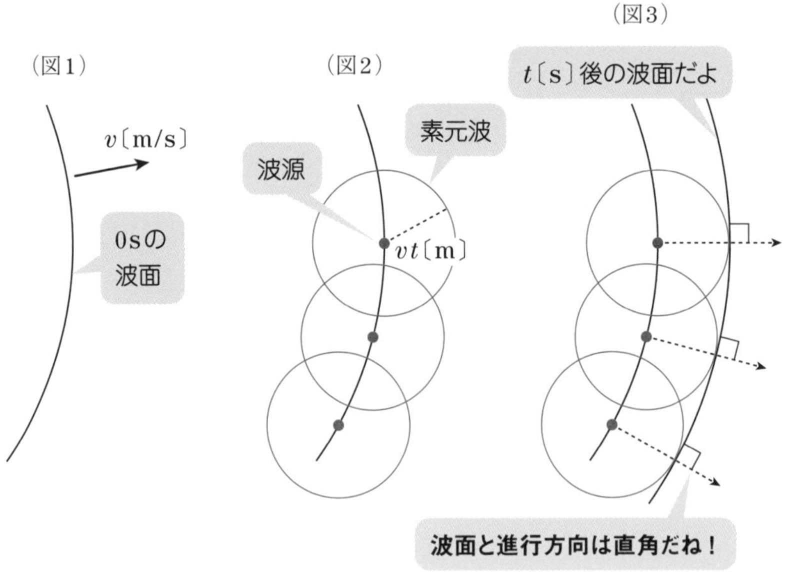

（図3）

（図1）　　　　　　　　　（図2）　　　　　　　t〔s〕後の波面だよ

v〔m/s〕

素元波

波源

0sの
波面

vt〔m〕

波面と進行方向は直角だね！

図3のとおり、波源からスタートした波の**進行方向と波面は直角に交わっている**のがわかるよね。

8-2 屈折の法則

　次の図のように2つの媒質Ⅰ、Ⅱが接している境界面に向かって媒質Ⅰから平面波（波面が平行な波）が入射すると、波の一部は**反射**し、一部は**屈折**して媒質Ⅱに進む。

　境界面に垂直な直線を**法線**と呼ぶが、法線に対する入射波の角度を**入射角**と呼びθ_1とおく。反射波と法線の角度を**反射角**と呼びθ_1'、屈折波との角度を**屈折角**と呼びθ_2とおこう。

　媒質Ⅰでの波の速さをv_1、波長をλ_1、媒質Ⅱでの速さをv_2、波長をλ_2とする。

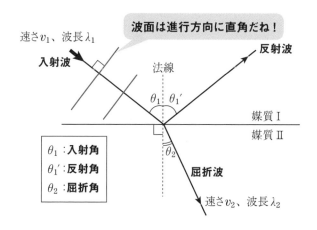

　まず、入射角θ_1と反射角θ_1'の間にはどんな関係があるかな？　これは、証明するまでもなく**入射角＝反射角**だよね。

　これを**反射の法則**って呼ぶ。

> **反射の法則**：θ_1（入射角）＝θ_1'（反射角）

　では入射角θ_1と屈折角θ_2の間には、どのような関係があるかな？　まず、入射波と屈折波の**波面**に注目してみよう。

　ホイヘンスの原理で示したとおり、**波面は波の進行方向に対して直角**だよね。

　入射波の波面ABに注目すると、媒質Ⅰで入射波がBからB′に達すると同時に、媒質Ⅱでは屈折波はAからA′に到達する。波面A′B′は屈折波に対して直角に作図できるよね。

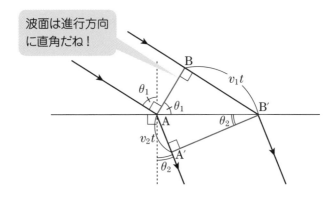

　B→B′、A→A′の時間をtとすると、それぞれの媒質を伝わる速さv_1、v_2を用いてBB′$=v_1t$、AA′$=v_2t$となる。

　直角三角形AB′B、B′AA′に注目して$\sin\theta_1$、$\sin\theta_2$の比を求めると、次のようになる。

$$\frac{\sin\theta_1}{\sin\theta_2}=\frac{\dfrac{v_1t}{AB'}}{\dfrac{v_2t}{AB'}}=\frac{v_1}{v_2} \qquad\qquad\cdots\cdots\text{①}$$

　①式の右辺は、速さの比なので**一定**だよね。これは入射角θ_1、屈折角θ_2がどんな値でも$\sin\theta_1$、$\sin\theta_2$の比が一定となることを表している。

　$\sin\theta_1$、$\sin\theta_2$の比が一定となることを**屈折の法則**と呼ぶんだ。

　ここで一定値である速さの比：$\dfrac{v_1}{v_2}$を定数としてn_{12}とおく。このn_{12}を**媒質Ⅰに対する媒質Ⅱの相対屈折率**って呼ぶんだ。

　ところで屈折において**振動数**：f**は変化しない**よね。なぜなら振動数：fは、1s当たりに通過する波長λの数なので、媒質Ⅰから媒質Ⅱに屈折するときに、波長の数が変わることはないからだよ。

すると**速さの比**$\dfrac{v_1}{v_2}$は、**波の伝わる速さの公式**：$v = f\lambda$ より、$\dfrac{v_1}{v_2} = \dfrac{f\lambda_1}{f\lambda_2}$ $= \dfrac{\lambda_1}{\lambda_2}$と**波長の比**で表すことができる。以上をまとめると、次のようになる。

> **屈折の法則**　　相対屈折率：$n_{12} = \dfrac{\sin\theta_1}{\sin\theta_2} = \dfrac{v_1}{v_2} = \dfrac{\lambda_1}{\lambda_2}$

■屈折の法則の覚え方

　角度、速さ、波長の関係は**分母、分子を分ける棒を境界面に対応させる**と、媒質Ⅰの情報は分子、情報Ⅱの情報は分母ときれいに分かれているよね。

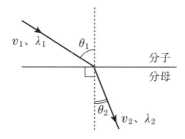

相対屈折率の後に現れる角度、速さ、波長の分数式は、**見た目どおり情報を上下に分ける！**　と覚えておこう。

基本演習

音波の屈折を考える。水中の音速は空気中の音速の約4.5倍である。図のように音波が空気から水面に小さな入射角で入射すると、大部分は反射するが、一部は屈折波として水中を進む。屈折波の向きとして最も適当なものを、図中の①～④のうちから一つ選べ。

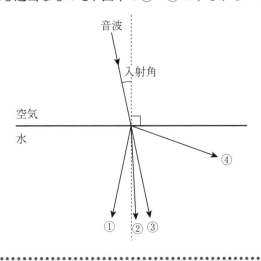

入射角と屈折角の関係は、屈折の法則を利用すると、速さの比で表すことができるよね！

解答

　入射角を α、屈折角を β、空気中の速さを v とおくと、水中の速さは、$4.5v$ だよね。

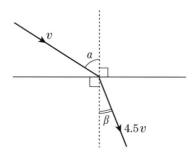

　α、β と速さの関係を屈折の法則を利用して式で表そう！

　角度、速さ、波長の分数式は、**見た目どおり情報を上下に分ける**だね！

屈折の法則：$\dfrac{\sin\alpha}{\sin\beta} = \dfrac{v}{4.5v} = \dfrac{2}{9}$

　よって、α（入射角）$<$ β（屈折角）であることがわかる。これに相当する屈折波の方向は④だね。　……④答

演習問題

　図のように一様な厚さのガラス板を水槽の底に沈めることにより、水槽の一部で水深を浅くした。振動する棒で波面を発生させたところ、水深の深い側の波面とガラス板の縁RSとの角度は45°で、水深の浅い側の波面とRSとの角度は30°であった。水深の浅い側での波の速さは、深い側での波の速さの何倍か？

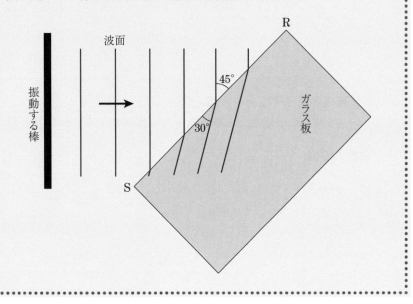

解|答

この問題は、入射波、屈折波の進行方向ではなく、波面が与えられていることに注意しよう。

まず、入射波と屈折波の進行方向を**波面と直角となるように**作図しよう。

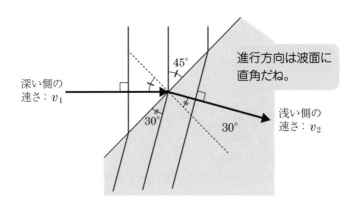

上の図から、入射角は45°、屈折角は30°であることがわかるよね。水深の深い側の速さをv_1、浅い側の速さをv_2とすると次の原理により、分数式で角度と速さの関係を表すことができる。

角度、速さ、波長の関係は境界面を分母、分子を分ける棒と見て、見た目どおりに情報を分ける。

$$\frac{v_1}{v_2} = \frac{\sin 45°}{\sin 30°} = \frac{\frac{\sqrt{2}}{2}}{\frac{1}{2}} = \sqrt{2}$$

問題文の「浅い側の速さは深い側の何倍？」とは、$\frac{v_2}{v_1}$であるから$\sqrt{2}$の逆数だね。

$$\frac{v_2}{v_1} = \frac{1}{\sqrt{2}} \;〔倍〕 \;\cdots\cdots 答$$

9章 光の屈折・全反射

まずは、前章のおさらいだよ！ 屈折の法則は、次の式のように「**情報を上下に分ける！**」で表すことができるんだね。

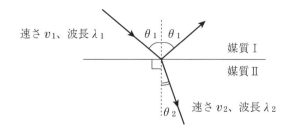

速さ v_1、波長 λ_1

θ_1 θ_1

媒質 I

媒質 II

θ_2 速さ v_2、波長 λ_2

> **屈折の法則** 相対屈折率：$n_{12} = \dfrac{\sin\theta_1}{\sin\theta_2} = \dfrac{v_1}{v_2} = \dfrac{\lambda_1}{\lambda_2}$

9-1 絶対屈折率（光波のみで定義できる）

相対屈折率：n_{12} は2つの媒質 I 、 II の組み合わせで決まる屈折率だ。これに対し、媒質 I 、媒質 II それぞれがもつ固有の屈折率を、**絶対屈折率**と呼び、次のように定義する。

☆注目☆ **媒質の絶対屈折率＝真空に対する注目媒質の屈折率**
（真空から注目媒質への屈折を考えるよ！）

POINT

真空中を伝わる波は、光波に限られるので、**絶対屈折率は光波限定版**だよ。ちなみに真空中の光速は記号で c と表し、$c = 3.0 \times 10^8 \mathrm{m/s}$ だ。

また、アインシュタインの相対性理論によって真空中の光速が、この宇宙における**速度の最大値**であることがわかってるのだ。

媒質 I 、媒質 II の**絶対屈折率**を n_1、n_2 と表し、真空からそれぞれの媒質への屈折を考える。

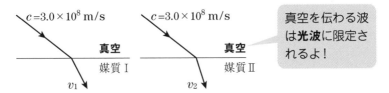

相対屈折率：n_{12}は、速さの比で$n_{12} = \dfrac{v_1}{v_2}$と表すことができたよね。こ

れと同様に、**絶対屈折率**も、速さの比を用いて、次のように表すことがで

きる（「**見た目どおりに、分母と分子に情報を分ける**」、だよ！）。

媒質Ⅰの**絶対屈折率**：$n_1 = \dfrac{c}{v_1}$（>1）

媒質Ⅱの**絶対屈折率**：$n_2 = \dfrac{c}{v_2}$（>1）

絶対屈折率は、どんな媒質でも範囲があり、**1より大きい**。

なぜならば、媒質Ⅰ、Ⅱの**絶対屈折率**：$n_1 = \dfrac{c}{v_1}$、$n_2 = \dfrac{c}{v_2}$の分子にある

真空中の光速：$c = 3.0 \times 10^8$m/sが、この**宇宙で最大の速さ**だからなんだ。

つまり、媒質Ⅰ、Ⅱ中の光の速さv_1、v_2は、真空中の光の速さcより小

さいので、n_1、n_2はいずれも1より大きくなるよね。

では、**真空の絶対屈折率**は、ズバリいくらかな？　次の図のように、真

空から真空への屈折を考えればよい。

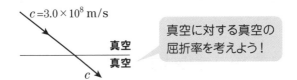

当然、速さの比は$\dfrac{c}{c}$となり**真空の絶対屈折率は1**となる。ちなみに空気

中を伝わる光の速さは真空中とほぼ同じなので、空気の屈折率は、ほぼ1

とみなしてよい。

> **真空の絶対屈折率** $= \dfrac{c}{c} = 1$
>
> **空気の絶対屈折率** $\fallingdotseq 1$

絶対屈折率 $n_1 = \dfrac{c}{v_1}$、$n_2 = \dfrac{c}{v_2}$ の式から v_1、v_2 を求めると、$v_1 = \dfrac{c}{n_1}$、$v_2 = \dfrac{c}{n_2}$ となる。相対屈折率の式：$n_{12} = \dfrac{v_1}{v_2}$ に代入すると、次のようになる。

相対屈折率：$n_{12} = \dfrac{v_1}{v_2} = \dfrac{\dfrac{c}{n_1}}{\dfrac{c}{n_2}} = \dfrac{n_2}{n_1}$

屈折の法則を、絶対屈折率を含む形で表すと、次のとおりだ。

$$n_{12} = \frac{\sin\theta_1}{\sin\theta_2} = \frac{v_1}{v_2} = \frac{\lambda_1}{\lambda_2} = \boxed{\frac{n_2}{n_1}}$$

絶対屈折率の分数式は、他の分数式と比べて分母と分子の位置が逆になっているので間違えやすいよね。そこで……

例えば、角度と絶対屈折率の関係であれば「**たすきがけ**」を考えてみよう。速さ、波長と絶対屈折率も同様である。

$$\frac{\sin\theta_1}{\sin\theta_2} = \frac{n_2}{n_1} \qquad \fbox{n_1}\,\fbox{$\sin\theta_1$} = \fbox{n_2}\,\fbox{$\sin\theta_2$}$$

$$\fbox{n_1}\,\fbox{v_1} = \fbox{n_2}\,\fbox{v_2}$$

$$\fbox{n_1}\,\fbox{λ_1} = \fbox{n_2}\,\fbox{λ_2}$$

角度、速さ、波長と絶対屈折率の関係は、次のように覚えよう。

> **同じ媒質どうしの情報を掛けて、イコール（＝）で結ぶ**

9-2　臨界角、全反射

次の図のように光が水から空気に向かって（絶対屈折率が大から小に向かって）屈折する場合を考える。

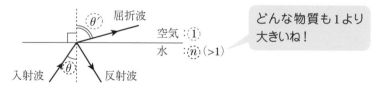

どんな物質も1より大きいね！

水の絶対屈折率を n とすると入射角 θ、屈折角 θ' の関係は屈折の法則

（**同じ媒質の情報の掛け算を＝で結ぶ**）により、次のとおりだ。

$$\boxed{1} \cdot \boxed{\sin\theta'} = \boxed{n} \cdot \boxed{\sin\theta} \qquad\qquad\cdots\cdots①$$

$1 < n$ より、$\sin\theta' > \sin\theta$ なので、θ'（屈折角）$> \theta$（入射角）となることに注意しよう。

入射角 θ をどんどん大きくすると、屈折角 θ' も大きくなり、ついに屈折角 $\theta' = 90°$ となる。このときの入射角を θ_c と表し、**臨界角**と呼ぶ。

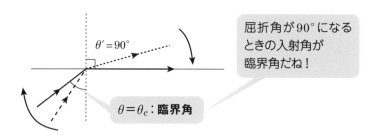

屈折角が $90°$ になるときの入射角が臨界角だね！

$\theta = \theta_c$：**臨界角**

臨界角 θ_c は、屈折角 $\theta' = 90°$ を①式に代入すると計算できるよね。

$$1 \times \sin 90° = n\sin\theta_c \qquad \boxed{\text{臨界角 } \theta_c \text{ を与える式}: \sin\theta_c = \dfrac{1}{n}}$$

臨界角の式は覚えずに、いつでも求められるようにしよう！

では、入射角 θ が臨界角 θ_c を超えると、どうなる？　光は屈折しないよね！
なぜなら、屈折角に対する $\sin\theta'$ が、$\sin\theta' > 1$ となるので屈折角が計算できないからだ。

入射角が臨界角を超えると屈折せずに境界面で**全反射**するんだ。

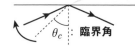

θ_c：**臨界角**

光が境界面で屈折しない、ということは入射した光は**すべて境界面で反射**する。この現象を**全反射**と呼ぶ。以上をまとめると、次のようになる。

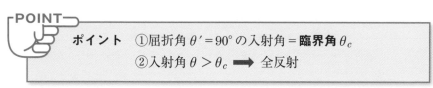

POINT

ポイント　①屈折角 $\theta' = 90°$ の入射角 ＝ **臨界角** θ_c
　　　　　　②入射角 $\theta > \theta_c$ ➡ 全反射

基本演習

　図のように、空気中から水中の物体Pを見ると、空気と水の境界面での屈折のため、実際より浅いP′の位置にあるように見える。

　物体Pの水面からの距離をd、空気の屈折率を1、水の屈折率をnとして、浅い位置P′の水面からの距離d'を求めたい。

　角θが十分小さい場合、$\sin\theta \fallingdotseq \tan\theta$が成り立つことを用いてよい。

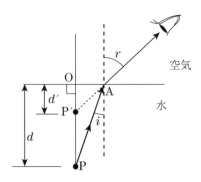

(1)　点Aでの屈折において、入射角iと屈折角rの関係を示せ。

(2)　d、d'、$\tan i$、$\tan r$の関係を示せ。

(3)　(1)と(2)の結果を用い、さらに角iとrは十分小さいことを用いてd'をd、nを用いて表せ。

入射角、屈折角は屈折の法則で結びつけることができるよね！
「同じ媒質どうしの掛け算を＝で結ぶ」

解答

(1) 絶対屈折率と角度の関係は「**同じ媒質どうしの情報を掛けて、(＝)で結ぶ**」だね。

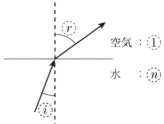

空気 ： 1

水　 ： n

$$1 \cdot \sin r = n \cdot \sin i$$

よって、$\sin r = n \sin i$ ……答

(2) 直角三角形POAと直角三角形P′OAに注目し、

$\tan i$ と $\tan r$ を表すと次のとおり。

$$\tan i = \frac{OA}{d} \qquad \cdots\cdots①$$

$$\tan r = \frac{OA}{d'} \qquad \cdots\cdots②$$

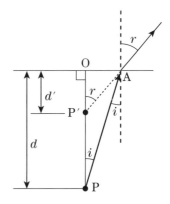

①と②の辺々を割り算する $\left(\dfrac{①}{②}\right)$ と、

$$\frac{\tan i}{\tan r} = \frac{d'}{d} \quad \cdots\cdots答$$

（よって、$d \tan i = d' \tan r$ ……答）

(3) (2)の結果を d' について求め、「i と r は十分小さい」とあるので、近似的に $\tan i \fallingdotseq \sin i$、$\tan r \fallingdotseq \sin r$ と書き換えると次のとおり。

$$d' = d \frac{\tan i}{\tan r} \fallingdotseq d \frac{\sin i}{\sin r}$$

(1)の結果から得られた $1\sin r = n \sin i$ を書き換えて上式にあてはめる。

$$\frac{\sin i}{\sin r} = \frac{1}{n}, \quad d' \fallingdotseq d \frac{\sin i}{\sin r} = \frac{d}{n} \quad \cdots\cdots答$$

演習問題

　図のように、水面に半径Rの光を通さない円板が置かれており、円板の中心の真下で深さhの位置に光源があった。

　水の屈折率をn、空気の屈折率を1として、光源からの光が水面上に漏れないための円板の半径の最小値Rを求めよ。

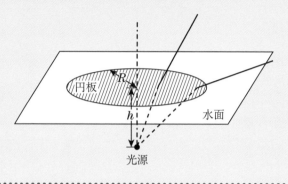

円板の縁に入射する光が全反射するぎりぎりの角度であればいいよね！

解答

　次の図のように、円板の縁に入射する光を考える。入射角を θ 、屈折角を θ' とすると、屈折の法則より次の関係が成り立つ。

「同じ媒質どうしの情報をかけて、（＝）で結ぶ」だね。

$$n\sin\theta = 1\sin\theta' \qquad \cdots\cdots ①$$

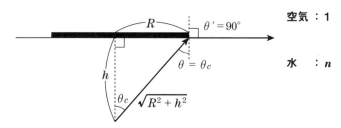

空気 : 1

水 : n

　空気中に光が漏れないためには、円板の縁に入射する光が境界面で**全反射**すればよい。半径 R を最小にするためには、屈折角 θ' が90°となる状態、つまり入射角 θ が**臨界角** θ_c の状態だ。

　①に $\theta = \theta_c$ 、$\theta' = 90°$ を代入し $\sin\theta_c$ を求める。

　①より、$n\sin\theta_c = 1\sin 90°$

$$\sin\theta_c = \frac{1}{n} \qquad \cdots\cdots ②$$

　図形の関係から $\sin\theta_c$ は次のように計算できる。

$$\sin\theta_c = \frac{R}{\sqrt{R^2 + h^2}} \qquad \cdots\cdots ③$$

　②＝③より、$\dfrac{1}{n} = \dfrac{R}{\sqrt{R^2 + h^2}}$

$$nR = \sqrt{R^2 + h^2}$$

$$n^2 R^2 = R^2 + h^2$$

$$(n^2 - 1)R^2 = h^2$$

　よって、$R = \dfrac{h}{\sqrt{n^2 - 1}}$ ……**答**

応用問題

　　光通信において重要な役割を担っている光ファイバー中の光の伝達の原理について考察してみよう。

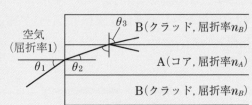

　　屈折率n_Aの円柱状のコアと呼ばれる透明媒質Aがある。その端面は中心軸に垂直で、側面は屈折率n_Bのクラッドと呼ばれる媒質Bで囲まれているものとする。図は中心軸を含む断面を示したもので、以下では現象を単純化するため、光はこの平面内を進行するものとする。また、外側の空気の屈折率は1とし、$n_A > n_B > 1$であるとする。

(1)　図のようにコアに外側から光が入射角θ_1で入射したとき、入射角θ_1と屈折角θ_2はどのような関係になるか求めよ。

(2)　コアに入射した光はクラッドとの境界面で一部は反射し、また一部はクラッドに入ることになる。光がクラッドに入るときの屈折角θ_3と各θ_2の間の関係を求めよ。

(3)　光が屈折率の大きな媒質から屈折率の小さな媒質へ進む場合、その境界面で全反射が起こりうる。コアからクラッドに光が進む場合、臨界角θ_0として、n_A、n_B、θ_0の間に成り立つ関係を求めよ。

(4)　光がコア内を進んでいくためには、光がクラッドの中に入らず、コアとクラッドの境界面で全反射を繰り返さなければならない。そのためには、外部から光を入射させる光の入射角θ_1がどのような条件を満たす必要があるか求めよ。

解答

(1)　屈折の法則より絶対屈折率と角度の関係は「**同じ媒質どうしの情報を
掛けて、(=)で結ぶ**」だね。

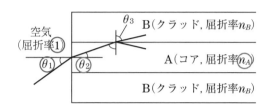

$$\sin \theta_1 = n_A \sin \theta_2 \quad \cdots\cdots \text{答}(①とする)$$

(2)　媒質AからBに入射する際の入射角を α とすると、(1)と同様に、屈折
の法則を適用すると次のようになる。

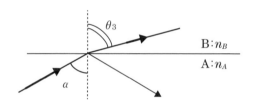

$$n_B \sin \theta_3 = n_A \sin \alpha \quad \cdots\cdots②$$

②に、 $\alpha = 90° - \theta_2$ を代入。

$\sin(90° - \theta) = \cos \theta$ より次のようになる。

$$n_B \sin \theta_3 = n_A \cos \theta_2 \quad \cdots\cdots \text{答}(③とする)$$

(3)　臨界角は屈折角が90°となるときの入射角だよね！

　　　屈折角： $\theta_3 = 90°$、入射角： $\alpha = \theta_0$ を②に代入。

$n_B \sin 90° = n_A \sin \theta_0$、 $\sin 90° = 1$ なので次のようになる。

$$n_B = n_A \sin \theta_0 \quad \cdots\cdots \text{答}$$

(4)　(3)と同様に $\theta_3 = 90°$ となる、最初の入射角 θ_1 を θ_1' とする。

　　　①より $\sin \theta_1' = n_A \sin \theta_2$

　　　③より $n_B \sin 90° = n_A \cos \theta_2$

両辺を2乗し、辺々足し合わせる。

$$(\sin \theta_1')^2 + (n_B \sin 90°)^2 = (n_A)^2 \times 1$$
$$\sin \theta_1' = \sqrt{ n_A{}^2 - n_B{}^2 }$$

　A、Bの境界面で全反射するには、$\alpha > \theta_0$（臨界角）である。$\alpha = 90° - \theta_2$ なので、θ_2はできるだけ小さくしたい。よって、スタートの入射角 θ_1 は、$\theta_3 = 90°$ となる入射角 θ_1' より小さくする必要がある。

　$\theta_1 < \theta_1'$ より、$\sin \theta_1 < \sqrt{ n_A{}^2 - n_B{}^2 }$ ……答

10章 レンズの法則

この章ではまず**凸レンズ**が登場だ。凸レンズといえば、光を一点に集める役目があるね。小学校で太陽光線を集めて紙を焼く実験やったよね？凸レンズは小さな文字を拡大する、いわゆる虫眼鏡にも使うことができる。この章では、レンズがどのような法則に従うのかを考えるよ。

10-1 凸レンズと凹レンズの焦点

① 凸レンズ

中心部がふくらみをもつ凸レンズに平行光線を入射させると、屈折によってある一点：Fに光が集まるね。

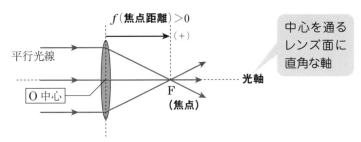

光が集まる点Fを**焦点**、レンズの中心OからFまでの距離 f を**焦点距離**と呼ぶ。入射方向右向き（レンズ後方）を（＋）に定めると、凸レンズの焦点距離 f の符号は（＋）だね。

POINT

レンズの中心部O付近は、ほぼ平行なガラス板とみなすことができるので、Oに向かう光は、直進すると考えることができる。斜めに中心Oに向かう場合も、入試で登場するレンズは**厚みを無視**するので直進と考えてよい。

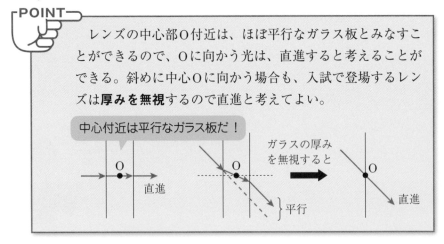

② **凹レンズ**

　中心部がへこんだ**凹レンズ**に平行光線を入射させると、屈折によって凸レンズとは逆に、光は広がるよ！

　一見すると、凸レンズのように光は集まらないので焦点はないように思える。しかし、広がった光の道筋を逆にたどると、レンズの左側(前方)に交わる点があるよね。この点が凹レンズの**焦点F**なんだ。

　凹レンズの焦点Fは光が集まる点ではなく、**あたかも焦点Fに光源**があり、そこから光が広がっているように見えるよね。

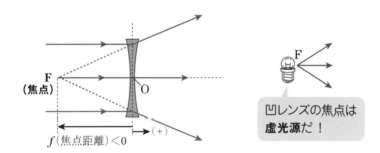

凹レンズの焦点は
虚光源だ！

凹レンズの焦点Fは、その場所に光源があり、そこから光が広がるようなイメージなんだね。
この光源を**虚光源**っていうんだ！

　入射方向(右側)を正(+)に定めると、凹レンズの焦点距離 f の符号は(−)となる。凸レンズの焦点距離 f は(+)なので、凸レンズと凹レンズは、焦点距離の符号が逆だね。

10-2 レンズの法則

　凸レンズの左側（前方）に、長さLの光源AB（光る棒）がある。光源AB
から送り出された光がレンズを通過すると、レンズの右側には上下逆さの
像を映し出すことができる。これを**倒立実像**と呼ぶ。

　まず、像の作図方法を覚えよう。Aに光源があると考えて、Aから送り
出される2本の光線で光源Aに対する像A′（光が集まる場所）が作図できる。

---

① 光軸に平行な光線は、
　　凸レンズの場合：焦点Fに向かって進む
　　凹レンズの場合：焦点Fから光が送り出されるように進む

② レンズの中心Oに向かう光は直進する
　　①、②の光線が交わる点が像のできる場所となる。

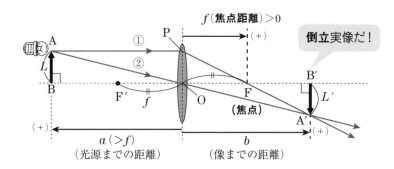

倒立実像だ！

f（**焦点距離**）>0

$a\,(>f)$（光源までの距離）　　　b（像までの距離）

POINT

　F′は、レンズの右側から平行光線が入射する場合の焦点で
ある。焦点は、レンズの両サイドにあるよね。

　レンズから物体までの距離：a（左側を正（＋）に定める）、像までの距離：
b（右側を正（＋）に定める）、凸レンズの焦点距離：fの関係を示すために、

倍率：$m\left(=\dfrac{L'\text{（像の長さ）}}{L\text{（物体の長さ）}}\right)$に注目する。△OABと△OA′B′は相似なので、

倍率：$m=\dfrac{L'}{L}=\dfrac{b}{a}$　……①

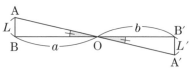

また、△FOPと△FB′A′も相似なので、

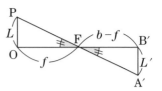

倍率：$\dfrac{L'}{L} = \dfrac{b-f}{f}$ 　　　　……②

①＝②より、$\dfrac{b}{a} = \dfrac{b-f}{f}$ となり、書き換え

ると次の式が得られる。

レンズの法則　$\dfrac{1}{f} = \dfrac{1}{a} + \dfrac{1}{b}$

レンズの法則を用いると、レンズの焦点距離：f と物体までの距離：a から、像までの距離：b が計算できる。すると a、f の値によって b が $(-)$ となる場合があるよね！

b が $(-)$ とは、レンズの左側に像が生じることになる。左側に生じる像って何だ？

$a < f$ の場合で、像を作図すると次のようになる。

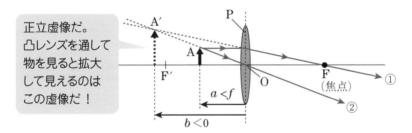

正立虚像だ。凸レンズを通して物を見ると拡大して見えるのはこの虚像だ！

$a < f$ の場合、Aからの光線①、②はレンズを通過後、交わらないので実像はできない。広がった光の道筋を逆にたどると、レンズの左側に交わる点A′が像のできる場所となる。ただし実際に光が集まる場所ではないので、この像を**虚像**と呼ぶ。元の光源と上下方向は変わっていないので**正立虚像**と呼ぶんだ。

点A′に光源があり、光が広がるような場所だね。まさに**虚光源**だ！
レンズを通して物を見ると大きく見えるのは、この虚像を見ているからなんだ。

$b > 0$ の場合：**実像**

$b < 0$ の場合：**虚像**　　と判断しよう。

図のように，凹レンズの前方に物体を置いた。この物体の像として正しいものを，下の①～⑤のうちから一つ選べ。

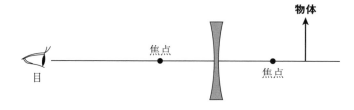

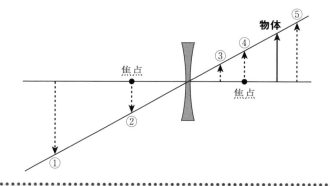

像は、2本の光線で作図できるよね！

解答

物体の先端Aの像を2本の光線によって作図する。

①光軸に平行な光線は、
　凸レンズの場合：焦点Fに向かって進む
　凹レンズの場合：焦点Fから光が送り出されるように進む
②レンズの中心Oに向かう光は直進する

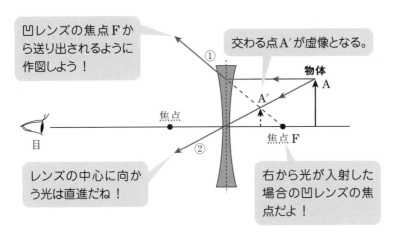

凹レンズの焦点Fから送り出されるように作図しよう！

交わる点A′が虚像となる。

レンズの中心に向かう光は直進だね！

右から光が入射した場合の凹レンズの焦点だよ！

レンズの左側から見るとA′に光源があるように見える。
よって選択肢は③ ……答

凹レンズを通して物体を眺めると、縮小された虚像が見えることになるよね。

　図のように、凸レンズの2つの焦点F_1、F_2の間に物体ABを置く。図の1マスを1cmとして、像の種類（実像か虚像）、位置、大きさを答えよ。

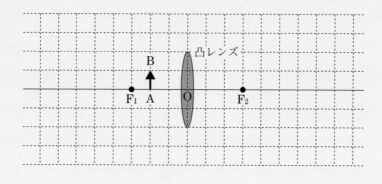

解答

　まず、Bから送り出される2本の光線によって像を作図してみよう。

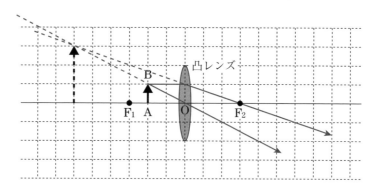

　作図によって得られた像は、(正立)虚像だね。位置は、レンズの左方(前方)6cm。像の大きさは、3目盛り分なので、3cmだね。

　レンズの左方(前方)に大きさ3cmの(正立)虚像 ……**答**

 別解 ─────────────────────────────

　作図なしに、レンズの法則を用いて、bを計算することもできるよね！

$$\text{レンズの法則}\quad \frac{1}{f}=\frac{1}{a}+\frac{1}{b}$$

　$a=+2$、$f=+3$(凸レンズの焦点距離は＋だね)を代入し、bを求めると次のようになる。

$$\frac{1}{+3}=\frac{1}{+2}+\frac{1}{b}$$

　よって、$b=-6$……レンズの左方6cmの位置に虚像($b<0$だからだね)が生まれた。

　倍率　$m=\dfrac{L'(像の長さ)}{L(物体の長さ)}$ は相似比を考えると、aとbの大きさの比で表すことができる。

$$倍率\ m=\frac{L'}{L}=\frac{|b|}{a}=\frac{|-6|}{2}=3倍$$

　元の物体の長さが1cmなので、像の大きさは3cmであることがわかるよね！

応用問題

　同じ焦点距離8〔cm〕の2枚の凸レンズA、Bを光軸が一致するように12〔cm〕離し、凸レンズAの前方12〔cm〕の位置に大きさ3〔cm〕の物体を置いた。

　2枚の凸レンズによる像の位置、像の大きさ、像の種類、正立か倒立かを示せ。

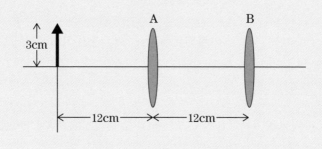

解答

　レンズから物体までの距離をa、像までの距離をb、焦点距離をfとすると、次のレンズの法則が成り立つよね。符号のルールは、aはレンズの前方が正、bはレンズの後方が正だよ。

$$レンズの法則：\frac{1}{f} = \frac{1}{a} + \frac{1}{b}$$

上記の式に$a = +12$、$f = 8$を代入し、bを求めよう。もし、$b > 0$なら実像、$b < 0$なら虚像と判断できるよね。

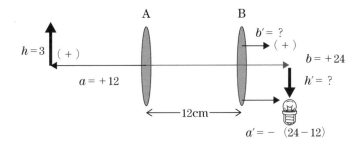

さらに、Aが作り出した像は光が集まる点であると同時に、光が発せられる点でもある。だから2枚目のレンズ**B**から見ると、**Aが作り出した像が光源**と考えよう。

$$\text{レンズA}: \frac{1}{8} = \frac{1}{12} + \frac{1}{b}$$

$$\frac{1}{b} = \frac{1}{8} - \frac{1}{12} = \frac{3-2}{24}$$

よって、$b = +24$（$b > 0$なので実像だね！）

$b = 24$cmってことは、AB間の距離12cmを越えちゃったね！　この場合は、レンズBの後方に光源があることになるので、レンズBから光源までの距離a'は$(-)$と考えよう。

h = 3 $(+)$　A　B

$b' = ?$ $(+)$

$a = +12$　$b = +24$

12cm　$h' = ?$

$a' = -(24-12)$

$a' = -(24-12) = -12$をレンズの法則に当てはめて、像までの距離b'を計算しよう。

$$\text{レンズB}：\frac{1}{8} = \frac{1}{-12} + \frac{1}{b'}$$

$$\frac{1}{b'} = \frac{1}{8} + \frac{1}{12} = \frac{3+2}{24}$$

よって$b' = +4.8$（$b' > 0$なので、実像だ！）

結局、像の場所はレンズBの後方4.8〔cm〕の位置に実像ができたね。

像の大きさは、レンズの倍率mを考えよう。倍率mは次の式で計算できる。

$$\text{レンズの倍率：} m = \left| \frac{b}{a} \right|$$

$$\text{レンズAの倍率：} m = \left| \frac{+24}{+12} \right| = 2\text{倍}$$

$$\text{レンズBの倍率：} m' = \left| \frac{+4.8}{-12} \right| = 0.4\text{倍}$$

2枚のレンズを通過した総合倍率$= m \times m' = 2 \times 0.4 = 0.8\text{倍}$

物体の大きさ$h = 3$cmに対し、像の大きさh'は倍率を利用して次のように計算できる。

$$\text{像の大きさ：} h' = h \times 0.8 = 3 \times 0.8 = 2.4 \text{〔cm〕}$$

では、正立or倒立はどうかな？　基本に立ち返り、像の作図を考えてみよう。

---

①光軸に平行な光線は、

　凸レンズの場合：焦点Fに向かって進む

　凹レンズの場合：焦点Fから光が送り出されるように進む

　②レンズの中心Oに向かう光は直進する

①、②の光線が交わる点が像のできる場所となる。

レンズBはないものとして、レンズAの像を作図すると次のとおりだ。

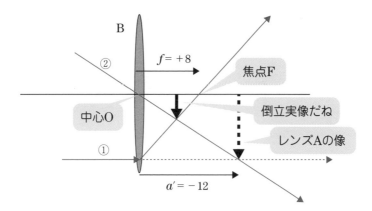

　次に、レンズAによる倒立実像に向かう光がレンズBを通過すると、どのような像が生まれるかを考えてみよう。

　レンズAの像に向かう光線のうち、①光軸に平行な光線、②レンズBの中心通過の2本でレンズBの像の作図を描くと次のとおり。

　①はBの焦点に向かい、②は直進だね。2本の光線の交わる点で像を作図すると、倒立実像であることがわかるよね。

　以上をまとめると、次のとおり。

　　レンズBの後方4.8〔cm〕の位置に大きさ2.4〔cm〕の倒立実像 ……答

■ **超速解法**

　正立or倒立を簡単に決めるテクニックがあるよ。注目したいのは倍率 m だ。次のように、わざとマイナス（−）を付けた倍率 m を与える。m が負ならば倒立、正ならば正立と考えよう！

$$
裏技倍率：m = -\frac{b}{a} \begin{cases} m<0 & 倒立 \\ m>0 & 正立 \end{cases}
$$

　たとえば、$a>0$、$b>0$（実像だね）ならば、$m<0$となる。mが負であることは、**方向が逆向きの倒立**になったと考えてくれ。

　一方、$a>0$、$b<0$（虚像だね）ならば、$m>0$となる。mが正であることは、□**方向が変わらなかったら正立**になったと考えよう！

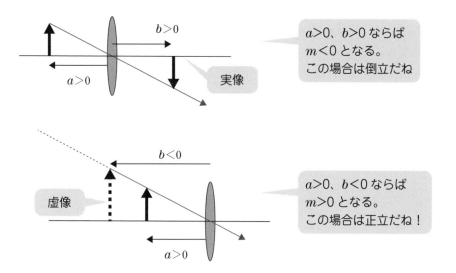

$a>0$、$b>0$ ならば
$m<0$ となる。
この場合は倒立だね

実像

$a>0$、$b<0$ ならば
$m>0$ となる。
この場合は正立だね！

虚像

　では、改めてこの問題を考えてみよう。レンズAで、$a=+12$、$f=8$から$b=+12$が得られたよね。$(-)$をつけた倍率mを計算すると次のとおり。

$$
レンズA：m = -\frac{b}{a} = -\frac{+24}{+12} = -2（大きさ2倍、倒立だね）
$$

次にレンズBで、$a' = -(24-12)$、$f = 8$ から $b' = +4.8$ が得られたよね。レンズBの倍率を m' とする。

レンズB：$m' = -\dfrac{b'}{a'} = -\dfrac{+4.8}{+12} = +0.4$（大きさ0.4倍、正立だ）

では、2枚のレンズを通過した総合倍率 M はといえば、m と m' の掛け算を計算する。

総合倍率：$M = m \times m' = (-2) \times (+0.4) = -0.8$ 倍

総合倍率 $M < 0$ なので倒立がわかるよね！　もちろん物体の大きさ $h = 3$cmに対し、像の大きさ h' は倍率 M の大きさ0.8倍を利用して次のように計算できる。

像の大きさ：$h' = h \times 0.8 = 3 \times 0.8 = 2.4$〔cm〕

レンズBの後方4.8〔cm〕の位置に大きさ2.4〔cm〕の倒立実像 ……答

11章 干渉の条件

この章では、2つの波源から送り出された単振動の重ね合わせを考える。振動の重なりによって大きく振動する場合と、逆に打ち消し合う場合もある。この現象がまさに干渉なのだが、どのような条件で決まるのかを考えよう！

11-1 干渉の条件

次の図のように、水面上に**同位相（同じ振動）**の2つの波源S_1、S_2があり、波長λの円形波が送り出されているとしよう。

水面上の適当な1つの点Pに注目すると、S_1、S_2から届いた振動が重なっている。

点Pで**同位相**（同じ振動）が重なると**強め合い**となり、点Pで**位相がπ〔rad〕ずれた振動**（逆方向の振動）が重なると**弱め合い**となる。

このように振動が重なって強め合い、弱め合いとなる現象が**干渉**だ。

点Pでの干渉の条件（点Pで強め合い、弱め合いとなる条件）を考えてみよう。

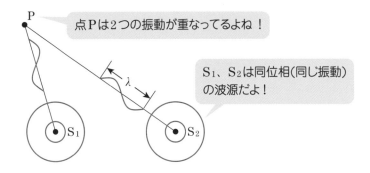

点Pは2つの振動が重なってるよね！

S_1、S_2は同位相（同じ振動）の波源だよ！

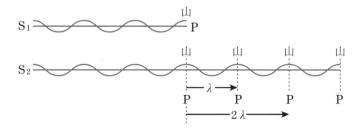

点Pでの振動

```
山   山
 ↑ + ↑ = ↑ 強め合い
  同位相
山
 ↑ + ↓ = 0〔m〕 弱め合い
       谷
  逆位相
```

　まず2つの波が進む**距離差**：$|S_1P - S_2P|$ に注目しよう！　次の図のように、S_1P、S_2P を横一線に並べてみると、S_1、S_2 は同位相の波源なのだから、同じ形の波形が並ぶよね。

① Pで強め合う条件

　点Pに S_1 からの波の山が到達したとき、S_2 からの波の山が到達していれば、点Pは同位相の振動が重なるので、強め合いとなるよね。

　$S_1P \leqq S_2P$ となるような波の長さの組み合わせは、次のように描くことができる。

S₁　　　　　　　　　山
　　　　　　　　　　P

S₂
　　　　　　　　山　　山　　山　　山
　　　　　　　　P　　P　　P　　P
　　　　　　　　├ λ →┤
　　　　　　　　├── 2λ ──→

　もし $S_1P = S_2P$、つまり距離差：$|S_1P - S_2P|$ が0ならば、点Pでは山と山が重なり、強め合う。

　波の高さは1波長（λ）ごとに同じとなるので、距離差が0、λ、2λ、……、$m\lambda$（$m = 0$、1、2……）ならば、Pで強め合いとなるね！

強め合う条件　　距離差：$|S_1P - S_2P| = m\lambda$

$$(m = 0、1、2、……)$$

---

②　Pで弱め合う条件

　点PにS₁からの波の山が到達したとき、S₂からの波の谷が到達していれば、点Pは位相が π ずれた（逆方向の）振動が重なるので、弱め合いとなるよね。

　$S_1P \leqq S_2P$ となるような波の長さの組み合わせは、次のように描くことができる。

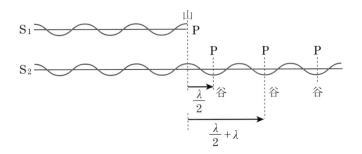

　距離差の最小値は、山から谷までの距離 $\dfrac{\lambda}{2}$ だね。この $\dfrac{\lambda}{2}$ に、λ ずつ足した距離差 $= \dfrac{\lambda}{2}$、$\dfrac{\lambda}{2} + \lambda$、$\dfrac{\lambda}{2} + 2\lambda$、……、$\dfrac{\lambda}{2} + m\lambda$（$m = 0$、1、2、……）ならばPで弱め合いとなる。

> **弱め合う条件**　距離差：$|S_1P - S_2P| = \dfrac{\lambda}{2} + m\lambda$
>
> $$（m = 0、1、2、……）$$

　干渉の条件を $\dfrac{\lambda}{2}$（半波長）を用いてまとめると、次のように表すことができる。

> **波源が同位相の場合**
>
> 距離差：$|S_1P - S_2P| = \dfrac{\lambda}{2} \times \begin{cases} 2m & \text{（偶数）：強め合う} \\ 2m+1 & \text{（奇数）：弱め合う} \end{cases}$

干渉の条件式は、**波源が同位相の場合**に成り立つんだね。
波源の位相がずれちゃってる場合、干渉の条件はどうなるのかな？？

波源S_1、S_2の位相がπ〔rad〕ずれている（逆方向の振動）場合を考える。

結論を先に言っちゃうと、この場合は**干渉の条件が逆転（半波長の偶数倍で弱め合い、奇数倍で強め合い）**となるんだ。

なぜか……？

まず波源の位相がπ〔rad〕ずれる場合、次の図のようにS_1P、S_2Pを横一線に並べると、高さが逆の波形が並ぶことになるよね。

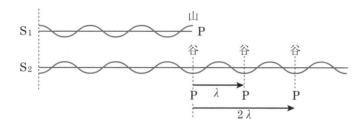

距離差が0で、点Pでは山と谷が出合うことになり、弱め合いとなる。

よって距離差が0、λ、2λ、……、$m\lambda$で弱め合いとなる。波源が同位相の場合、距離差＝$m\lambda$で強め合いだったことと比較すると、干渉の条件が逆転したことがわかるよね！

波源の位相がπ〔rad〕ずれる（逆方向の振動）場合 ➡ 条件逆転！

距離差：$|S_1P - S_2P| = \dfrac{\lambda}{2} \times \begin{cases} 2m & \text{（偶数）：弱め合う} \\ 2m+1 & \text{（奇数）：強め合う} \end{cases}$

基本演習

　　水面上の2点P、Qで2つの小球を同じ振動数、同じ振幅、同じ位相で上下に振動させて、波を発生させた。波の波長は2.0cm、PQ間の距離は4.0cmとして次の問いに答えよ。

(1)　　点Pからの距離が4.5cm、点Qからの距離が5.5cmの水面上の点Aは、強め合いか弱め合いかを述べよ。

(2)　　水面上でほとんど振動しない点をつなぐと、どのような図形になるか。最も適当なものを次の①から④のうちから1つ選べ。

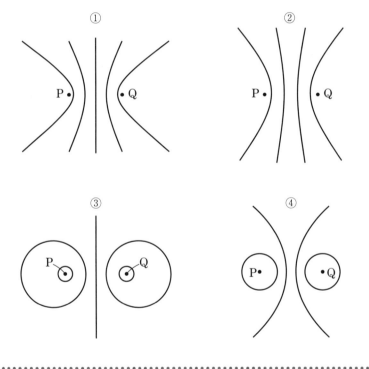

(1)　波源P、Qは同位相なのだから、干渉の条件は次の式で表すことができるよね！

$$距離差 = \frac{\lambda}{2} \times \begin{cases} 2m & （偶数）：強め合う \\ 2m+1（奇数）：弱め合う \end{cases}$$

点Aでの距離差は $5.5 - 4.5 = 1.0\,\mathrm{cm}$ となる。

波長は $2.0\,\mathrm{cm}$ より $\frac{\lambda}{2} = 1.0\,\mathrm{cm}$ だ。

距離差 $(1.0\,\mathrm{cm}) = \frac{\lambda}{2} \times 1$（奇数）なので

点Aは弱め合いとなる　……答

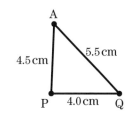

(2)　問題文に「水面上でほとんど振動しない点」とあるのは、**弱め合い**の点だね。この弱め合う点をBとする。

　　弱め合いの条件：距離差 $|PB - QB| = \frac{\lambda}{2} \times (2m+1)$

　上記の式から、弱め合いの距離差は $\frac{\lambda}{2} \times 1$、$\frac{\lambda}{2} \times 3$、$\frac{\lambda}{2} \times 5$、……と無数

にありそうだが、**距離差は波源間の距離より常に小さいんだ。**

　証明は、三角不等式を使う。

　まず、三角形の1辺の長さは他の2辺の和より短いね。

　　PB＜PQ＋QB

　　$\underset{\text{（距離差）}}{PB - QB} \,\, < \,\, \underset{\text{（波源間の距離）}}{PQ}$

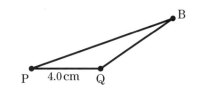

　よって、$\frac{\lambda}{2} \times (2m+1) < 4.0$

　$\lambda = 2.0$ を代入すると、$2m+1 < 4$ となり、これを満たす奇数は $2m+1 = 1$、3の2つだけとなる。

　距離差が同じ部分をつなげると、次の図のように**双曲線**となることを覚えよう。

　距離差が $\frac{\lambda}{2} \times 1$ の双曲線は、Pからの距離が大きい場合と、Qからの距離が大きい場合の2本ある。$\frac{\lambda}{2} \times 3$ の双曲線も2本あるので、合計4本の双曲線となる。よって答えは② ……**答**

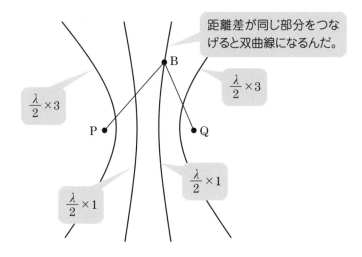

　ちなみに、双曲線となっているのは①、②があるが、①は点P、Qから等距離の線分が含まれており、距離の差が0なので、弱め合いとはならないよね。よって双曲線が4本ある②を選ぶことができる。

演習問題

　図のように、一定波長の平面波の水面波を、波面と平行に並んだ間隔5.0cmの2つのスリットS$_1$およびS$_2$を通して干渉させた。

　S$_1$を通り、S$_1$とS$_2$を結ぶ直線に垂直な直線S$_1$Tにそって水面の動きを調べたところ、2つのスリットから出た波が弱め合って、水位がほとんど変化しない場所が2つだけ見つかった。そのうち、S$_1$から遠い方をA$_1$、S$_1$に近い方をA$_2$とすると、S$_1$からA$_1$までの距離は12.0cmであった。

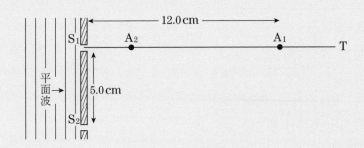

(1)　距離$\overline{S_1A_1}$と$\overline{S_2A_1}$の差は、波長の何倍か。また、距離$\overline{S_1A_2}$と$\overline{S_2A_2}$の差は、波長の何倍か。

(2)　この水面波の波長はいくらか。

解答

　平面波の波面はスリット S_1、S_2 に同時に達するので、同位相の波源となるよね！

　また、S_1、S_2 に達した波は、スリットを波源として様々な方向に広がる円形波となる。この現象を**回折**っていうんだ。

　干渉の条件は次のとおりだね。

$$距離差 = \frac{\lambda}{2} \times \begin{cases} 2m & (偶数)：強め合う \\ 2m+1 & (奇数)：弱め合う \end{cases}$$

（S_1、S_2 が同振動の場合だよ！）

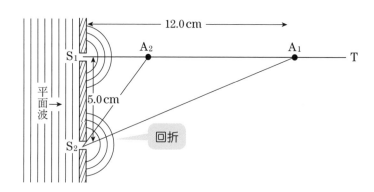

(1)　点 A_1、A_2 での**弱め合いの条件**は、距離差 $= \dfrac{\lambda}{2} \times$ 奇数となるが、直線 S_1T 上では波源 S_1 から遠ざかるほど距離差は小さくなるので、T から S_1 に近づくにしたがって距離差は $\dfrac{\lambda}{2} \times 1$、$\dfrac{\lambda}{2} \times 3$ となる。

$$\overline{S_2A_1} - \overline{S_1A_1} = \frac{\lambda}{2} \times 1 \quad よって、波長の \frac{1}{2} 倍 \cdots\cdots 答$$

$$\overline{S_2A_2} - \overline{S_1A_2} = \frac{\lambda}{2} \times 3 \quad よって、波長の \frac{3}{2} 倍 \cdots\cdots 答$$

(2)　$\overline{S_2A_1}$ を三平方の定理によって求める。

$$\overline{S_2A_1} = \sqrt{12^2 + 5^2} = 13$$

この結果を(1)で示した弱め合いの条件にあてはめて、波長を計算する。

$$\overline{S_2A_1} - \overline{S_1A_1} = 13 - 12 = \frac{\lambda}{2} \times 1$$

よって、波長 $\lambda = 2.0\,\text{cm}$ ……答

12章 光の干渉

光は粒子か波なのか？　この章では1805年にイギリスの物理学者トーマス・ヤングが行った干渉実験が登場だ。この実験によって光が波であることが実証されたんだ。干渉の条件は前章で学んだことが使えるよ！　この章では光の干渉について考察しよう！

12-1 ヤングの実験

次の図のように、光源から波長：λ〔m〕の光をスリットS_0に当てる。スリットの幅が狭ければ、様々な方向に光が広がるが、この現象が**回折**だね！

さらに、S_0から**等距離**離れたスリットS_1、S_2に光が到達すると、S_0と同様に回折が生じる。ここで2つのスリットの背後にあるスクリーンでの干渉を考えてみる。光が強め合うと明るく、弱め合うと暗くなるのでスクリーン上には明暗の縞模様ができるんだ。

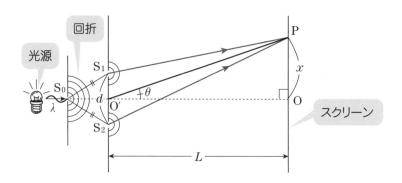

まず、S_1、S_2はスリットS_0から等距離にあるので**同位相の波源**となるよね。よってスクリーン上での干渉条件は、前章で学んだとおり、距離差をΔで表すと次のとおりだ。

$$距離差：\Delta = \frac{\lambda}{2} \times \begin{cases} 2m & （偶）：強め合う（明るくなる） \\ 2m+1（奇）：弱め合う（暗くなる） \end{cases} \quad (m = 0、1、2、\cdots)$$

では、ヤングの実験での距離の差：Δはいくらかな？

S$_1$、S$_2$間の距離をd、2つのスリットからスクリーンまでの距離をL、S$_1$、S$_2$の中心線とスクリーンの交わる点をOとし、点Oからx離れている点をPとする。

x、dはLに比べて十分小さいとして、**近似的**に距離差を計算してみよう。

S$_1$、S$_2$の中点O′とPを結ぶ線分と中心線との角度をθとする。dはLに比べて小さいので、S$_1$PとS$_2$Pは**近似的に平行**で、いずれもθの方向に進むと考えればいいんだ。

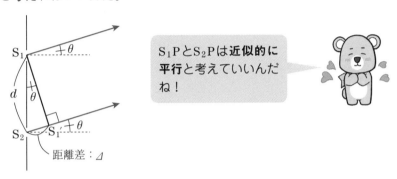

S$_1$PとS$_2$Pは近似的に
平行と考えていいんだ
ね！

S$_1$からS$_2$Pに下ろした垂線の足をS$_1$′とすると、距離差：ΔはS$_2$S$_1$′なので$\Delta = d\sin\theta$となる。

さらにxはLに比べて十分小さいので、θは非常に小さい。ここで角度の近似が登場。必ず覚えよう！

$$\theta \fallingdotseq 0 \implies \sin\theta \fallingdotseq \tan\theta \left(\tan\theta = \frac{\sin\theta}{\cos\theta}、\cos\theta \fallingdotseq 1 だからね\right)$$

上記の近似を用いると、ΔO′OPに注目し、$\tan\theta = \dfrac{x}{L}$となるので、距離差は次のように表すことができる。

$$\text{ヤングの実験の距離差} = d\sin\theta \fallingdotseq d\tan\theta = d\frac{x}{L}$$

近似式を利用した、距離差の計算方法を、しっかり身に付けよう。距離差を用いて、干渉の条件は次のように表すことができる。

$$\text{距離差：} d\frac{x}{L} = \frac{\lambda}{2} \times \begin{cases} 2m \quad (偶)：強め合う（明るくなる） \\ 2m+1 (奇)：弱め合う（暗くなる） \end{cases}$$

12-2 光学的距離

　次の図のように、光源から送り出された光が、長さd、絶対屈折率nの媒質を通過する場合を考える。光の干渉でやっかいなのは、光が媒質を通過する際に、波長が変化することなんだ。

　真空(絶対屈折率：1)での波長をλ、媒質中での波長をλ'とする。

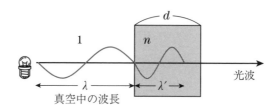

　波長：λ'は、9章で登場した光の屈折の法則で計算できるよね。**同じ媒質どうしの情報をかけて(＝)で結ぶんだ！**

$$1 \times \lambda = n \times \lambda'、よって \lambda' = \frac{\lambda}{n}$$

媒質中での波長：λ'は真空中の波長：λの$\frac{1}{n}$倍に短くなったね。

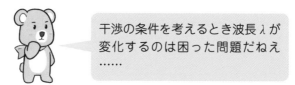

干渉の条件を考えるとき波長λが変化するのは困った問題だねえ
……

　媒質内でλが変化するのは困るよね。そこで媒質の厚さ：dをn倍に伸ばしてみよう！

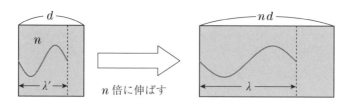

n倍に伸ばす

　すると、媒質内の波長：$\lambda'\left(=\dfrac{\lambda}{n}\right)$も$n$倍に伸びるので、真空中と同じ波長$\lambda$で通過したことになるよね。

　光が進む距離dに、媒質の絶対屈折率nをかけた、ndを**光学的距離**と呼ぶ。

> **光学的距離**＝n（絶対屈折率）×d（距離）

　光が進んだ距離を、**光学的距離で表すと、真空中の波長：λで干渉の条件を表すことができる**よね。光学的距離で計算した距離の差が**光路差**だ！

12-3 反射における位相（振動）の変化

　3章では、反射において**自由端では位相の変化なし、固定端では位相がπ〔rad〕ずれる**ことを学んだね。

　じつは、光が境界面で反射する場合も、位相変化の違いがあるのだ。次のことを覚えよう！

> **反射における位相（振動）の変化**
> 屈折率が**小**から**大**に向かって反射　➡　位相πずれる（固定端反射）
> 屈折率が**大**から**小**に向かって反射　➡　位相変化なし（自由端反射）

位相変化なし
（自由端反射と同じ）

空気：1
ガラス：n（＞1）

位相πずれる
（固定端反射と同じ）

　光の干渉で反射が含まれている場合、反射での位相変化に注意しよう。

　例えば、次の図のように、波源が同位相（同じ振動）で、一方の経路に位相がπずれる反射が含まれていたとしよう。

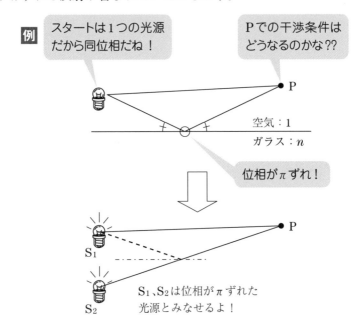

　この場合、あたかも2つの光源S_1、S_2があり、それらが**位相がπずれた**（逆方向の振動）でスタートしたと考えることができる。

　前章で学んだように波源の位相がπずれた場合、干渉の条件は前章で学んだように逆転するよね。

$$\textbf{距離差}：|S_1P - S_2P| = \frac{\lambda}{2} \times \begin{cases} 2m & \text{（偶数）：弱め合う} \\ 2m+1 & \text{（奇数）：強め合う} \end{cases} \quad (m = 0、1、2\cdots)$$

基本演習

　図のように、光源から出た単色光をスリットSに通し、さらに近接した2本のスリットA、Bに当てたところ、スクリーン上に明暗の(干渉縞)が現れ、点Oに最も明るい明線が見られた。スリットA、BはSから等距離におかれ、AとBの間隔はdとする。

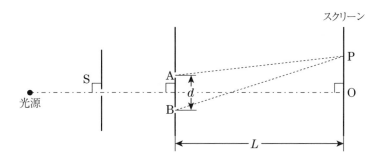

(1)　スクリーン上で点Oに一番近い明線の位置を点Pとする。このとき、経路差$|AP - BP|$は、光の波長λとどのような関係にあるか。

(2)　スリットAとBの間隔d、スリットからスクリーンまでの距離L、光の波長λを用いて干渉縞の隣り合う明線の間隔を求めよ。

解答

(1)　典型的なヤングの実験の問題だね！

　　問題文に「**A、BはSから等距離**」とあるので、A、Bは同位相の波源だ。OP間の距離をxとすると、スクリーン上での干渉の条件は次のとおり。

$$\text{距離差} = d\frac{x}{L} = \frac{\lambda}{2} \times \begin{cases} 2m \quad (偶)：強め合う（明るくなる） \\ 2m+1(奇)：弱め合う（暗くなる） \end{cases} \quad (m = 0, 1, 2\cdots)$$

　　点Oは距離差$= \dfrac{\lambda}{2} \times 0$（偶）なので明るく、点Pは「点Oに一番近い明線の位置」とあるので、$|AP - BP| = \dfrac{\lambda}{2} \times 2 = \lambda$　……**答**

(2)　点Pで明るくなる条件から、スクリーン上で明るくなる位置xを求めよう。

$$d\frac{x}{L} = \frac{\lambda}{2} \times 2m \quad (m = 0、1、2\cdots\cdots)$$

これをxについて求めると次のようになる。

　　明線の位置：$x = \dfrac{L\lambda}{d} \times m$

$$x = \frac{L\lambda}{d} \times 0、\frac{L\lambda}{d} \times 1、\frac{L\lambda}{d} \times 2\cdots\cdots$$

　　上記の結果から、明線となる位置xが、スクリーン上に等間隔に並ぶことがわかるよね。隣り合った明線の間隔をΔxとすると、次のようになる。

　　明線の間隔：$\Delta x = \dfrac{L\lambda}{d}$　……**答**

演習問題1

　2枚のガラス板が左端Oで接し、右端ABには厚さtの薄い紙がはさまっている。上方から波長λの光を当て、上から観察したところ、上のガラス板の下面と下のガラス板の上面での反射光（反射点をP、Qとする）が干渉し、明暗の縞が観測された。$OA = \ell$、$OP = x$として次の問いに答えよ。

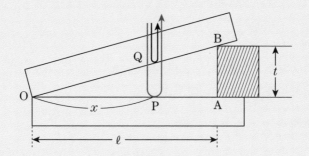

(1)　点P、Qで反射された光の距離差をl、x、tを用いて表せ。

(2)　隣り合う暗線の間隔を求めよ。

(3)　ガラスではさまれた空間を屈折率nの液体で満たした。この場合、隣り合う暗線の間隔は(2)と比べて何倍になるか？

解答

(1)　まず空気層の厚さdを相似比を用いて計算しよう。

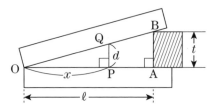

△OPQと△OABは相似なので、次の関係が成り立つ。

$$\frac{d}{x}=\frac{t}{\ell}　　\therefore d=\frac{xt}{\ell}$$

点Pで反射された光は、点Qでの反射光に比べ空気層の厚さdの往復分だけ余計に進む。これが距離差となるね。

距離差$=2d=\dfrac{2xt}{\ell}$ ……**答**

(2)　次にP、Qでの反射光の干渉の条件を考える。Qでの反射では位相変化なし、Pでの反射は位相が逆転だ。

　　よって、干渉の条件は**条件逆転**となるね。

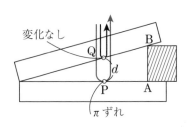

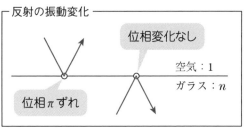

(1)で求めた距離差を利用して干渉の条件を表すと次のようになる。

距離差：$2d=\dfrac{2xt}{\ell}=\dfrac{\lambda}{2}\times\begin{cases}2m\quad（偶）：弱め合う（暗くなる）\\2m+1（奇）：強め合う（明るくなる）\end{cases}$

暗線の位置xを弱め合いの条件から、求める。

$$\frac{2xt}{\ell}=\frac{\lambda}{2}\times 2m　　\therefore 暗線の位置 x=\frac{\ell\lambda}{2t}\times m$$

暗線の位置 x に $m = 0$、1、2、……を代入すると、次のようになる。

暗線の位置：$x = \dfrac{\ell\lambda}{2t} \times 0$、$\dfrac{\ell\lambda}{2t} \times 1$、$\dfrac{\ell\lambda}{2t} \times 2$、……

間隔：　　Δx　　　Δx

暗線が等間隔に並ぶことがわかるよね。隣り合った暗線の間隔 Δx は位置の差だ！

よって、暗線の間隔は $\dfrac{\ell\lambda}{2t}$ ……答

(3)　屈折率 n の液体中での波長を λ' とすると、屈折の法則により次のように計算できる。

同じ媒質どうしの情報をかけて（＝）で結ぶんだ！

$1 \times \lambda = n \times \lambda'$　よって、$\lambda' = \dfrac{\lambda}{n}$

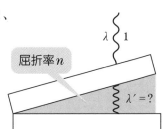

屈折率 n

$\lambda \lbrace 1$

$\lambda' = ?$

(2)の結果の λ を $\lambda' = \dfrac{\lambda}{n}$ に置き換えると新たな暗線の間隔は次のように計算できる。

暗線の間隔 $= \dfrac{\ell\lambda'}{2t} = \dfrac{\ell\dfrac{\lambda}{n}}{2t} = \dfrac{1}{n} \times \dfrac{\ell\lambda}{2t}$

よって、暗線の間隔は $\dfrac{1}{n}$ 倍となる。……答

別解

距離差が生まれる部分が、液体で満たされたのだから光路差（光学的距離の差）が n 倍に増加したと考えてもよい。

光路差 $= 2d \times n = \dfrac{2xt}{\ell} \times n = \dfrac{\lambda}{2} \times 2m$（波長は λ のままだよ！）

暗線の位置：$x = \dfrac{1}{n}\dfrac{\ell\lambda}{2t} \times m$

よって、暗線の間隔は $\dfrac{1}{n}$ 倍となる。……答

演習問題2

　平面ガラス板の上に、大きい曲率半径をもつ平凸レンズの凸面を下にしてのせ、上から一定の波長の単色光を当てて上から見ると、レンズとガラス板の接触点Cを中心とする明暗の輪が同心円状に並んでいるのが見える。これをニュートンリングという。以下の問いに答えよ。

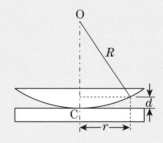

(1)　レンズの球面の曲率半径をR、光の波長をλとして、接触点Cから$m\,(m = 0、1、2、\cdots\cdots)$番目の暗い輪の半径$r$を$m$、$R$、$\lambda$を用いて求めよ。なお、レンズと平面ガラス板の空気層の厚さdはレンズの曲率半径Rに比べて十分に小さいとする。

(2)　単色光として赤色の光を用いるときに見られる暗輪の半径は、青色の光を用いたときの対応する暗輪の半径に比べてどうか。

解答

（1）　まず、空気層の厚さdを計算する。OAを斜辺とする直角三角形に三平方の定理をあてはめる。

$$R^2 = (R-d)^2 + r^2 \qquad \cdots\cdots①$$

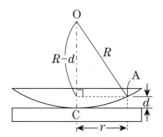

これをdについてそのまま解くと複雑な形になる。そこで「dはRに比べて十分に小さい」とあるのでdを近似的に求める。①を変形し、

$$2Rd - d^2 = r^2$$

$$2Rd\left(1 - \frac{d}{2R}\right) = r^2$$

左辺の（　）の中身は、1に比べて、$\dfrac{d}{2R}$が非常に小さいので1とみなすことができるよね。すると空気層の厚さdは次のようになる。

$$2Rd ≒ r^2 \qquad \therefore d ≒ \frac{r^2}{2R}$$

次にレンズとガラスにはさまれた空気層の上部A、下部Bでの反射光の干渉を考える。

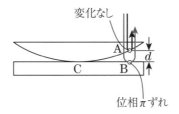

変化なし

位相πずれ

Aでの反射では位相は変化しないが、Bでの反射は位相がπずれる。よって、**条件逆転**だね。

距離差：$2d = \dfrac{\lambda}{2} \times \begin{cases} 2m & （偶）：弱め合う（暗くなる） \\ 2m+1 (奇)：強め合う（明るくなる） \end{cases}$

　（$m = 0、1、2、\cdots\cdots$）

空気層の厚さ：$d \fallingdotseq \dfrac{r^2}{2R}$ を弱め合いの条件に代入し、暗輪の半径 r を求める。

$$2 \cdot \dfrac{r^2}{2R} = \dfrac{\lambda}{2} \times 2m$$

$$\therefore r = \sqrt{mR\lambda} \quad \cdots\cdots 答$$

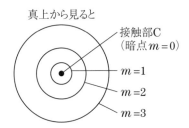

真上から見ると

接触部C
（暗点 $m=0$）

$m=1$

$m=2$

$m=3$

(2)　色の違いは波長の違いだ！　可視光線（人間が認識できる光線）について、次のことを覚えよう。

可視光線の波長　λ：$3.8 \times 10^{-7} \sim 8.0 \times 10^{-7}$m

色の違い　　　　（**紫 青 緑 黄 橙 赤**）の順に大きくなる。

(1)で求めた暗輪の半径 $r = \sqrt{mR\lambda}$ より、波長 λ が大きいほど半径 r は大きくなる。

よって、赤の暗輪の半径が青の暗輪の半径より大きくなる。　$\cdots\cdots 答$

応用問題

　次の図のように、直線上に振動数 f の同位相の音源A、Bがあり、L 離れている。A、Bの中点Oに観測者が立っており音源A、Bからの音波を観測している。音速を V として、次の問いに答えよ。

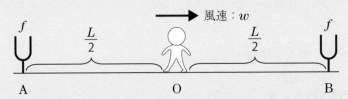

(1)　AからOに伝わる音波の波長 λ_A、BからOに伝わる音波の波長 λ_B を求めよ。

(2)　点Oでの音波の位相差を求めよ。

(3)　点Oで音波が弱め合う、風速の最小値を求めよ。

答えはサポートページに掲載しているよ！

13章 様々な光の性質

　日中の空が青い、夕日は赤く輝く、雨上がりの空の虹などの身近に起きている現象は、いずれも光のある現象が元となっている。

　前章の最後に登場した光の波長と色の違いが、この章で必要となるのでおさらいだよ。

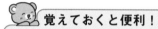

覚えておくと便利！

> 光の波長の違いは色の違いに対応してるよね！
>
> **可視光線の波長**　$\lambda : 3.8 \times 10^{-7} \sim 8.0 \times 10^{-7}$m
>
> **色の違い**　　　　　（紫 青 緑 黄 橙 赤）の順に大きくなる。

13-1 分散

　プリズムに太陽光線や白色光を入射させる。太陽光線や白色光は様々な色が混ざっている光だよ！

　プリズムを通過した光は、色の違いによって進む方向が分かれるよね。この現象を**分散**っていう。

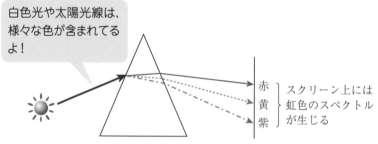

白色光や太陽光線は、様々な色が含まれてるよ！

赤
黄　スクリーン上には
紫　虹色のスペクトルが生じる

　分散の原因は、プリズムの絶対屈折率：nは厳密には一定ではなく、次のグラフのように**波長が短い光ほど屈折率が大きくなる**からなんだ。

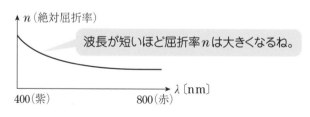

n（絶対屈折率）

波長が短いほど屈折率nは大きくなるね。

400（紫）　　　800（赤）　　λ〔nm〕

屈折率nが大きいほど、より大きく屈折するので、**波長の短い紫や青が
より大きく曲げられる**ね。

13-2 散乱

　光が空気中を進むとき、空気の分子に光が当たると進行方向以外に様々
な方向に広がるんだ。この現象を**散乱**と呼ぶ。

　波長が短い光ほど、そのまま度合いが大きくなることを覚えよう！

　太陽光線が大気層を通過する際、赤色光などの波長の長い光は散乱され
にくく、紫や青い光のように**波長の短い光は散乱されやすい**。

晴れた日中の空が青いのは、この散乱
が原因なんだね！
だけど……、夕日は赤く見えるよね??
なんでかな？

　夕日は、太陽光線が長い大気の層を通過するため、青い光は多く散乱さ
れ地上に届かない。

　よって散乱の影響を受けない波長の長い赤や燈（オレンジ）の光が、地上
に届くので空が赤く見えるんだ。

日中は青などの波長の短い光が散乱されるので、
空が青く見えるんだね。

夕日は通過する大気層が長い
ので、青い光は届かないんだ。

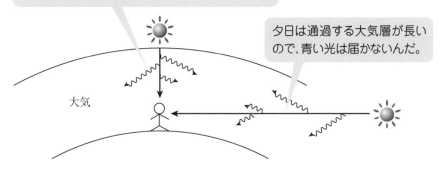

大気

13-3 偏光（光が横波であることを実証する現象）

　2枚の**偏光板**（一方向に針状結晶がそろった透明な薄膜）を重ね合わせ、光を照射する。

　一方の偏光板を固定し、他方を回転させていくと90°回転させるたびに明暗を繰り返す。

　この現象は次のように説明できる。

① 　光は**横波**であって、自然光の場合、光線に垂直なあらゆる方向の振動が含まれている（**振動に偏りがない**）。

② 　偏光板を通過すると、偏光板の軸と平行な振動だけの光となる。この振動する方向が一方向である光を、**偏光**と呼ぶ。

③ 　2枚目の偏光板の軸の方向が振動方向に一致する場合は、通過できるので明るくなる。軸と振動方向が垂直の場合は通過できないので暗くなる。

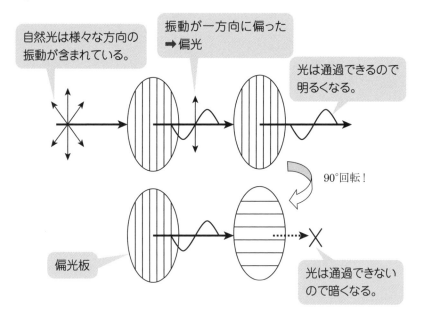

基本演習

　赤、緑、青の単色光を凹レンズの光軸に対して平行に入射させた場合の光路として最も適当なものを、次の①〜④のうちから1つ選べ。

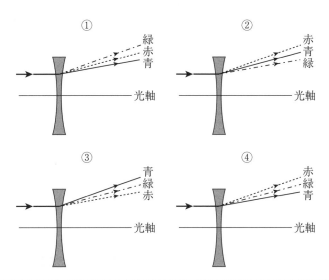

この現象はまさに**分散**だ！
凹レンズに光が入射する部分は
プリズムに置き換えることが
できるよね！

色の違いによって、進む方向が分かれる現象が**分散**だね！

> **波長が短いほど、屈折率が大きいのでより大きく曲げられる**

凹レンズに光が入射する部分は、次の図のようにプリズムに置き換えよう。

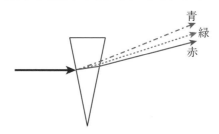

凹レンズに入射した光が屈折すると、青、緑、赤の波長が短い順により大きく曲げられることになる。　……③**答**

　　水滴に太陽光が当たると虹が見える。これは下図のような経路で屈折、反射をしたためである。　　　　に適する言葉を語群から選べ。

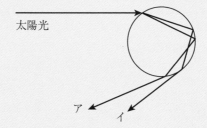

　　一般的に波長の短い光ほど屈折率が　1　。色の違いによって進行方向が分離する現象を　2　と呼ぶ。水滴から出た光のうちアは　3　色、イは　4　色である。虹は太陽と反対方向に円弧状にできるが、円弧の外側が　5　色、内側が　6　色である。

語群
① 大きい　② 小さい　③ 散乱　④ 回折
⑤ 分散　⑥ 青　⑦ 赤

波長が短い光ほど屈折率は大きいので、赤よりも青の光が大きく屈折する。色の違いによって進行方向が分離する現象が**分散**だね。

　　1 …①大きい　　　2 …⑤分散　　　3 …⑥青

　　4 …⑦赤

　虹が目に入るとき下図のような経路となる。つまり上方から赤、下方から青色の光が目に入射するよね。

　よって虹は外側（上方）が赤、内側（下方）が青となる。

　　5 …⑦赤　　　6 …⑥青

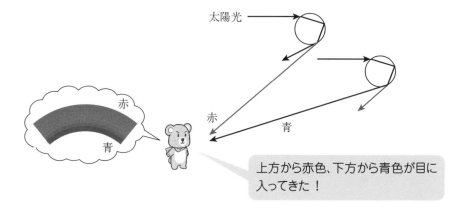

虹は、上が赤、下が青の位置関係だよね！

枕元にはノートと鉛筆を！

　物理量の単位にはたいてい、人の名前が付いてるよね。力の単位であれば〔N；ニュートン〕、エネルギーの単位であれば〔J；ジュール〕などなど……。

　じつは、日本人の名前が付いた単位があるんだよ！　長さの単位なのだが、**原子核の大きさである10^{-15}mを1〔ユカワ〕**って呼ぶ（知らないよね??）

　日本人で初めてノーベル賞を取った物理学者、**湯川秀樹**博士にちなんだ単位だ。

　原子核は、＋の電荷をもつ陽子と電気量が0の中性子からなる、とても不思議な構造だ。なぜなら1〔ユカワ〕の狭い世界で、＋の電荷をもつ陽子は反発しあうので、静電気力だけを考えると原子核はあっという間に爆発してしまうはず。

　つまり、原子核の中では、静電気力だけでは説明できない力が必要なんだ。

　湯川秀樹博士は、日中だけでなく布団に入ってからも、原子核を支配する力を考え続けた。

　そして、ついに陽子と中性子の間で「**中間子**」と呼ばれる素粒子のやり取りによる原子核を支配する力の理論を発表。

　その2年後にアメリカのアンダーソンの実験によって、「中間子」が本当に存在することがわかり、ノーベル賞を受賞したんだ。

　湯川博士は、いつも枕元にノートを置いて、思いついたことはすぐに書き留めたそうだ。

　寝入りばなに良いアイディア思いついても、翌朝まったく思い出せなかった経験ってあるよね??

　さあ、読者の皆さんも早速、枕元にはノートと鉛筆を置いておこう！

　世の中をあっといわせるアイディアがひらめくかもしれないから。

第2部

電磁気

1章 静電気、電場、電位

これから学ぶ**電気**の分野は、力学に比べて理解が難しいようだ。なぜなら力学は、野球のボールや落下する石のように目に見える現象を扱っているのに対し、電気は目に見えないからだ。

コンセントと電気製品を結んでいるコード(導線)を見つめても、電気って目に見えないもんね!

では、電気を見る能力がない我々は、この分野にどうアプローチすればよいのだろうか?

その答えは「**思考実験**」にあると思う。思考実験とは、実際に行うことができない場合でも頭の中でイメージし、現象を理解することだ。

例えば、電子を実際に見た者は、じつは誰もいないよね?? にもかかわらず、電子の存在は周知の事実だ。

「見ることは信じること」ということわざがあるけれど、物理では「見えなくても、イメージしたものが実験結果と一致すればそれでよし」なんだ。

1-1 帯電、電気量

空気が乾燥している季節に、服を脱ぐとパチパチッと音がすることがあるよね。これは、洋服が電気を帯びたからだ。物体が電気を帯びる現象を、**帯電**という。物質が帯電する理由って何だろう??

物質をつくっている最小単位といえば原子だね。原子は**プラス(＋)**の電気をもった**原子核**と、その周囲を回転する**マイナス(－)**の電気をもった**電子**からできている。

さらに原子核は、＋の電気をもった**陽子**と電気をもたない**中性子**からなる。

電子を放出する⇒正に帯電（陽イオン）
電子を受け取る⇒負に帯電（陰イオン）

　通常の原子は、＋と－が同じ量あるので電気的には0だね。ところが原子が**電子を放出する**と正に帯電し、**陽イオン**となる。

　逆に、原子が**電子を受け取る**と負に帯電し、**陰イオン**となる。

　物質が電気をもつことを**帯電**というが、物質が帯電する原因は、摩擦などによって電子の移動が生じるからだよ。

　　| **帯電の例** |　ガラス棒を布でこすると、ガラス棒から布に電子が
　　　　　　　　　　　移動する。

　電子が移動した結果、ガラス棒は正に、布は負に帯電したね。

　帯電している物体がもつ電気を**電荷**と呼び、電荷の量は**電気量**（単位は**クーロン**〔C〕）で表す。1Cは、1A（アンペア）の電流が1s間に運ぶ電気量だよ！

　ちなみに、電子の電気量の大きさは1.6×10^{-19}Cだ。この電子の電気量の大きさは、記号でeと表す。また、電気量の最小単位であり、**電気素量**って呼ぶ。

電気素量（電子1個当たりの電気量）：$e = 1.6 \times 10^{-19}$C

1-2　クーロンの法則

　2つの**点電荷**(電気を帯びた大きさの無視できる小球)の間にはたらく力、**クーロン力**を考える。

　次の図のように、+と-の異符号ならば**引力**がはたらき、+と+、-と-の同符号ならば反発する力(=**斥力**)がはたらくね。

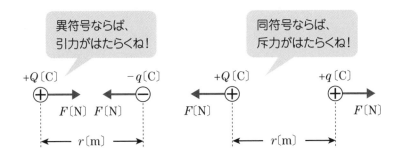

　電荷間の距離をr[m]、電荷のもつ電気量の大きさをQ[C]、q[C]とする。

　クーロン力の大きさF[N]は次のように、**距離rの2乗に反比例**し、**電気量:Q、qの積に比例**するんだ。これを、**クーロンの法則**という。

クーロン力:$F = k\dfrac{Qq}{r^2}$　　**クーロン定数**:$k = 9.0 \times 10^9 \mathrm{N \cdot m^2/C^2}$

(距離の2乗に反比例、電気量の積に比例)

上記のクーロン力は万有引力の式とめちゃめちゃ似てるね!

万有引力:$F = G\dfrac{Mm}{r^2}$

　電荷が受ける力を一般的に**静電気力**と呼ぶ。静電気力は重力と同様に位置エネルギーが決まる**保存力**であることを覚えておこう!

補足　**保存力と位置エネルギーの関係**

位置エネルギーは、保存力のする仕事で次のように計算できる。点Aにある物体を位置の基準点Oまで運ぶ際に、物体にはたらく保存力の仕事が位置エネルギーだ。

次の図のように、保存力である重力：mg がはたらく場合、地面からの高さ h の点Aから、基準点Oまで、物体の移動を考える。

すると、**重力の位置エネルギー U** は、$U = mgh$ で表すことができるよね！

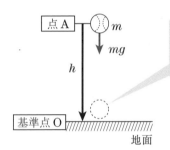

基準点Oに戻るまでに、重力 mg がする仕事を考えてみよう。ズバリこの仕事が、位置エネルギーだよ！

1-3　電場（電界）と電位

次の図のように、プラス（＋）の電気を帯びた帯電体を用意し、帯電体のまわりの空間に注目しよう。

空間のある点Aに注目し、電気的な性質を表す物理量である**電場（電界）**、**電位**を決める。

まず、点Aに＋1Cの電荷を置いてみよう！

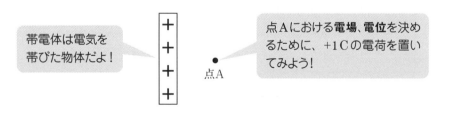

帯電体は電気を帯びた物体だよ！

点Aにおける**電場**、**電位**を決めるために、＋1Cの電荷を置いてみよう！

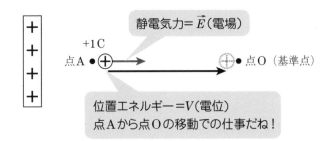

　同符号の電荷は反発し合うので、＋1Cの電荷は帯電体から遠ざかる方向に**静電気力**を受けるよね。力は方向をもった物理量：ベクトル量なので記号で$\vec{E}$と表し、**電場**（または**電界**）って呼ぼう！

> **電場**：E = ＋1Cの電荷が受ける静電気力（ベクトル量）

　点Aにある＋1Cの電荷は、**保存力である静電気力**を受けているので、静電気力で決まる位置エネルギーをもってるよね！
　位置エネルギーは、位置の基準点Oを適当に決めて、点Aから点Oまで電荷が移動する際の静電気力（保存力）がする仕事で計算できる。
　エネルギーは方向をもたない**スカラー量**だね。＋1Cの電荷がもつ位置エネルギーをVと表し、**電位**っていうんだ。

> **電位**：V = ＋1Cがもつ静電気力による位置エネルギー（スカラー量）

POINT

　　じつは、A点には**電荷がなくても電場、電位は存在する**んだ。なぜなら、電荷なしでも、＋1Cの電荷をイメージすることができるよね？　イメージした＋1Cの電荷が受ける力が電場であり、位置エネルギーが電位であると考えよう！

　次に、同じ点Aに+1Cとは異なる電気量：$+q$〔C〕の電荷を置いてみよう。$+q$〔C〕が受ける静電気力$\vec{F}$は、電場$\vec{E}$を用いてどのように表すことができるかな？

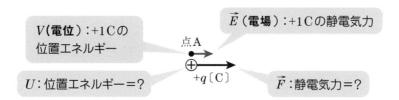

V(**電位**)：+1Cの 位置エネルギー

$\vec{E}$（**電場**）：+1Cの静電気力

点A

U：位置エネルギー＝?

$+q$〔C〕

$\vec{F}$：静電気力＝?

　+1Cが受ける力が電場$\vec{E}$なのだから、$q=2$Cならば静電気力$\vec{F}$は電場$\vec{E}$の2倍、$q=3$Cならば静電気力$\vec{F}$は電場$\vec{E}$の3倍……。

　だから、$+q$〔C〕の電荷が受ける静電気力は電場$\vec{E}$のq倍となり、次のように表すことができる。

　　静電気力：$F = q \times E$　　$\begin{cases} q>0 ならば、F は E と方向同じ \\ q<0 ならば、F は E と逆向き \end{cases}$
　　　　　　　　〔N〕　〔C〕〔N/C〕

　では、$+q$〔C〕がもつ位置エネルギーU〔J〕は、点Aでの電位Vを用いてどのように表すことができるかな？

　+1Cがもつ位置エネルギーが電位：Vなのだから、$q=2$Cならば位置エネルギーUは電位Vの2倍……

　よって、$+q$の電荷がもつ位置エネルギーUは、電位Vのq倍となるよね。

　　位置エネルギー：$U = q \times V$
　　　　　　　　　　　　〔J〕　〔C〕〔J/C〕

　　　　　　　　　　　　　　　　　＝〔V：ボルト〕

　　電位の単位は〔J/C〕を一言で〔V：ボルト〕と表す。

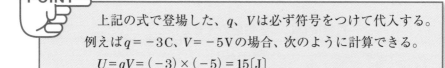

POINT

　　上記の式で登場した、q、Vは必ず符号をつけて代入する。
　　例えば$q=-3$C、$V=-5$Vの場合、次のように計算できる。
　　$U=qV=(-3)\times(-5)=15$〔J〕

1-4　点電荷による電場、電位

次の図のように、$+Q$〔C〕の点電荷からr〔m〕離れた点Aにおける電場Eと電位Vは、どのように表すことができるかを考える。

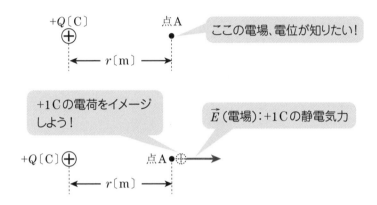

点Aでの電場$\vec{E}$は、$+1$Cの電荷が受ける静電気力なので、方向は、$+Q$から遠ざかる方向だよね！

では、電場の大きさEはどうかな？　この章で最初に登場したクーロンの法則を思い出そう。

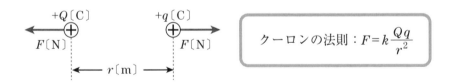

クーロンの法則$F=k\dfrac{Qq}{r^2}$に、$q=1$Cを代入すると、$F=k\dfrac{Q\cdot1}{r^2}$となるので、A点の電場の大きさE〔N/C〕は、次のように表すことができる。

点電荷Qによる電場の大きさ : $E=k\dfrac{Q}{r^2}$

ではA点における電位Vは、どのように表すことができるかな？

> **電位：V〔V〕＝＋1Cがもつ静電気力による位置エネルギー**

位置エネルギーは基準点Oが必要だよね。基準点はどこでもいいのだけど、誰にでも共通な場所を選びたい……。

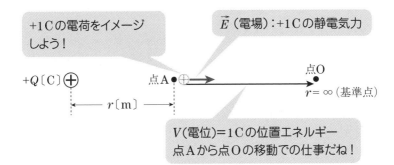

＋1Cの電荷をイメージしよう！

$\vec{E}$（電場）：＋1Cの静電気力

点O

$r = \infty$（基準点）

点A

＋Q〔C〕

r〔m〕

V（電位）＝1Cの位置エネルギー
点Aから点Oの移動での仕事だね！

誰にでも共通な場所って？ 駅前の角を曲がったコンビニの前じゃまずいよね（笑）。誰にでも共通な場所、それは……。

基準点Oは、ズバリ宇宙の果て（$r = \infty$）だ！

位置エネルギーは、点Aから基準点Oへ電荷が移動したときに**保存力**（この場合は静電気力）がした仕事で計算できるよね。

ただ、静電気力Eは、$E = k\dfrac{Q}{r^2}$と表されるので、電荷からの距離rが大きくなるほど減少するので、単純に「仕事＝力×移動距離」じゃ計算できないんだ。

結論を言っちゃうと、次の式で表すことができる。なぜ、点電荷による電位がそうなるかは、次ページで証明するよ！

> **点電荷による電位：$V = k\dfrac{Q}{r}$（無限遠が基準だよ！）**

POINT

上記の式の電気量Qは必ず符号をつけて代入しよう！

例えば、もし電気量が$-Q$の場合、電位は次のように表すことができる。$V = k\dfrac{(-Q)}{r} = -k\dfrac{Q}{r}$

参考　**点電荷による電位の証明**

点電荷からの距離をxとすると、電場Eは$E=k\dfrac{Q}{x^2}$と表すことができ、$E-x$グラフは次の図のように、単調減少となる。

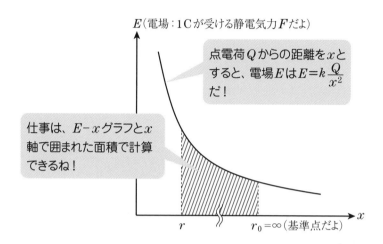

E（電場：1Cが受ける静電気力Fだよ）

点電荷Qからの距離をxとすると、電場Eは$E=k\dfrac{Q}{x^2}$だ！

仕事は、$E-x$グラフとx軸で囲まれた面積で計算できるね！

r　　$r_0=\infty$（基準点だよ）

＋1Cが受ける静電気力（$=E$：電場）が$x=r$から基準点である$x=\infty$までする仕事が、電位Vだね！

面積は、次のように積分で計算することができる。

電位：$V=\displaystyle\int_r^\infty k\dfrac{Q}{x^2}\,dx=\left[-k\dfrac{Q}{x}\right]_r^\infty=-kQ\left(\dfrac{1}{\infty}-\dfrac{1}{r}\right)=k\dfrac{Q}{r}$

積分計算は、高校物理の範囲をこえてるよね（汗）。
計算結果、$V=k\dfrac{Q}{r}$をしっかり覚えよう！

■ **この章のまとめ**

$$\text{静電気力}: F = q \times E$$
$$[\text{N}] \quad [\text{C}][\text{N/C}]$$

$$\text{位置エネルギー}: U = q \times V$$
$$[\text{J}] \quad [\text{C}][\text{J/C}]$$
$$= [\text{V}: \text{ボルト}]$$

　クーロンの法則、**点電荷による電場**、**電位**はよく似ているのでまぎらわしい。そこで3つをまとめて次のように覚えよう。

（クーロンの法則）　　（電場）　　　（電位）

$$F = k\frac{Qq}{r^2} \quad , \quad E = k\frac{Q}{r^2} \quad , \quad V = k\frac{Q}{r}$$

qトル　　　　rトル

左から右に向かってながめると、文字が1つずつ減っていく感じをつかもう！

基本演習1

　1Cの電荷を帯びた正の帯電体が2つある。この2つの帯電体を1km離したときに及ぼし合う力の方向と大きさを求めよ。

　ただし、クーロンの比例定数を$k = 9.0 \times 10^9 \text{N} \cdot \text{m}^2/\text{C}^2$とする。

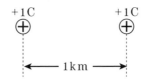

解答

　帯電体が及ぼし合う力の方向は簡単だね。＋と＋の同符号どうしなのだから、<u>反発する力（＝斥力）</u>がはたらくね。つまり、力の方向は下図のようになる。

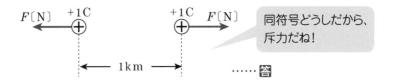

　電荷が及ぼし合う力の大きさFは、次のクーロンの法則で計算できるよね。

$$\text{クーロンの法則：} F = k \frac{Q \cdot q}{r^2}$$

　$k = 9.0 \times 10^9 \text{N} \cdot \text{m}^2/\text{C}^2$、$Q = q = 1\text{C}$、$r = 1 \times 10^3 \text{m}$を代入すると、次のように計算できるね！

$$F = 9.0 \times 10^9 \frac{1 \times 1}{(1 \times 10^3)^2} = 9.0 \times 10^3 \, [\text{N}] \quad \cdots\cdots 答$$

　1kmも離れているのに、9000Nってデカイよね！　単一の乾電池（約100g）にはたらく重力が大体1Nなので、手のひらに乾電池を9000個積み上げているようなものだ。

　じつは電気量の単位（C：クーロン）が非常に大きいんだ。雷を例に挙げると、1回の落雷で運ばれる電荷が数Cだといわれている。

だから実際問題として、1Cの電気量をある一点に集めることは、落雷の電荷の一部を集めるようなものなので、非常に危険を伴う。

基本演習2

図のように、正の電気量Qをもつ点電荷が空間に固定されている。点電荷から$2R$離れた点を点A、点AからR離れた点を点Bとする。

クーロンの法則の比例定数をk、電位は無限遠を基準として、次の問いに答えよ。

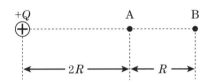

(1) 点Aにおける電場の大きさE_Aを求めよ。

(2) 点A、点Bにおける電位V_A、V_Bを求めよ。

(3) 点Bに正の電気量qをもつ点電荷を置き、外力を加えて点Aまで移動させる。外力がこの電荷にした仕事Wを求めよ。

解答

(1) 点Aにおける電場の方向は、＋の電荷が受ける力の方向を考えよう！

電場は＋1Cが受ける静電気力だね！

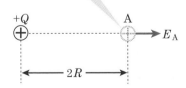

同符号どうしの電荷は斥力なので、電場E_Aの方向は、電荷Qから遠ざかる方向だよね。

電場の大きさは、次の式で表すことができる。

$$\text{点電荷による電場}:E=k\frac{Q}{r^2}$$

$r=2R$ を代入し、E_A を求めると、次のようになる。

$$E_A=k\frac{Q}{(2R)^2}=k\frac{Q}{4R^2}\ \cdots\cdots\text{答}$$

(2) 電位は**方向をもたないスカラー量**だよね。点電荷による電位は次の式だよ！

$$\text{点電荷による電位}:V=k\frac{Q}{r}$$

上式で電位 V_A、V_B を計算しよう。

POINT

$V=k\dfrac{Q}{r}$ の電気量 Q は必ず符号をつけて代入しようね！

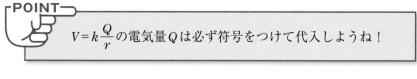

$$V_A=k\frac{+Q}{2R}、\ V_B=k\frac{+Q}{3R}\ \cdots\cdots\text{答}$$

(3) 例えば、質量 m〔kg〕の物体を鉛直方向に h〔m〕持ち上げるのに必要な仕事は、物体の重力による位置エネルギー U の増分として、次のように計算できる。

外力の仕事 $W=mgh$

外力が電荷にした仕事 W は、電荷のもつ位置エネルギーの増分で計算できるよね！

$$\text{静電気力による位置エネルギー}:U=q\times V$$
$$〔J〕〔C〕〔V〕$$

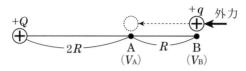

$$W_{外力} = \Delta U(位置エネルギーの増分)$$

$$= qV_A - qV_B$$

$$= q(V_A - V_B)$$

(2)で求めたV_A、V_Bを代入すると次のように計算できるよね。

$$W = q \times \left(k\frac{+Q}{2R} - k\frac{+Q}{3R} \right) = k\frac{qQ}{6R} \quad \cdots\cdots 答$$

演習問題

x軸上の点A$(a, 0)$、B$(-a, 0)$に、電気量の大きさqの正に帯電した電荷を固定する。電位は無限遠を基準とし、クーロンの法則の比例定数をkとする。

(1)　2つの点電荷が及ぼし合う力の大きさFを求めよ。

(2)　y軸上の点C$(0, a)$における電場の大きさEと方向を求めよ。

(3)　点Cにおける電位V_C、点Oにおける電位V_Oを求めよ。

(4)　電気量$+Q$の電荷をCからOまで運ぶのに外力がする仕事を求めよ。

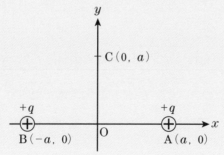

解答

(1)　⊕どうしが及ぼし合う力は斥力(互いに反発)となる。点電荷が及ぼ

し合う力はクーロンの法則：$F = k\dfrac{Qq}{r^2}$により計算する。

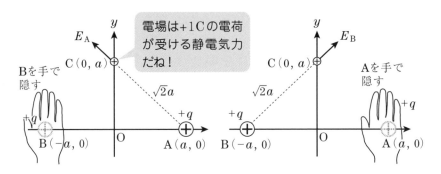

距離$r = 2a$、電気量の大きさを代入すると、次のように計算できる。

$$F = k\frac{q \cdot q}{(2a)^2} = k\frac{q^2}{4a^2} \cdots\cdots 答$$

(2)　点A、Bに固定した電荷をA、Bと呼ぶ。点Cには、電荷Aによる

電場：E_Aと、電荷Bによる電場：E_Bがあるよね。

点電荷による電場$\boxed{E = k\dfrac{Q \times 1}{r^2}}$より、BC＝AC＝$\sqrt{2}\,a$、電気量の大き

さはいずれもqなので、E_A、E_Bは同じ大きさだね！

$$E_A = E_B = k\frac{q}{(\sqrt{2}\,a)^2}$$

　Cにおける電場は、E_A、E_Bの2つの電場を足し合わせたものを考える。足し合わせた電場を**合成電場**っていうんだ。

　電場は、方向をもったベクトルなので、**合成電場はベクトルの和を考えよう！**

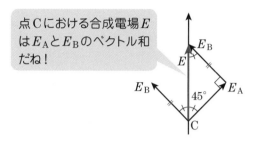

点Cにおける合成電場EはE_AとE_Bのベクトル和だね！

　合成電場の大きさEは、三平方の定理より$E = \sqrt{E_A{}^2 + E_B{}^2}$だね。

　$E_A = E_B$をあてはめると、$E = \sqrt{2}\,E_A$となる。$E_A = k\dfrac{q}{(\sqrt{2}\,a)^2}$を代入すると、次のように計算できる。

$$E = \sqrt{2}\,E_A = \sqrt{2} \cdot k\frac{q}{(\sqrt{2}\,a)^2} = k\frac{q}{\sqrt{2}\,a^2} \quad \cdots\cdots 答$$

方向：$+y$方向　$\cdots\cdots$答

(3)　Cには電荷Aによる電位：V_A、電荷Bによる電位：V_Bがある。

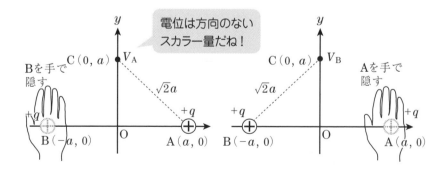

電位は方向のないスカラー量だね！

点電荷による電位は次の式で表すことができる。

点電荷による電位：$V = k\dfrac{Q}{r}$ より、BC＝AC＝$\sqrt{2}\,a$、電気量の大きさは

いずれもqなので、V_A、V_Bは同じ大きさだね！

$$V_A = V_B = k\dfrac{+q}{\sqrt{2}\,a}$$

電気量は必ず符号を
つけて代入しよう！

Cにおける電位はV_A、V_Bの電位を足し合わせよう。足し合わせた電位を**合成電位**っていうんだ。

電位は、方向をもたない**スカラー量**なので、**合成電位はスカラー和**で考えよう！「スカラー和」とは、3＋5＝8のような数字の足し算のことだよ。

Cにおける電位をV_Cとすると、V_A、V_Bのスカラー和で、次のように計算できる。

$$V_C = V_A + V_B$$
$$= k\dfrac{+q}{\sqrt{2}\,a} + k\dfrac{+q}{\sqrt{2}\,a} = \sqrt{2}\,k\dfrac{q}{a} \quad\cdots\cdots \text{答}$$

Oにおける電位V_Oも同様に、A、BがOにつくる電位を足すだけだ。

$$V_O = k\dfrac{+q}{a} + k\dfrac{+q}{a} = 2k\dfrac{q}{a} \quad\cdots\cdots \text{答}$$

(4) 外力のする仕事は、電荷のもつ位置エネルギー：$U = qV$の変化で計算できるよね。

$$W_{外力} = \Delta U（位置エネルギーの変化）$$
$$= +QV_O - (+Q)V_C$$
$$= +Q(V_O - V_C)$$

必ず符号を
つけよう！

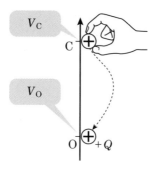

前問で求めた $V_{\mathrm{O}} = 2k\dfrac{q}{a}$、$V_{\mathrm{C}} = \sqrt{2}\,k\dfrac{q}{a}$ を代入すると、

$$W = Q\left(2k\dfrac{q}{a} - \sqrt{2}\,k\dfrac{q}{a}\right)$$

$$= (2 - \sqrt{2}\,)\,k\dfrac{Qq}{a} \quad\cdots\cdots 答$$

2章 電気力線・等電位面、電場と電位の関係

　右のような天気図を見ると様々な情報が含まれている。

天気図は天気の様子が視覚的にわかるね！

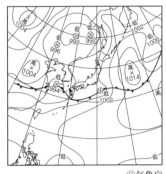

©気象庁

　前章で登場した電場、電位を視覚的に捉(とら)える方法として、**電気力線**と**等電位面**が登場だ！

2-1　電気力線

　点電荷のまわりの電場が知りたい場合、+1Cの電荷をイメージするよね。

> **電場**：$E = +1$Cが受ける静電気力

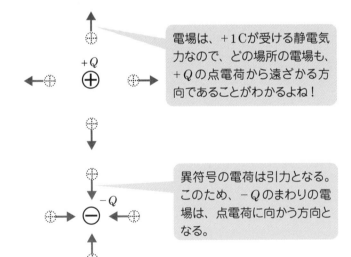

電場は、+1Cが受ける静電気力なので、どの場所の電場も、+Qの点電荷から遠ざかる方向であることがわかるよね！

異符号の電荷は引力となる。このため、−Qのまわりの電場は、点電荷に向かう方向となる。

　空間における電場の様子を**視覚的**にはっきりさせる方法が**電気力線**だ。電気力線とは**電場に沿った曲線**だよ。

　電場を、ある場所の風向きを表すベクトルと考えると、電気力線は風の流れに沿って描いた曲線だ！

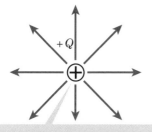

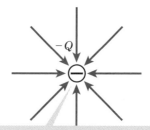

＋は電気力線の吹き出し口だね！

－は電気力線の吸い込み口だね！

2-2　等電位線（等電位面）

　地図上で同じ高さをつなげた曲線は等高線、天気図で同じ圧力をつなげた曲線が等圧線だね。

　平面上で電位が等しい部分をつなげた曲線を**等電位線**、空間では電位が等しい部分をつなげると面となるので**等電位面**というんだ。

　では、点電荷のまわりの等電位線（等電位面）はどのような形になるかな？

　点電荷による電位は前章で学んだように次の式で表すことができるよね。

> **点電荷による電位**：$V = k\dfrac{Q}{r}$

　上式を見てわかるように、点電荷からの距離rが同じであれば電位は同じとなるよね。

　よって点電荷のまわりの等電位線は円となり、等電位面は球面となる！

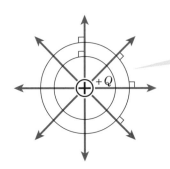

点電荷のまわりの等電位面は空間では球面だ。電気力線はこの球面を**直角に貫いている**ね！

　上の図を見てわかるように、電気力線は点電荷から放射状に出ているので、球面である等電位面を**直角に貫く**のがわかるよね！

　一般的に、どんな場合でも、**電気力線は等電位面を直角に貫く**ことを覚えよう！

> **電気力線⊥等電位面（電気力線は等電位面を直角に貫く）**

2-3　電気力線の本数を数える

$+Q$〔C〕の点電荷から出る電気力線の本数を数えてみよう。

え！　電気力線の本数って数えることができるの？
一体、どうやって??

まず電気力線の本数を、次のように定義（約束事だよ）する。

> **電気力線の本数の定義**
> 　大きさE〔N/C〕の電場に対して垂直な単位面積：$1\,\mathrm{m}^2$を貫く電気力線の本数をE〔本/m^2〕と決める。

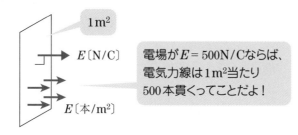

電場が $E = 500\,\text{N/C}$ ならば、電気力線は $1\,\text{m}^2$ 当たり 500本貫くってことだよ！

では、$+Q$ [C] の点電荷から出る電気力線の本数を数えてみよう！ 数える手順は次のとおりだ。

①電荷を適当な閉曲面で包み込む
②閉曲面を貫く本数を数える

つまり、こういうことだ。例えば、ウニから出ている針（とげ??)の本数を数えようと思ったとするよね。

①ビニール袋でウニを包み込む。

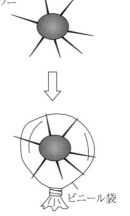

②ビニール袋を突き抜けた針の本数が100本であれば、間違いなくウニから出ている針の本数は100本と判断できる。

まず、①だけど、できるだけ簡単な閉曲面を選びたいよね？ 閉曲面に対して電気力線が直角に貫いて、なおかつ $1\,\text{m}^2$ 当たりの電気力線の本数が一定となるような曲面といえば……

点電荷を中心とする、球面がよさそうだね！

次の図のように、点電荷を中心とする半径r〔m〕の球面で囲んでみよう。すると、球面上の電場Eは1章で登場した次の式だ。

点電荷Qによる電場の大きさ：$E = k\dfrac{Q}{r^2}$

球面上は、点電荷からの距離rが同じなので電場Eも一定で、球面に対して直角だよね！

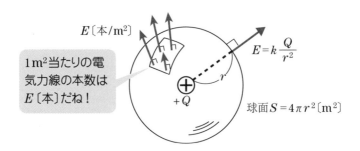

E〔本/m²〕

1m²当たりの電気力線の本数はE〔本〕だね！

$E = k\dfrac{Q}{r^2}$

$+Q$

球面$S = 4\pi r^2$〔m²〕

球の表面における電場がE〔N/C〕ならば、1m²当たり貫く電気力線の本数はE〔本/m²〕だ。球の表面積をS〔m²〕とすると球面を貫く電気力線の総本数N〔本〕は、E〔本/m²〕×S〔m²〕で次のように計算できる。

電気力線の総本数：$N = E \times S = k\dfrac{Q}{r^2} \times 4\pi r^2 = 4\pi kQ$〔本〕

だからなんなんだ?! って結果になったが、$4\pi kQ$〔本〕の意味することは、**電荷から出る電気力線の本数は電気量に比例**するってことなんだ。

一般的に点電荷じゃない大きさのある帯電体の場合でも、電気量がQ〔C〕ならば、帯電体から出ている電気力線の本数は$4\pi kQ$〔本〕となるんだね！

$+Q$

こんな形の帯電体でも合計がQならば、$4\pi kQ$〔本〕の電気力線が出ているよ！

2-4 電場と電位の関係

　1章で登場した電場 E と電位 V の関係を考えよう。次の図のように電場 E に沿って x 軸を与え、座標 x での電位を V〔V〕、微小距離 Δx 離れた点の電位を $V + \Delta V$〔V〕とする。ΔV は2点の電位差だよ！

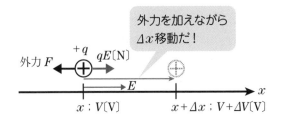

外力を加えながら
Δx 移動だ！

　電気量 $+q$〔C〕の電荷を座標 x から、静電気力：qE に逆らう外力 F を加えながら、ゆっくり Δx〔m〕移動する。外力 F の仕事 W を計算しよう。

　まずゆっくり移動したので、外力 F は静電気力：qE とつり合ってるよね。また、外力と移動距離 Δx は逆向きなので仕事は－（マイナス）となり、次のように計算できる。

外力の仕事　$W = -F\Delta x = -qE\Delta x$　　　　　　　　……①

　一方、外力の仕事は、電荷がもつ位置エネルギー：$U = qV$ の変化で計算できるよね！

外力の仕事　$W = \Delta U = q(V + \Delta V) - qV = q\Delta V$　　　　　……②

①＝②より、電位差 ΔV は次のように計算できる。

$-qE\Delta x = q\Delta V$

電位差：$\Delta V = -E\Delta x$

電位差：ΔV がマイナスってことは、スタートの位置 x における電位：V より、$V + \Delta V$ の方が小さいってことだ。

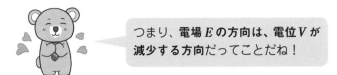

つまり、**電場 E の方向**は、**電位 V が減少する方向**だってことだね！

電位差：$\Delta V = -E\Delta x$ を、電場：E について求めると、次のように表現できる。

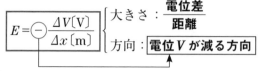

上式には、2つの情報が含まれているよ！

①電場の大きさEは、電位差ΔVを距離Δxで割り算したもの

②ΔVのΔ(デルタ)は増加を表す記号なので、$-\Delta V$の$-$(マイナス)は、電場の方向が、**電位Vが減る方向**であることを表している。

この式はちょっと、難しいかも……。そこで次の基本演習で電場の方向と大きさを計算しよう！

基本演習

次の図のように、電場に沿ったx軸上の点Aの電位が5.0V、点Bの電位が、5.2V、AB間の距離が0.1mであった。電場の大きさEは一定であったとして、電場の大きさEと方向を求めよ。

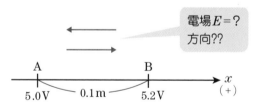

解答

まず、**電場の方向は、電位Vが減少する方向**なので、高電位のBから低電位のAに向かう方向だよね！

よって電場Eの方向は、$-x$方向だ。

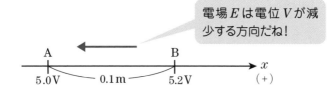

次に電場Eの大きさは、一般式：$E = -\dfrac{\Delta V〔V〕}{\Delta x〔m〕}$の「－（マイナス）」をはずして、次のように$\dfrac{電位差}{距離}$で計算する。

電場の大きさ：$E = \left| \dfrac{\Delta V〔V〕（電位差）}{\Delta x〔m〕（距離）} \right|$

$$= \frac{5.2 - 5.0}{0.1} = 2.0〔V/m〕 \quad \cdots\cdots 答$$

電場の方向：$-x$方向 $\cdots\cdots$ 答

POINT

ところで$E = -\dfrac{\Delta V〔V〕}{\Delta x〔m〕}$を用いた場合、電場の単位は〔V/m〕となるよね。

1章で学んだ静電気力の式$F = qE$から得られる電場の単位は〔N/C〕だ。同じ物理量なのに単位が違う!?　実は〔V/m〕と〔N/C〕はまったく同じなんだ。

電位の単位〔V〕は、位置エネルギー：$U〔J〕= q〔C〕V〔V〕$の式より、〔V〕=〔J/C〕と表すことができる。すると、〔V/m〕の単位は次のように書き換えることができる。

$$\frac{V}{m} = \frac{J/C}{m} = \frac{J}{C \cdot m}$$

J（ジュール）は仕事の単位なので、$W〔J〕= F〔N〕\times s〔m〕$より、〔J〕=〔Nm〕に置き換える。

$$\frac{V}{m} = \frac{J}{C \cdot m} = \frac{N \cdot m}{C \cdot m} = \frac{N}{C}$$

まさに、〔V/m〕と〔N/C〕は同じであることがわかるよね！

　下図のように、1m当たりの電気量がq〔C〕の一様に帯電した導線がある。

　1Cの電荷から$4\pi k$〔本〕の電気力線が湧き出すとして、導線からr〔m〕離れた位置の電場Eを求めよ。

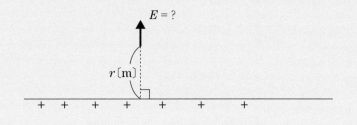

$E = ?$

r〔m〕

+　+　+　+　+　+　+　+

解答

　まともに計算しようと思ったら、導線上にある一つひとつの点電荷による電場をすべて足し合わせる必要があるが……

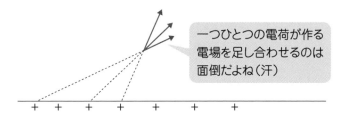

一つひとつの電荷が作る電場を足し合わせるのは面倒だよね（汗）

　そこで、電気力線の本数に注目しよう。

　問題文にあるように、1Cの電荷から$4\pi k$本の電気力線が出ているのだから、電気量がQ〔C〕ならば$4\pi kQ$〔本〕だね！

帯電体の電気量がQならば、$4\pi kQ$〔本〕の電気力線が出ているよ！

　導線から出ている電気力線は、導線を軸として導線に対して直角に伸びているよね。

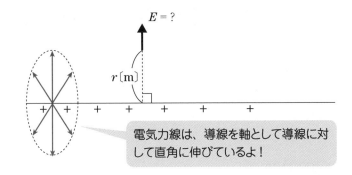

電気力線は、導線を軸として導線に対して直角に伸びているよ！

この導線を閉曲面で囲むのだが、閉曲面上の電場が一定となるシンプルな形として、長さ1mで半径rの円柱で囲んでみよう。

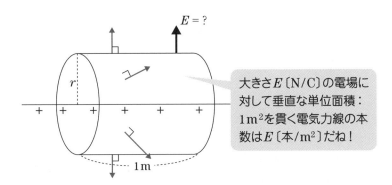

大きさE〔N/C〕の電場に対して垂直な単位面積：1m²を貫く電気力線の本数はE〔本/m²〕だね！

　電気力線が貫いているのは円柱の側面だけで左右のふた？ は貫いていないよね。円柱内に含まれる電気量は1m当たりの電気量q〔C〕に円柱の長さ1mを掛け算したものだ。

　円柱を貫く電気力線の本数は次のように計算できる。

$E \times S$（側面の面積）$= 4\pi kq$

この式に$S = 2\pi r \times 1$を代入すると、次のように電場Eが計算できる。

$E \times 2\pi r = 4\pi kq$

$$E = 2k\frac{q}{r} \quad \cdots\cdots 答$$

3章 静電誘導、誘電分極

　下敷きを頭や衣服でこすると摩擦電気が発生し、下敷きが帯電する。帯電した下敷きを、紙などに近づけると引き寄せられるよね。

　紙は電気を通さない不導体なのに、なぜ引力が働いたのだろうか？

3-1 静電誘導

　まず**導体**を用意するよ。導体は電流が流れる物質であり、代表選手は金属だね。

電流が流れるのが導体、電流が流れないのが不導体……導体は、なぜ電流が流れるのかな？？

　1章で学んだように物質は原子からできており、原子は中心に原子核（＋）、その周囲を回転する電子（−）からなる。

　導体の場合、核と電子の結びつきが弱く、一つの原子に束縛されずに物質内を自由に移動できる電子がいる。

　この勝手気ままな電子が**自由電子**だ。自由電子のおかげで導体には電流が流れるんだね。

　これに対し、紙やせとものなどの**不導体**は、核と電子の結びつきが導体よりも強い。つまり不導体には自由電子がいないので、電流が流れにくいんだ。

　次の図のように、導体に正（＋）の帯電体を近づけて外部電場Eを与えた場合に起きる現象が、**静電誘導**だ。

①導体内部にある自由電子は負（−）なので、外部電場Eと逆向きに静電気力Fを受け、移動が始まる。

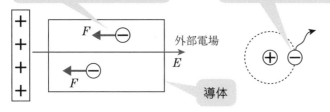

②移動を始めた自由電子が導体の左側に集まるので負(−)に帯電し、右側は電子が出て行ったために正(+)に帯電する。すると、導体内部に右側(+)から左側(−)に向かう新たな電場E'が生まれる。

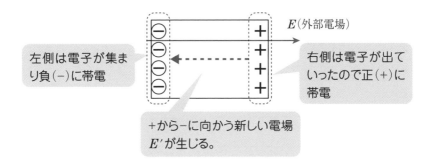

③新たに生じた電場E'は、左右の帯電量が大きくなるにしたがって増加する。すると導体内部の合成電場：$E - E'$はどんどん減少し、やがて0となる。

前章で登場した、電場と電位の関係を示すと、次のとおりだ。

$$\text{電場}：E = -\frac{\Delta V\,(\text{電位差})}{\Delta x\,(\text{距離})}$$

上式より、導体内の電場が0ならば電位差$\Delta V = 0$となるよね。電位差がないということは、**導体は電位Vが一定**ってことになる！

次のことをしっかり覚えよう。

導体は、電位が一定

3-2 誘電分極

　ここでは、**不導体**が登場だ。不導体は**誘電体**とも呼ばれるが、電流が流れない物質だよね。不導体は導体と異なり、自由電子がいないので電流が流れにくいんだね。

　次の図のように、不導体に正（＋）の帯電体を近づけて外部電場Eを与えた場合に起きる現象が**誘電分極**だ。

①不導体の外部から電場Eを与える。不導体中の電子は、原子に束縛されているので、導体のような自由電子が存在しないよ！

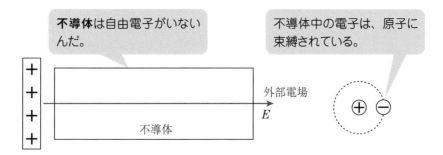

②下の左図のように、原子内の原子核（＋）は電場Eと同じ方向に、電子（－）は電場Eと逆向きに、力を受ける。

　すると、右図のように原子そのものが、右が＋に、左が－に、電気的な偏りを生じる。この現象が**分極**だ。

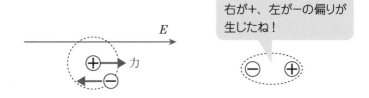

③不導体内部のすべての原子または分子が分極する。すると、下の左図の
　ように、隣り合った＋と－は相殺される。

　このため右図のように、不導体そのものが分極し、外部電場Eと逆向き
の電場E'が生まれる。

　導体と異なり、新たに生まれた電場E'は、外部電場Eまでは大きくなれ
ない。

隣り合った+と-は
相殺されるよ！

分極によって、新たな電場E'が生まれ
るが、外部電場Eまでは大きくなれ
ない。

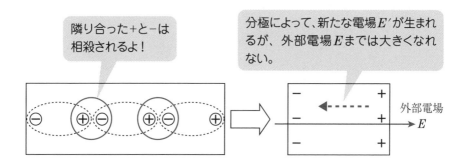

外部電場
E

④誘電分極により、不導体内部の合成電場は$E-E'$となるので、外部電場
　Eより小さくなる。

　帯電体をごみに近づけると引き寄せられる原因は、まさに**誘電分極**だね！

摩擦電気などに
よる＋の帯電体

＋の帯電体に近い側が
－に分極したので引力
がはたらく。

紙片などのゴミ

外部電場

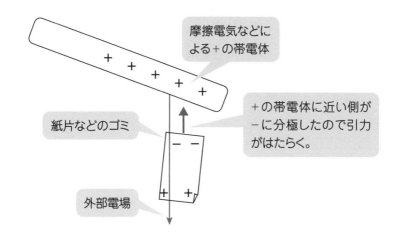

演習問題 1

次の図のように、はく検電器がある。はくは最初閉じていたが、正に帯電した棒を上部の金属板に近づけると開いた。

この状態で、はく検電器の金属板に指を触れたところ、はくは閉じた。続いて、指を金属板から離し、次に棒を遠ざけた。

はくの帯電状態と、はくの状態（開くか閉じるか）を答えよ。

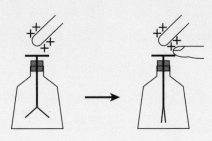

解答

はく検電器とは、ビンの中につるした金属棒の先に、金属はくが取り付けてあり、**静電誘導**を利用して物質の帯電状態を調べる装置だよ。

①正に帯電した棒をはく検電器に近づけると、**自由電子**が正の棒に引き寄せられ、金属板は負（−）、はくは正（＋）に帯電する。はくどうしは同符号なので互いに反発して開くよね！

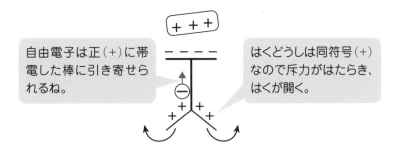

自由電子は正（＋）に帯電した棒に引き寄せられるね。

はくどうしは同符号（＋）なので斥力がはたらき、はくが開く。

②金属板に指を触れると、はくに帯電していた正電荷は、指を通して人体に逃げる。なぜなら、人体も導体なので、はくにあった正電荷は正に帯電した導体棒からもっと遠ざかろうとするためだ。

はくの電荷は0となるので、閉じる。

一方、金属板の負電荷は、正に帯電した棒にひきつけられたままだ。

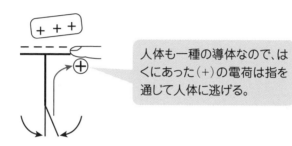

人体も一種の導体なので、はくにあった（＋）の電荷は指を通じて人体に逃げる。

③指を離しても金属板は負、はくには電荷がないので、はくは閉じたまま。

④棒を離すと、金属板に帯電した負電荷はお互いに反発する。このため、電子の一部がはくに移動するので、はくは開く。

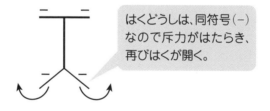

はくどうしは、同符号（−）なので斥力がはたらき、再びはくが開く。

はくは負に帯電し、開く ……答

演習問題2

　糸でつるした帯電していない2本の金属棒A、Bを接触させたまま、図1のように正の帯電体をAに近づけた。

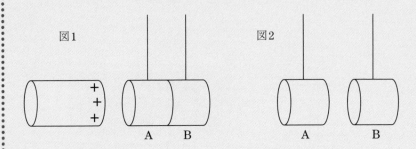

図1　　　　　　　　　　　　　図2

　次に図2のようにAとBを少し離した後、帯電体を遠ざけた。
(1)　下の選択肢から正しいものを選べ。
(2)　A、Bがともに不導体の場合、同じ実験を行ったときに起きる
　現象を下の選択肢から選べ。

①Aは負、Bは正に帯電するのでお互いに引き合う
②Aは正、Bは負に帯電するのでお互いに引き合う
③A、Bともに正に帯電するのでお互いに反発し合う
④A、Bともに負に帯電するのでお互いに反発し合う
⑤A、Bともに電荷は0なので力ははたらかない

導体と不導体の決定的な違いは、
自由電子があるかないかの違い
だよね！

（1）　接触している導体A、Bは一つの導体とみなすことができるよね。導体内にある**自由電子**は、正の帯電体による電場Eと逆向きに移動する。

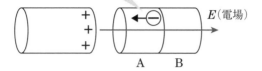

導体内の**自由電子**は、電場と逆向きに移動するね！

　電子の移動によって、Aは−、Bは+に帯電する。A、Bを離し帯電体を遠ざけるとAとBは異符号なので、お互いに**引力**を及ぼし合う。　……**答**①

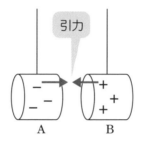

引力

（2）　A、Bが不導体の場合、自由電子の移動がなく不導体内部の原子、分子が**分極**を起こすだけである。このためA、Bを離しても導体のように+と−に電荷が分かれることはないんだ。

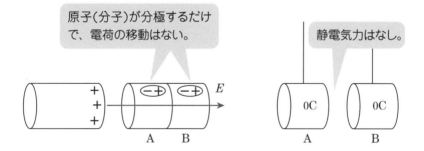

原子（分子）が分極するだけで、電荷の移動はない。

静電気力はなし。

　よってA、Bともに電荷は0なので力ははたらかない。　……**答**⑤

この章では、電気をためる装置が登場だ。電気をためる装置で、すぐに思いつくのが電池だね。ただし、電池は電極と電解質などの化学反応が伴うので、構造が複雑になる。

この世で最も単純な電気を蓄える装置、それが**コンデンサー**だ。作り方は、実に簡単！ アルミ箔などの導体板を2枚用意し、ほんの少し離して置くだけで、コンデンサーのでき上がりだ！ 最初の状態ではそれぞれのアルミ箔の電気量は0Cだよ。

2枚の導体板を向かい合わせにする。これが、「コンデンサー」だ！

4-1 コンデンサーの帯電量Qと電位差Vの基本式

それぞれの導体板(以後、極板と呼ぶ)の面積をS〔m^2〕、2枚の極板の距離をd〔m〕とする。電気量0Cの導体板は電荷がないってことではないことに注意しよう！ 物質は原子からできてるのだから、＋と－は、うじゃうじゃいるんだね。

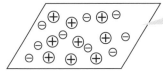

電気量0って、電気がないのではない！ 「＋と－の合計が0」って状態だ。

コンデンサーに電気をためる方法は次のとおり。まず、下の極板から＋の電荷をつまみ出し、上の極板に運ぶことを繰り返すだけだ。

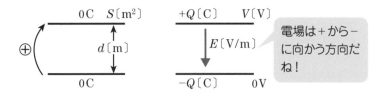

電場は＋から－に向かう方向だね！

> 下の極板から＋の電荷を運び出すのは、原子核をつまみ出すこととなるので現実的じゃない。
>
> 通常は、後に登場する電池によって、－の電荷をもった自由電子を上の極板から下の極板に移動させる。

下の極板から⊕の電荷をつまみ出し、上の極板に運ぶことを繰り返す。すると、上の極板は正（＋）の電気量が増加するね。上の極板にたまった電気量が＋Q〔C〕の場合、下の極板の電気量はいくらかな？

下の極板は0Cの状態から＋Qの電荷が運び出されたのだから、当然−Q〔C〕となるよね。この状態を、**コンデンサーにQ〔C〕蓄えられた**と表現するんだ。

次に、極板間に注目すると、＋Qから−Qに向かう電場：Eが生じてるのがわかるよね。電場Eの方向は、2章で学んだように**電位の減少する方向**だ。

2章のおさらい

$$E = -\frac{\Delta V〔V〕}{\Delta x〔m〕} \quad \begin{cases} \text{大きさ：} \dfrac{\text{電位差}}{\text{距離}} \\[2mm] \text{方向：} \boxed{\text{電位 } V \text{ が減る方向}} \end{cases}$$

よって、上の極板が下の極板より高電位だってことになるよね。2枚の極板の電位差をV〔V〕と表す。コンデンサーに蓄えられた電気量：Q〔C〕と電位差：V〔V〕の間には、次のような比例関係がある。

$$Q = C \times V \quad \text{電気量} Q \text{は電位差} V \text{に比例} \quad \cdots\cdots①$$
$$〔C〕〔F〕〔V〕$$

Cをコンデンサーの**電気容量**（単位はF：ファラッド）という。
上式を**コンデンサーの基本式**って呼ぶ。

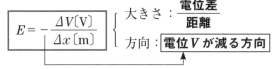

なぜ、帯電量Qと電位差Vは比例の関係なのかな？？

次のページでコンデンサーの基本式：$Q = CV$を証明するよ！

■Q＝CVの証明　（ちょっと長い……）

極板間の電場の大きさEは、次のように表すことができるよね。

電場の大きさ：$E = \dfrac{V(\text{電位差})}{d(\text{距離})}$　　　　　……㋐

次に極板間の電気力線の本数に注目するよ。2章で学んだように、$+Q$〔C〕から出る電気力線の本数は、$4\pi kQ$〔本〕だね！

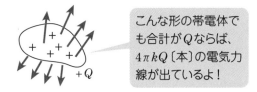

こんな形の帯電体でも合計がQならば、$4\pi kQ$〔本〕の電気力線が出ているよ！

極板は、導体なので**等電位面**だ。電気力線と等電位面は次の関係があるよね。2章のおさらいだ。

電気力線⊥等電位面（電気力線は等電位面を直角に貫く）

上の極板の電気力線の様子は、次のようになる。

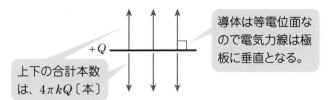

導体は等電位面なので電気力線は極板に垂直となる。

上下の合計本数は、$4\pi kQ$〔本〕

電気力線の総本数は$4\pi kQ$〔本〕なので、極板から遠ざかる方向に、上下それぞれ$2\pi kQ$〔本〕だね。

一方、下の極板は$-Q$なので、極板に向かう方向になり、上下それぞれ$2\pi kQ$〔本〕だ。

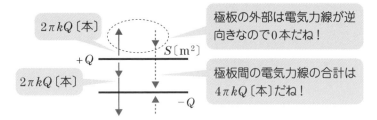

$2\pi kQ$〔本〕

極板の外部は電気力線が逆向きなので0本だね！

$2\pi kQ$〔本〕

極板間の電気力線の合計は$4\pi kQ$〔本〕だね！

極板間は$+Q$と$-Q$のつくる電気力線の方向が同じだね。よって、電気

力線の合計は$2\pi kQ$の2倍で$4\pi kQ$〔本〕だ。これに対し、極板の外部は、電気力線の方向が逆向きなので、電気力線は0本となる。

次に電気力線の本数の定義のおさらいだよ！

電気力線の本数の定義

大きさE〔N/C〕の電場に対して垂直な単位面積：$1\,\mathrm{m}^2$を貫く電気力線の本数をE〔本/m^2〕と決める。

極板間の電場はEなので$1\,\mathrm{m}^2$当たりE〔本〕の電気力線があるよね。よって極板の面積はS〔m^2〕なので、極板間の電気力線の本数$4\pi kQ$は、ES〔本〕に等しい。このことから電場Eをコンデンサーの帯電量：Q〔C〕で表すことができるよ！

極板間の電気力線の本数：$ES = 4\pi kQ$

極板間の電場：$E = \dfrac{4\pi kQ}{S}$　　　　　　　……④

⑦＝④より、帯電量Qと電位差Vの関係を導いてみよう。

$$\frac{V}{d} = \frac{4\pi kQ}{S}$$

この式を変形すると次のようになる。

$$Q = \frac{1}{4\pi k} \times \frac{S}{d} V \qquad\qquad\qquad ……⑦$$

$\dfrac{1}{4\pi k} \times \dfrac{S}{d} = C$と置くと、$C$がコンデンサーの**電気容量**だ。

電気容量Cを使って⑦を書きかえると、**$Q=CV$**が証明できたね！

⑦に現れた$\dfrac{1}{4\pi k}$をε_0（イプシロン、ゼロと読む）と表す。ε_0を**真空の誘電率**っていうんだ。

POINT

誘電率は、極板間の物質で決まる定数であり極板間が空っぽ、つまり真空の場合は、真空の誘電率って言い方をする。

$C = \dfrac{1}{4\pi k} \times \dfrac{S}{d}$ の $\dfrac{1}{4\pi k}$ を ε_0 とおくと、コンデンサーの電気容量 C は、極板の面積 $S\,\text{〔m}^2\text{〕}$ と極板間の距離 $d\,\text{〔m〕}$ を用いて、次のように表すことができる。

電気容量 : $C\,\text{〔F〕} = \varepsilon_0 \dfrac{S\,\text{〔m}^2\text{〕}}{d\,\text{〔m〕}} \begin{cases} \text{極板の面積}\,S\,\text{〔m}^2\text{〕に比例} \\ \text{極板間の距離}\,d\,\text{〔m〕に反比例} \end{cases}$ ……②

4-2　静電エネルギー : U〔J〕

　電荷をためたコンデンサーには、エネルギーが蓄えられている。なぜなら、低電位の下の極板から高電位の上の極板に運ばれた + の電荷は、**静電気力による位置エネルギー : qV〔J〕**を得るからだ。

　この電荷が得た位置エネルギーの総和を**静電エネルギー**と呼び、U〔J〕と表す。

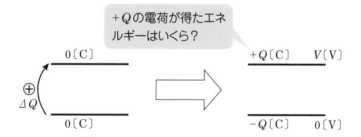

　上の極板に運ばれた電気量 : Q〔C〕の静電エネルギーは、一見すると QV〔J〕かな？ って思うかもしれないが、そうはならないんだ。

　まずコンデンサーの基本式 : $Q = CV$ より、Q と V の関係はグラフで表すと次のように比例関係にあるのがわかるよね。

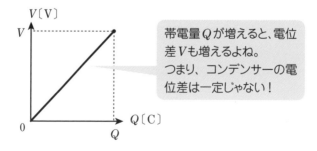

下の極板から一回に運ぶ電気量をちょっぴりの値：ΔQ〔C〕とする。

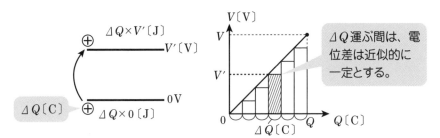

ΔQ〔C〕運ぶ間の電位差V'は近似的に一定とみなすと、ΔQ〔C〕が得た位置エネルギーは、$\Delta Q \times V'$〔J〕となり、上右図のグラフ上では影をつけた長方形の面積となるね。

ということは、$\Delta Q \times V'$〔J〕(影をつけた長方形の面積)の合計が、コンデンサーに蓄えられた静電エネルギーU〔J〕となるんだ。

1回に運ぶ電気量ΔQをうーんと小さくとると、長方形の面積の合計はQ–VグラフとQ軸で囲まれた三角形の面積となるね！

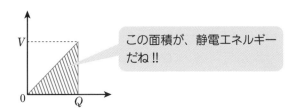

この面積が、静電エネルギーだね！！

コンデンサーの静電エネルギー：U〔J〕$= \dfrac{1}{2}QV$　　　……③

上記の式は、コンデンサーの基本式：$Q = CV$を代入すると、

$\boxed{U = \dfrac{1}{2}CV^2}$ となる。また、コンデンサーの基本式を$V = \dfrac{Q}{C}$と変形し、③に代入すると $\boxed{U = \dfrac{1}{2} \times \dfrac{Q^2}{C}}$ と表すこともできるよね。

4-3　電池の役目

　コンデンサーを充電する方法は、下の極板から上の極板に＋の電荷を運ぶことだが、現実的に＋をどうやって運ぶか？　が問題だよね。

　そこで、電池が登場だ。まず電池には2つの役目があることを覚えよう！

■ 電池の役目その1

　電池は正極(＋)、負極(－)に抵抗やコンデンサーなどのどんな部品をつないでも、**電位差を常に一定に保つ役目**があるんだ。

　例えば、乾電池には1.5Vの表記があるが、両極が1.5Vに保たれることを表しているんだ。

■ 電池の役目その2

　電池は負極(－)から正極(＋)に正の電荷を運ぶポンプの役目をもっている。この正の電荷を運ぶ役目を起電力っていうんだ。

　コンデンサーに電池をつなぐと、ポンプの役目によって⊕の電荷を自動的に運んでくれる。コンデンサーを充電したいと思ったらこの方法が楽チンだね。

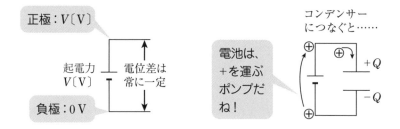

POINT

　起電力は基本的に＋を運ぶポンプの役目を表すが、電池の電位差を表す場合にも起電力を用いる場合が多い。

　例えば起電力V〔V〕の電池といったら、電位差がV〔V〕の電池を表すことになる。

基本演習

電気容量$2.0\,\mu$Fのコンデンサーに、電気量$8.0\,\mu$Cだけ充電した。真空の誘電率を8.9×10^{-12}F/mとして次の問いに答えよ。

(1) コンデンサーの極板間距離が8.9×10^{-5}mの場合、極板の面積を求めよ。

(2) コンデンサーの電位差および、静電エネルギーを求めよ。

解答

まず、コンデンサーの土台となる式は次の3つだ。

帯電量：$Q = C \times V$ $\qquad\qquad\qquad\qquad\qquad$ ……①
$\qquad$〔C〕〔F〕〔V〕

電気容量：$C\text{〔F〕} = \varepsilon_0 \dfrac{S\text{〔m}^2\text{〕}}{d\text{〔m〕}}$ $\qquad\qquad\qquad$ ……②

静電エネルギー：$U = \dfrac{1}{2}QV = \dfrac{1}{2}CV^2 = \dfrac{1}{2}\dfrac{Q^2}{C}$ $\qquad$ ……③

---

(1) 問題文にある単位としての〔μF〕や〔μC〕のμは、「マイクロ」と読み10^{-6}を表すことを覚えよう。

コンデンサーの電気容量Cは②式で与えられる。

$$C\text{〔F〕} = \varepsilon_0 \frac{S\text{〔m}^2\text{〕}}{d\text{〔m〕}}$$

上式を極板面積：Sについて変形し数値を代入する。

$$S = \frac{dC}{\varepsilon_0} = \frac{8.9\times10^{-5}\times2.0\times10^{-6}}{8.9\times10^{-12}}$$

$$= \frac{2.0\times10^{-11}}{10^{-12}}$$

$$= 20\text{〔m}^2\text{〕} \quad ……答$$

(2)　**コンデンサーの基本式**：$Q=CV$に与えられた数値を代入し、電位差
Vを求めよう。

$$8.0\times10^{-6}[\text{C}]=2.0\times10^{-6}[\text{F}]\,V[\text{J}]$$

$$V=4.0[\text{V}]\ \cdots\cdots\text{答}$$

静電エネルギーUも、公式によって求めることができるよね！

$$U=\frac{1}{2}QV$$

$$=\frac{1}{2}\times8.0\times10^{-6}\times4.0$$

$$=16\times10^{-6}$$

$$=1.6\times10^{-5}[\text{J}]\ \cdots\cdots\text{答}$$

別解

問題文には、電気量Qと電気容量Cが与えられているのだから、電位
差Vを求めなくても静電エネルギーUを求めることができるね！

$$U=\frac{1}{2}\frac{Q^2}{C}$$

$$=\frac{1}{2}\times\frac{(8.0\times10^{-6})^2}{2.0\times10^{-6}}$$

$$=1.6\times10^{-5}[\text{J}]\ \cdots\cdots\text{答}$$

静電エネルギーは、Q、V、C
の中から、2つわかれば計算
できるよね！

演習問題

　面積の等しい2枚の金属板を距離dだけ離して平行板コンデンサーを作る。このコンデンサーの電気容量をC_0とする。このコンデンサーに起電力V_0の電池とスイッチSを図のように接続する。次の問いに答えよ。

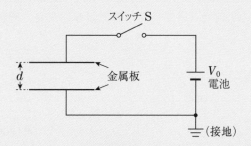

(1) スイッチSを閉じて十分に時間が経ったとき、コンデンサーに蓄えられた電荷：Q_0および静電エネルギーU_0を求めよ。

(2) スイッチSを閉じたまま、コンデンサーの極板間の距離を$2d$に広げる。コンデンサーに蓄えられた電荷はQ_0の何倍になるか？　また静電エネルギーはU_0の何倍になるか？

(3) スイッチSを閉じたまま極板間の距離をdに戻し、十分に時間が経った後、スイッチSを開く。その後、極板間の距離を$2d$に広げたとき、コンデンサーの電位差はV_0の何倍になるか？　また静電エネルギーはU_0の何倍になるか？

接地と書いてある回路にある変な記号⏚って何??

解答

(1) 回路には接地された部分があるよね。記号で($\underline{\underline{\perp}}$)または($\underset{\text{///}}{\perp}$)と書くのだが、これを**アース**（地球のことだよ！）と呼ぶ。アースは通常**電位の基準：0**Vに定めることを覚えよう。

> アース（接地）　$\underline{\underline{\perp}}$　$\underset{\text{///}}{\perp}$　⇒電位の基準：0Vに定める！

また、回路の導線は3章で学んだ**静電誘導**により、**導体（導線）の電位は同じ**だね！

電位が同じ導線は同じ色で塗っておくと、わかりやすくなるよ！

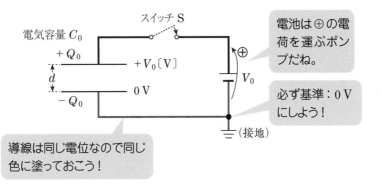

電池の電位差は一定に保たれるので、スイッチSを閉じるとコンデンサーの電位差は電池の起電力V_0と同じとなるね。コンデンサーの基本式：**Q=CV**よりQ_0を計算する。

$Q_0 = C_0 V_0$ ……答

静電エネルギーの公式：$U = \dfrac{1}{2}QV$より、U_0を求める。

$$U_0 = \frac{1}{2}Q_0 V_0 = \frac{1}{2}C_0 V_0 \times V_0$$

$$= \frac{1}{2}C_0 V_0{}^2 \text{ ……答}$$

(2)　電気容量Cの公式は次のとおりだ。

電気容量：$C(\mathrm{F}) = \varepsilon_0 \dfrac{S(\mathrm{m^2})}{d(\mathrm{m})}$ $\left\{\begin{array}{l}\text{極板の面積}S(\mathrm{m^2})\text{に比例} \\ \text{極板間の距離}d(\mathrm{m})\text{に反比例}\end{array}\right.$

電気容量は極板間の距離に反比例するので、極板間距離を$2d$(2倍)に

広げた電気容量Cは$\dfrac{1}{2}$倍となるね。$C = \dfrac{1}{2}C_0$だ。

問題文に、**「スイッチを閉じたまま」**とあるので、コンデンサーの電位

差Vは電池の起電力V_0と一致するね！

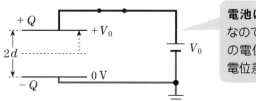

電池につながれたままなので、コンデンサーの電位差は電池の電位差V_0に一致だ！

極板間距離を広げた場合の電気量：Qは、次のように計算できる。

$$Q = CV_0 = \frac{1}{2}C_0V_0$$

(1)の結果：$Q_0 = C_0V_0$と比較すると、$Q = \dfrac{1}{2}Q_0$となるね。

よって電気量はQ_0の$\dfrac{1}{2}$倍 ……**答**

新たな静電エネルギーをUとおくと、$Q = \dfrac{1}{2}Q_0$を用いて次のように計

算できる。

$$U = \frac{1}{2}QV_0 = \frac{1}{2}\frac{Q_0}{2}V_0$$

$U_0 = \dfrac{1}{2}Q_0V_0$と比較すると、$U = \dfrac{1}{2}U_0$となる。

よって、静電エネルギーはU_0の$\dfrac{1}{2}$倍 ……**答**

(3)　極板間の距離をdに戻すと、帯電量は再びQ_0に戻るね。ここでスイッチを開くと、上の極板はあたかも離れ小島の状態となるので、上の極板にある電気量$+Q_0$は、逃げ場を失うこととなる。

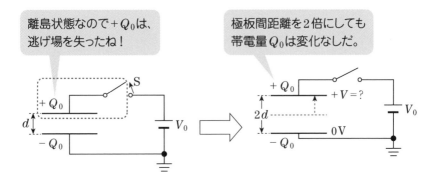

だから、スイッチを切った状態で、極板間隔を$2d$（電気容量はC_0の半分、$\dfrac{1}{2}C_0$だね）に広げても、電気量はQ_0のままだね。

コンデンサーの基本式$Q=CV$を用いて、新たな電位差Vを求めよう。

$$Q_0 = \frac{1}{2}C_0V$$

(1)の結果：$Q_0 = C_0V_0$を上式に代入しよう。

$$C_0V_0 = \frac{1}{2}C_0V$$

$$V = 2V_0$$

よってコンデンサーの電位差は、電池の起電力V_0の2倍 ……答

新たな静電エネルギーU'を、変化のなかったQ_0と電位差：$V=2V_0$を用いて計算すると、次のようになる。

$$U' = \frac{1}{2}Q_0 \times 2V_0$$

$U_0 = \dfrac{1}{2}Q_0V_0$と比較すると、$U'=2U_0$となる。

よって、静電エネルギーはU_0の2倍 ……答

補 足

静電エネルギーが増えた原因はなんだろう??

なぜ、静電エネルギーが2倍に
増えちゃったのかな？
エネルギーが増えた原因って
なんだろう??

　コンデンサーは、両極板が＋、－の異符号なので引力がはたらいているよね。

　(3)で極板を広げるためには、この引力 F に逆らう外力が必要だ！
上の極板をもち上げるためには、上向きに外力を加える必要があり、極板を上に移動すると、外力が仕事をしたことになる。

　この仕事が静電エネルギーの増分となったんだ。

引力 F に逆らう外力の仕事
が、静電エネルギーの増加
をもたらしたんだね！

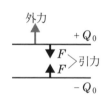

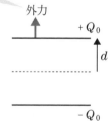

応用問題

次の図のように、真空中に置いた面積S、間隔dの極板A、Bからなる平行板コンデンサーがある。極板Aには$+Q$、極板Bには$-Q$の電荷が蓄えられている。真空の誘電率をε_0として、次の問いに答えよ。

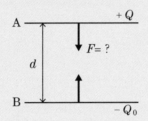

(1)　コンデンサーの静電エネルギーUを求めよ。

(2)　極板Bを固定し、極板Aに外力を加えコンデンサーの極板間距離をdから$d+\Delta d$にゆっくり広げた場合の外力の仕事Wを求めよ。（**注** Δdはdに比べて極めて小さいとする）

(3)　(2)の結果を利用して極板A、Bが引き合う力Fを求めよ。

解答

(1)　コンデンサーの電気容量をCとすると、電気容量の公式を利用し次のように表すことができる。

コンデンサーの電気容量：$C = \varepsilon_0 \dfrac{S}{d}$ ……①

コンデンサーの静電エネルギーUは、電気容量Cと電気量Qを用いて次のように表すことができる。

静電エネルギー：$U = \dfrac{Q^2}{2C}$ ……②

①を②に代入すると、静電エネルギーUは次のように計算できる。

$$U = \dfrac{Q^2}{2C} \times \dfrac{d}{\varepsilon_0 S} = \dfrac{Q^2 d}{2\varepsilon_0 S}$$ ……答

(2)　仕事とエネルギーの関係より外力の仕事Wは、コンデンサーの静電
エネルギーの増分ΔUになるよね。

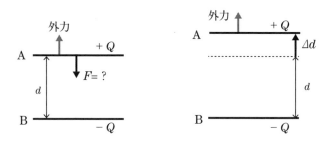

　　まず、静電エネルギーの増分ΔUを求めてみよう。

　　極板間距離が$d+\Delta d$の静電エネルギーをU'とすると、U'は(1)で求め
たUの極板間距離dを$d+\Delta d$に置き換えるだけだね。

　　(1)より$U = \dfrac{Q^2 d}{2\varepsilon_0 S}$

　上記のUの極板間距離dを$d+\Delta d$に置き換えて、U'を計算する。

　　$U' = \dfrac{Q^2(d+\Delta d)}{2\varepsilon_0 S}$

　よって、外力の仕事Wは次のように計算できる。

　　外力の仕事：$W = \Delta U = U' - U$

$$= \dfrac{Q^2(d+\Delta d)}{2\varepsilon_0 S} - \dfrac{Q^2 d}{2\varepsilon_0 S}$$

$$= \dfrac{Q^2 \Delta d}{2\varepsilon_0 S} \quad \cdots\cdots 答$$

(3)　次に、外力の仕事Wを力×移動距離で計算しよう。極板に働く重力
を無視すると外力の大きさは、力のつりあいにより引力Fにほぼ等しい。
よって、外力の仕事Wは次のように計算できる。

　　$W = F\Delta d \cdots\cdots ①$

　①=(2)の結果より、極板が引き合う力Wは次のように計算できる。

　　$F\Delta d = \dfrac{Q^2 \Delta d}{2\varepsilon_0 S} \quad \Rightarrow \quad F = \dfrac{Q^2}{2\varepsilon_0 S} \quad \cdots\cdots 答$

■ **(3)の別解**

　極板間には、$+Q$から$-Q$に向かう、電場Eがあるね。まず、極板間の電位差Vをコンデンサーの基本公式$Q=CV$を用いて計算する。

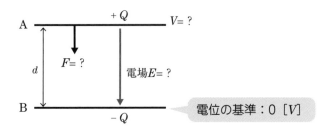

　$Q=CV$に$C=\varepsilon_0\dfrac{S}{d}$を代入し、電位差$V$を求めよう。

$$Q=\varepsilon_0\frac{S}{d}V$$

　よって、電位差$V=\dfrac{Qd}{\varepsilon_0 S}$……①

　電場の大きさ$E=\dfrac{\Delta V(電位差)}{\Delta x(距離)}$より、$E$を求める。

　$E=\dfrac{V}{d}$、①の結果$V=\dfrac{Qd}{\varepsilon_0 S}$を代入する。

$$E=\frac{Q}{\varepsilon_0 S}……②$$

　極板Aが受ける力Fは、極板の電気量Q、電場Eを用いてどのように表すことができるかな？

　ここで、$F=QE$って思ったらアウトなんだ！　なぜなら、極板間の電場Eは、$+Q$が作る電場E_+と$-Q$が作る電場E_-の合成電場だからだ。

　$+Q$は自分自身が作る電場E_+からは力を受けず、$-Q$が作る電場E_-から力を受けるんだね。

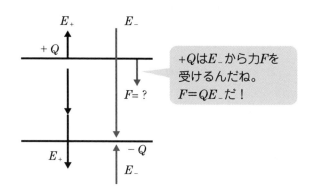

極板間の合成電場：$E = E_+ + E_-$

極板面積S、電気量の大きさQが同じなので$E_+ = E_-$だね。

よって、$E_+ = E_- = \dfrac{E}{2}$

②の結果$E = \dfrac{Q}{\varepsilon_0 S}$を当てはめると、

$$E_+ = E_- = \dfrac{Q}{2\varepsilon_0 S}$$

$$F = QE_- = Q \times \dfrac{Q}{2\varepsilon_0 S} = \dfrac{Q^2}{2\varepsilon_0 S} \ \cdots\cdots 答$$

5章 誘電体、接続

前章ではコンデンサーについて学んだが、この章では**誘電体**が登場だ。誘電体とは、コンデンサーの極板間に挟む**不導体**のことだよ。

さらに、複数のコンデンサーを接続する方法として、**並列、直列接続**を考えよう！

5-1 誘電体

極板面積：S〔m^2〕、極板間隔：d〔m〕の極板間が真空のコンデンサーの電気容量Cは、次のように表すことができるよね。

$$\textbf{電気容量：} C〔\mathrm{F}〕 = \varepsilon_0 \frac{S〔\mathrm{m}^2〕}{d〔\mathrm{m}〕}$$

上式のε_0は、**真空の誘電率**と呼ばれる定数だ。誘電率は、極板間の物質で決まる。

コンデンサーの極板間を誘電体（不導体）で満たすと、誘電率が変わるよね。**誘電体の誘電率**を、真空の誘電率：ε_0と区別してεと表そう。

誘電体で満たされたコンデンサーの電気容量C'は、εを用いて次のように表すことができる。

$$\textbf{誘電体で満たしたコンデンサーの電気容量：} C' = \varepsilon \frac{S}{d}$$

誘電体で満たしたコンデンサーの電気容量：C'は、極板間が真空のコンデンサーの電気容量Cより大きくなるんだ。なぜかな??

この原因は、3章で学んだ**誘電分極**だよ。誘電分極は、次の図のように不導体に外部電場を与えた場合、分極によって新たな電場E'が生まれる現象だね！

分極によって、新たな電場E'が生まれるが、外部電場Eまでは、大きくなれない。

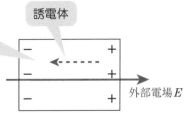

誘電体

外部電場E

　次の左図のように、コンデンサーの帯電量をQ、電位差をV、極板間の電場をEとする。

　コンデンサーの電気量Qを保ったまま、右図のように誘電体を極板にはさみ込む。すると、誘電分極によって誘電体の上部が$-$、下部が$+$に分極する。この分極によって生じた電場をE'とすると、極板間の電場はEから$E-E'$に減少したよね。

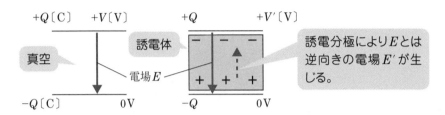

　誘電体をはさんだコンデンサー電位差をV'とする。電場の大きさは$\dfrac{電位差}{距離}$なので、極板間の電場が減ると、コンデンサーの電位差も減少する。つまり新たな電位差：V'はVより小さくなる。

　コンデンサーの基本式：$Q=CV$より、帯電量Qが一定なので、電位差Vが減少すると、電気容量$C\left(=\dfrac{Q}{V}\right)$は増加する。

　よって、誘電体で満たしたコンデンサーC'は、真空のコンデンサーCより大きくなることがわかるよね！

　次に、C'とCの比を計算すると、次のように誘電率の比となる。

$$\frac{C'}{C}=\frac{\varepsilon\dfrac{S}{d}}{\varepsilon_0\dfrac{S}{d}}=\frac{\varepsilon}{\varepsilon_0}\quad\left(\text{注}\ C'>C\text{なので}\frac{\varepsilon}{\varepsilon_0}\text{は1より大きい！}\right)$$

　誘電率の比：$\dfrac{\varepsilon}{\varepsilon_0}$を、**比誘電率**と呼び、$\varepsilon_r$と表す。$C'>C$なので、$\varepsilon_r$は1より必ず大きくなることを覚えよう！

　上式をC'について求めると、次のようになる。

$C'=\varepsilon_r C$（誘電体で満たすと電気容量は比誘電率ε_r倍に増える）

$\varepsilon_r>1$（比誘電率は1より大きい!!）

いろいろな誘電体の比誘電率 ε_r の例を挙げよう。

誘電体	比誘電率ε_r
ポリエチレン	2.5
アルミ酸化皮膜	$7 \sim 8$
タンタル酸化皮膜	$10 \sim 20$

表の最後に登場したタンタル酸化皮膜は、極板が真空のコンデンサーに比べ、なんと10〜20倍に電気容量を増やすことができるんだね。

携帯電話やスマホに欠かせない部品の一つが、コンデンサーだ。携帯電話は小型化を追求しているので、できるだけ体積が小さくてすむコンデンサーが必要となる。

コンゴ民主共和国には、世界でも数少ないタンタルの鉱山がある。この宝の山をめぐる国内の利権争いが、いまだに続く内戦の原因となっている。

普段何気なく使っている携帯やスマホの便利さを追求した結果、遠い国の内戦を招いているようなら、とても悲しいことだよね……。

5-2　コンデンサーの接続

(1)　**並列**(電位差が同じとなる接続)

電気量が0Cの電気容量 C_1〔F〕、C_2〔F〕の2つのコンデンサーを次の図のように接続し、起電力 V〔V〕の電池につなぐ。**電池は電位差 V を保つので**、2つのコンデンサーの電位差(電圧)は電池と同じ V〔V〕となるね。

この**電位差が同じとなる接続方法が並列**だ。並列につないだ2つのコンデンサーを、1つのコンデンサーに置き換えることを考えよう。1つのコンデンサーに置き換えた電気容量 C〔F〕を、**合成容量**と呼ぶんだ。

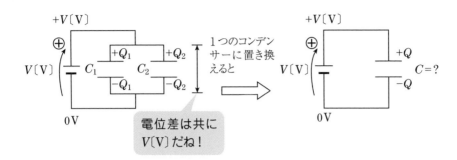

C_1、C_2に蓄えられた電気量をQ_1〔C〕、Q_2〔C〕とし、1つに置き換えたコンデンサーCに蓄えられた電気量（全体に蓄えられた電気量）をQ〔C〕とする。各コンデンサーの電気量は、コンデンサーの基本式：$Q = CV$ で計算できるよね。

$$C_1：Q_1 = C_1V \qquad\qquad \cdots\cdots①$$
$$C_2：Q_2 = C_2V \qquad\qquad \cdots\cdots②$$
$$全体C：Q = CV \qquad\qquad \cdots\cdots③$$

①、②、③を結ぶ関係は、何かな？

コンデンサーの電気量に注目しよう！

電池が運んだ電気量は、左の回路では$Q_1 + Q_2$だよね。一方、右の回路では電池はQの電荷を運んでいる。

よって、電気量について次の関係が成り立つよね。

全体の電気量：$Q = Q_1 + Q_2$ $\qquad\qquad \cdots\cdots④$

①、②、③を④に代入すると次のようになる。

$$CV = C_1V + C_2V$$

上記の式から、Vを消去すると並列の合成容量：Cの式が得られる！

並列の合成容量：$C = C_1 + C_2$（合成容量は和だ！）

(2)　**直列**（電気量が同じとなる接続）

　電気量が0〔C〕の電気容量C_1〔F〕、C_2〔F〕の2つのコンデンサーを次のように接続し、起電力V〔V〕の電池をつなぐ。

　赤い点線枠で囲まれた離島のような部分は、外部と連絡がない導体部分であり、この部分を**電気的に孤立している**という。孤立部分の電気量は、常に一定であることに注意しよう！

　電池をつなぎC_1の下の極板が$-Q$〔C〕に帯電すると、C_2の上の局番の帯電量は$+Q$となるね。なぜなら、孤立部分の電気量は常に0Cだからだ。

　この結果、**直列に接続した2つのコンデンサーは、蓄えられる電気量：Qが同じ**となるよね。

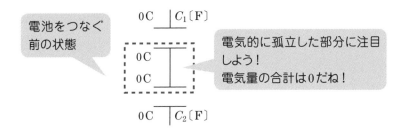

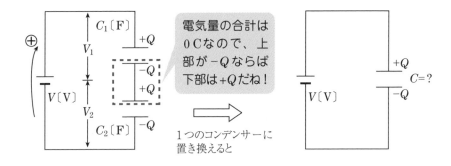

2つのコンデンサーを、1つのコンデンサーに置き換えた合成容量：$C\,[\mathrm{F}]$ を求めよう。

まず、1つに置き換えたコンデンサー：Cに蓄えられた電気量（＝全体の電気量）はいくらかな？

一つひとつのコンデンサーに蓄えられている電気量がQだから、全体の電気量は$2Q$かな？　というのは間違いだよ!!

電池が運んだ電気量は、C_1の上の極板にたまっている＋Qだけだよね。だから、全体でも$Q\,[\mathrm{C}]$だけ電気量が蓄えられているんだ。

コンデンサーC_1、C_2の電位差をV_1、V_2とし、各コンデンサーに基本式：$Q = CV$をあてはめると、次のようになる。

$$C_1 : Q = C_1 V_1 \qquad\qquad \cdots\cdots ①$$
$$C_2 : Q = C_2 V_2 \qquad\qquad \cdots\cdots ②$$
$$合成容量\,C : Q = CV \qquad\qquad \cdots\cdots ③$$

また、全体の電位差Vは、各コンデンサーの電位差V_1、V_2の和となるので次の関係が成り立つ。

電位差の関係：$V = V_1 + V_2$ $\qquad\qquad \cdots\cdots ④$

①、②、③からV_1、V_2、Vを求めて④に代入すると、次のようになる。

$$\frac{Q}{C} = \frac{Q}{C_1} + \frac{Q}{C_2}$$

Qを消去すると、合成容量Cを与える式が得られる。

直列の合成容量：$\dfrac{1}{C} = \dfrac{1}{C_1} + \dfrac{1}{C_2}$

（合成容量の逆数は各容量の逆数の和！）

基本演習

電気容量がCの6個のコンデンサーを、次の図のように接続する。AB間の合成容量を求めよ。

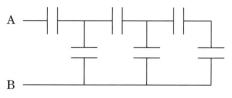

解答

次の図のように、導線が交わる点をD、E、F、Gと名前をつけておく。

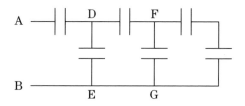

まずFG間に注目しよう。FG間の右側、2つのコンデンサーは**直列**だよね。わかりやすいように下左図のように変形する。赤い丸で囲んだ部分は直列だ。合成容量C'を求めよう。

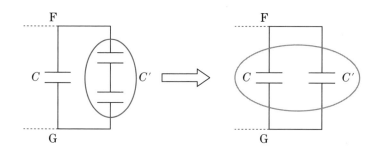

$$直列：\frac{1}{C} = \frac{1}{C_1} + \frac{1}{C_2}$$

$$\frac{1}{C'} = \frac{1}{C} + \frac{1}{C} \quad \text{よって} \ C' = \frac{C}{2}$$

FG間はCとC'の並列だ。**並列の合成容量は和**なので、$C + C' = \frac{3}{2}C$となる。次にDE間を次の図のように書き換える。

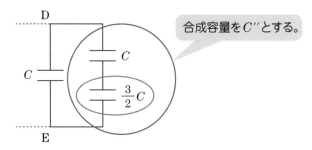

合成容量をC''とする。

DEの右側の合成容量：C''を直列の公式で計算しよう。

$$\frac{1}{C''} = \frac{1}{C} + \frac{1}{\dfrac{3C}{2}} = \frac{1}{C} + \frac{2}{3C} = \frac{5}{3C} \text{、よって} \ C'' = \frac{3C}{5}$$

DEはCとC''の並列なので、合成容量は$C + C'' = \dfrac{8C}{5}$

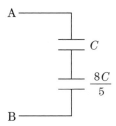

結局AB間はCと$\dfrac{8C}{5}$の直列だね。合成容量C'''を求める。

$$\frac{1}{C'''} = \frac{1}{C} + \frac{1}{\dfrac{8C}{5}} = \frac{13}{8C} \text{、よって} \ C''' = \frac{8}{13}C \ \cdots\cdots\text{答}$$

演習問題

　起電力の大きさEの電池と、極板間が真空の電気容量Cのコンデンサー、スイッチSを次の図のように接続する。

　面積の等しい2枚の金属板を距離dだけ離して平行板コンデンサーを作る。このコンデンサーの電気容量をCとする。コンデンサーの外部に、厚みが極板間距離と同じで、上下の面が極板の面積と同じ誘電体を用意する。

　誘電体の比誘電率をε_rとして、次の問いに答えよ。

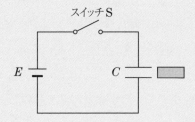

(1)　スイッチSを閉じて十分に時間が経ったとき、コンデンサーに蓄えられた電気量：Qおよび静電エネルギーU、電池のした仕事Wを求めよ。

(2)　(1)の結果から、回路内で発生した熱エネルギーHを求めよ。

(3)　スイッチSを開いた後、誘電体をコンデンサーに挿入する。この場合のコンデンサーの電位差Vおよび、静電エネルギーU'を求めよ。

(4)　誘電体を挿入する際に、誘電体に加えた外力のした仕事W'を求めよ。また、このことから誘電体を挿入する際にコンデンサーから受けた力の方向を述べよ。

解答

(1)　コンデンサーの電位差は、電池の起電力Eと一致するよね！　電気
量Qは基本公式$Q=CV$で次のように計算できる。

$$Q=CE \quad \cdots\cdots\text{答}$$

また、静電エネルギーUは、公式$U=\dfrac{1}{2}QV$より、計算しよう！

$$U=\frac{1}{2}QE=\frac{1}{2}(CE)E=\frac{1}{2}CE^2 \quad \cdots\cdots\text{答}$$

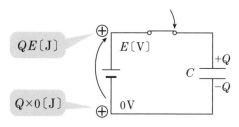

$QE[\text{J}]$

$Q\times0[\text{J}]$

$E[\text{V}]$

C　$+Q$　$-Q$

0V

　電池が仕事をしたのだから、静電エネルギーが増えたはず。というこ
とは……電池がした仕事Wは、コンデンサーの静電エネルギーUに一致
するのかな？　って考えは間違いだ！

　まず電池の負極を基準：0Vとすると、正極は$+E[\text{V}]$だよね。電池に
よって運ばれた電荷Qの静電エネルギーに注目しよう。

　正極に運ばれた電荷が得た位置エネルギー$QE[\text{J}]$が電池のした仕事
だね。

　電池のした仕事：$W=QE=(CE)E=CE^2 \quad \cdots\cdots\text{答}$

(2)　回路内を電荷が移動したということは、導線に電流が流れたことに
なるよね。電流は、第7章で詳しく説明するよ！　導線には抵抗が含ま
れており、電流が流れると、導線で熱エネルギー：Hが生まれるよね。

　電池の仕事$W=CE^2$なのに、コンデンサーの静電エネルギーは、Wの
半分の$\dfrac{1}{2}CE^2$しかたまってない。ということは、残り半分が回路で生
まれた熱：Hとなったわけだ。

　回路での熱エネルギー：$H=W-U=CE^2-\dfrac{1}{2}CE^2=\dfrac{1}{2}CE^2 \quad \cdots\cdots\text{答}$

(3)　スイッチSを開いたので、コンデンサーの上部の極板は**電気的に孤立**したよね。よって電気量Qは保存される。

　この状態で、誘電体を挿入すると新たな電気容量C'は、比誘電率ε_r倍に増加するので、$C' = \varepsilon_r C$となる。

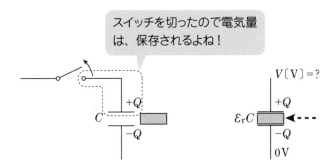

スイッチを切ったので電気量は、保存されるよね！

　新たな電位差Vは、コンデンサーの基本式より次のように計算できる。

$$Q = C'V$$

(1)で求めた$Q = CE$、および$C' = \varepsilon_r C$を上式に代入する。

$$CE = \varepsilon_r C V$$

$$V = \frac{E}{\varepsilon_r} \quad \cdots\cdots 答$$

静電エネルギーU'は、QとVを用いて次のように計算できる。

$$U' = \frac{1}{2}QV$$

上式に$Q = CE$、$V = \dfrac{E}{\varepsilon_r}$を代入する。

$$U' = \frac{1}{2}CE \times \frac{E}{\varepsilon_r} = \frac{CE^2}{2\varepsilon_r} \quad \cdots\cdots 答$$

(4)　誘電体を挿入する前後では、静電エネルギーがUからU'に変化したよね。静電エネルギー変化の原因が、誘電体に加えた外力の仕事だ。

つまり、外力の仕事W'は静電エネルギーの変化：ΔUに等しい。

$$W' = \Delta U = U' - U$$

$$= \frac{CE^2}{2\varepsilon_r} - \frac{1}{2}CE^2$$

$$= \frac{1}{2}CE^2\left(\frac{1}{\varepsilon_r} - 1\right) \quad \cdots\cdots 答$$

比誘電率ε_rは1より大きいので、$\frac{1}{\varepsilon_r} < 1$だね。よって、外力の仕事$W'$は負($-$)となる。仕事が負ということは、**外力の方向は、誘電体の移動方向と逆向き**であることがわかる。つまり、右向きに引っ張りながら誘電体は左に移動したってことだ。

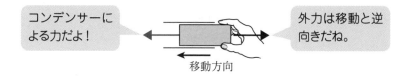

コンデンサーによる力だよ！

外力は移動と逆向きだね。

移動方向

ということは、外力と逆向きの力がはたらいていないと、誘電体が左向きに移動したことが説明できないよね。

外力と逆向きの力こそ、コンデンサーによる力なんだ！

コンデンサーの力の方向：誘電体を引き込む方向 ……答

POINT

　ここで、コンデンサーの仕事とエネルギーの収支の一般的な関係を示すよ！

　コンデンサー回路において、電池の仕事Wと外力の仕事W'の和が、コンデンサーの静電エネルギーの変化ΔUと、回路で発生した熱エネルギーHの和になると考えることができるんだ。

$$W（電池の仕事） + W'（外力の仕事） = \Delta U + H（回路での熱）$$

前章では、複数のコンデンサーの接続方法として並列、直列接続を学んだね。

ところが、並列でも直列でもない回路があるんだ……この章では、どんな複雑なコンデンサーの回路でも解くことができる一般的な解法を説明するよ。

この章では、塗り絵が重要な作業となるんだ。最低3色の色鉛筆を用意しよう！

6-1 コンデンサー回路の一般的な解法

どんなに複雑なコンデンサーの回路でも **3つの手順** で必ず解くことができるんだ。例として次の回路を考えてみよう。

> ・**例題**・
>
> 電気容量が1μF、2μFのコンデンサーC_1、C_2、起電力が6V、4V の電池、スイッチSからなる回路がある。
>
> はじめ、スイッチSは開いておりC_1には電荷がないが、C_2には図のように$Q=5\mu$Cの電荷が蓄えられていた。
>
> スイッチSを閉じた後、コンデンサーC_1、C_2に蓄えられる電気量を求めよ。
>
>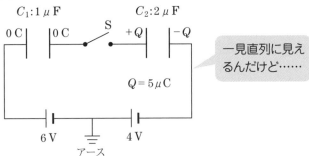

この回路を見て「なーんだ、直列かな」と思ったらアウトだ！　直列といえるのは、**コンデンサーの電気量が0Cで始まり、同じ帯電量となる場合**だね！

　コンデンサーC_2には、はじめから$Q = 5\mu C$の電荷があったのでC_1、C_2は直列ではないんだ。

　そこで一般的なコンデンサー回路の解法が登場！　次に示す**3つの手順**で解けるよ。

[**手順❶**]　**導線の電位を決めよう！**

　まず、電気の基準：0Vを決める。4章で学んだように、**アースがあったら必ず0Vだね！**　アースがない場合は、電池の負極のようなできるだけ電位が低いと思える場所を0Vとする。すでに学んだように**導体は電位が同じだ**。そこで……電位が同じ部分を色鉛筆でぬり分けてみよう！

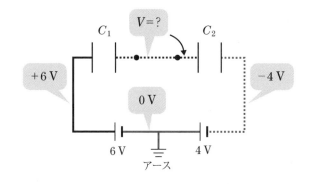

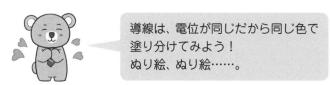

導線は、電位が同じだから同じ色で塗り分けてみよう！
ぬり絵、ぬり絵……。

　アースは0V、E〔V〕の電池の正極は$+6$V、4Vの電池の負極はアースより電位が低いので、-4Vとなるね。

　スイッチSを含んだ導線の電位は、わからないので未知数としてV〔V〕とおこう。

[手順❷]　各コンデンサーの両極板に＋Q、－Qのように符号をつけて電気量を与え、コンデンサーの基本式：$Q=CV$を立てる。

電気量の符号は、高電位側が＋Q、低電位側が－Qとなる。ところが、次の図のように左右どちらが高電位なのかわからない場合があるよね。

左右どちらの電位が高いのか……わからないよね??

この場合、左右どちらかを高電位と仮定し、帯電量＋Qを与える。

V_Aが高電位と仮定すると、左の極板に＋Q、右の極板に－Qを書き込む。

$$C\,[\text{F}]$$
$$\overset{+Q}{\underset{V_A\,[\text{V}]}{\text{｜}}}\ \overset{-Q}{\underset{V_B\,[\text{V}]}{\text{｜}}}$$

帯電量の符号はあくまでも仮定だよ!

ここで$Q=CV$の式を電位V_A、V_Bを用いて表す方法を示すよ!

電位差は＋Q側から－Q側の電位を引く!　がルールだ。

$$\underset{(+Q)\quad(-Q)}{Q=C\times(V_A-V_B)}$$

＋Q側の電位から、－Q側の電位を引く!

上記のルールに従えば、コンデンサーの電気量の符号の仮定があっているのか間違っているのかは、答えが教えてくれるよ!

もし、Qを求めた結果、$Q=+5$のように正ならば、仮定は当たりだ。

これに対し、$Q=-3$のように負ならば、符号の仮定は逆であることを教えてくれるよね。

スイッチSを閉じた状態でのコンデンサーC_1、C_2の帯電量を、次の図のようにQ_1、Q_2としてコンデンサーの基本式を与えよう!

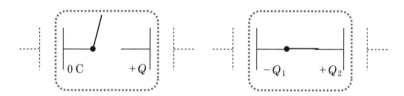

$$Q_1(\mu C) = 1\,\mu F \times (6 - V) \qquad\qquad \cdots\cdots\textcircled{1}$$

$$Q_2(\mu C) = 2\,\mu F \times \{V - (-4)\} \qquad\qquad \cdots\cdots\textcircled{2}$$

手順❸ 電気的に孤立した導体部分を探し、電気量が変わらないことを式で表す。

この回路では、スイッチSを含む赤い点線で囲んだ導体部分が電気的に孤立してるよね！

スイッチSをつなぐと、コンデンサー間で電荷の移動があるが、**電気量の合計が一定**となるよね。

$$0 + Q = -Q_1 + Q_2 \qquad\qquad \cdots\cdots\textcircled{3}$$

①、②、$Q = 5\,\mu C$を③に代入すると、次のようになる。

$$0 + 5 = -1 \times (6 - V) + 2 \times \{V - (-4)\}$$

上記の式をVについて求めると、$V = 1V$となる。この値を①、②に代入しQ_1、Q_2を計算する。

$$Q_1 = 1 \times (6 - 1) = 5(\mu C) \quad \cdots\cdots 答$$

$$Q_2 = 2 \times \{1 - (-4)\} = 10(\mu C) \quad \cdots\cdots 答$$

なお、Q_1、Q_2は＋となったので、符号の仮定は当たっていたということになるね！

演習問題

　電気容量がそれぞれ C、$2C$、C の3個のコンデンサー C_1、C_2、C_3 と、2個のスイッチ S_1、S_2 と、起電力がそれぞれ E、$2E$ の2個の電池が図のように接続されている。

　はじめ、スイッチ S_1、S_2 は開かれており、すべてのコンデンサーの電荷は0であったとする。この状態からスイッチ S_1、S_2 を両方閉じた状態を考える。

(1)　点Aの電位を求めよ。

(2)　コンデンサー C_1、C_2、C_3 に蓄えられている電気量を求めよ。

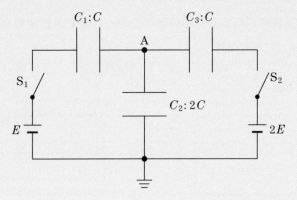

コンデンサーの回路の解法は、
❶ 塗り絵(電位を決める)
❷ $Q=CV$
❸ 島(孤立部分)探しだね！

解答

(1)　S_1、S_2を閉じた状態の点Aの電位をVとおき、C_1、C_2、C_3の電気量をQ_1、Q_2、Q_3とする。

手順❶　導体部分の電位を決める。

手順❷　$\underset{(+Q)\ (-Q)}{Q = C \times (V_A - V_B)}$　まで進めると、次のようになる。

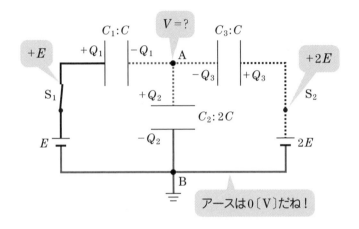

$$C_1 : Q_1 = C \times (E - V) \qquad\qquad \cdots\cdots①$$
$$C_2 : Q_2 = 2C \times (V - 0) \qquad\qquad \cdots\cdots②$$
$$C_3 : Q_3 = C \times (2E - V) \qquad\qquad \cdots\cdots③$$

手順❸　電気的に孤立した部分は、点Aを含む導体部分だね。この部分は元々電気量がなかったのだから、電気量の合計は0だ！

赤い点線の枠内にある電気量の合計は変わらないのだから、次の式が成り立つ。

$$0 = -Q_1 + Q_2 - Q_3 \qquad \cdots\cdots ④$$

①、②、③を④に代入し、まず電位Vを求めよう。

$$0 = -C \times (E-V) + 2C \times (V-0) - C \times (2E-V)$$

$$4CV = 3CE$$

$$\therefore\quad V = \frac{3}{4}E \ \cdots\cdots 答$$

(2)　$V = \dfrac{3}{4}E$ を①、②、③に代入し、Q_1、Q_2、Q_3、を計算する。

①より、$Q_1 = C \times \left(E - \dfrac{3}{4}E\right) = \dfrac{1}{4}CE \ \cdots\cdots 答$

②より、$Q_2 = 2C \times \left(\dfrac{3}{4}E - 0\right) = \dfrac{3}{2}CE \ \cdots\cdots 答$

③より、$Q_3 = C \times \left(2E - \dfrac{3}{4}E\right) = \dfrac{5}{4}CE \ \cdots\cdots 答$

コツがわかれば、複雑なコンデンサーの回路を解くことができるね！

7章 電流、オームの法則

　この章では、電荷の移動状態を表す物理量として**電流**が登場するよ。通常は導線内を電荷が移動する状態を、**電流が流れた**と表現する。

　ただし導線がなくても、例えばカミナリのように空間中を電荷が移動する場合も、「電流が流れた」っていえるんだ。

　まずは、電流の方向と大きさの定義をはっきりさせよう！

7-1　電流：I

①電流の方向＝正電荷の移動方向

　正（＋）の電荷の移動方向が、**電流Iの方向**だ。ここで注意したいのは、導線内を実際に移動するのは、負（−）の電荷をもった**自由電子**であるということだ。

　電流は（＋）の移動方向なので、負（−）の電荷である電子の移動と逆向きになるよね。

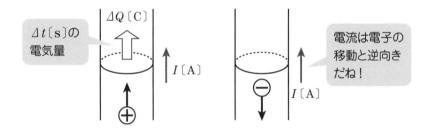

②電流の大きさ：I＝1s間に通過する電気量

　1s間に、導線の断面を通過する電気量の大きさが電流Iだ。上右図のように、Δt〔s〕の間に導線の断面を通過する電気量をΔQ〔C〕とすると、電流は次のように表すことができる。

$$\text{電流：} I\,\text{〔A〕} = \frac{\Delta Q\,\text{〔C〕：通過した電気量}}{\Delta t\,\text{〔s〕：時間}}$$

　電流の単位は、〔C/s〕でもよいのだが、通常は〔A（アンペア）〕で表す。

　例として、5s間に導線の断面を10Cの電荷が通過すると、電流Iは次のように計算できる。

$$\text{電流}：I = \frac{10\,\text{C}}{5\,\text{s}} = 2\,\text{A} \ \cdots\cdots \text{答}$$

7-2 オームの法則

　ここでは**抵抗**が登場だ。抵抗とは**電荷の移動を妨げる導体**だ。あくまでも「イメージ」なのだが、渋谷のセンター街（？）のような人ごみの中を、全力で駆け抜けることを考えてみよう！　当然、人にぶつかりながら移動するので、移動が妨げられるよね。

【抵抗のイメージ……】

　では抵抗に電位差（電圧）を与えた場合、抵抗を流れる電流I〔A〕と電位差V〔V〕の間にはどのような関係があるのかな？

　まず、次ページの図のように長さL〔m〕、断面積S〔m^2〕の抵抗に起電力：V〔V〕の電池を接続する。

　電池は、負極から正極に正の電荷を運ぶポンプの役目（＝**起電力**）をもっているので、抵抗内部を高電位から低電位の方向に正電荷が移動するよね。これが抵抗を流れる電流となるんだ。

POINT

　　　　導線内を実際に移動するのは自由電子（－：マイナス）だが、
　　　　ここでは＋の電荷が移動しているとして話を進めよう。

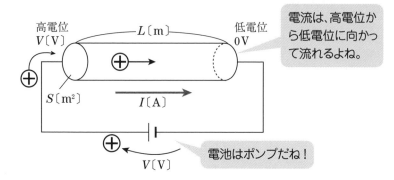

抵抗に流れる電流：I〔A〕と電位差(電圧)：V〔V〕の間には、次の比例関係がある。これが、**オームの法則**だ！

> **オームの法則**：$V = R \times I$
>   〔V〕〔Ω〕〔A〕　　　……①

Rは**抵抗値**と呼ばれる比例定数だ。単位は〔Ω(オーム)〕で表すよ。

また、抵抗値R〔Ω〕は抵抗の長さL〔m〕に比例、断面積S〔m²〕に反比例し、次の式で表すことができる。

> **抵抗値**：R〔Ω〕$= \rho \dfrac{L\text{〔m〕}}{S\text{〔m²〕}}$ $\left\{\begin{array}{l} \text{長さ}L\text{〔m〕に比例} \\ \text{断面積}S\text{〔m²〕に反比例} \end{array}\right\}$　……②

②に現れたρはギリシャ文字でローと読み、**抵抗率**と呼ぶ。

抵抗率は物質の種類によって決まる値で、$\rho = R\text{〔Ω〕} \times \dfrac{S\text{〔m²〕}}{L\text{〔m〕}}$ より、単位は〔Ω·m〕だね。

《いろいろな物質の抵抗率》

物質	抵抗率(Ω·m)
銀	1.62×10^{-8}
銅	1.72×10^{-8}
金	2.35×10^{-8}

①のオームの法則と②の抵抗値の式は結論だ。これらの証明は、章末の演習問題で明らかにするよ！

7-3 消費電力：P〔W〕

　例えば、アイロンをコンセントにつなぐと熱くなるよね。このように、抵抗に電流が流れると発生する熱エネルギーを**ジュール熱**っていう。次の図のように、Δt〔s〕間に抵抗を通過する電気量：ΔQ〔C〕に注目する。

　抵抗の入り口(電位V〔V〕)で、電荷がもつ位置エネルギーは、1章で学んだ位置エネルギーの公式：U〔J〕$= q$〔C〕$\times V$〔V〕より、$\Delta Q V$〔J〕だね。ところが、出口(電位0V)では、$\Delta Q \times 0$〔J〕に減少だ。

　つまり電荷は抵抗を通過することによって$\Delta Q V$〔J〕の位置エネルギーを失うことになる。この失われたエネルギーが抵抗で発生したジュール熱に変わるんだね！

　1s間に生じたジュール熱をPと表し、**消費電力**と呼ぶ。消費電力Pは、抵抗で生じたジュール熱$\Delta Q V$〔J〕を経過時間Δt〔s〕で割ると、次のように計算できる。

$$\text{消費電力}：P = \frac{\Delta Q V〔\text{J}〕}{\Delta t〔\text{s}〕} = \frac{\Delta Q〔\text{C}〕}{\Delta t〔\text{s}〕} \times V〔\text{V}〕$$

　上記の$\dfrac{\Delta Q〔\text{C}〕}{\Delta t〔\text{s}〕}$は、1s当たりの電気量、ずばり電流$I$〔A〕だよね！　よって、消費電力$P$は次のように表すことができる。

$$\boxed{\text{消費電力}：P〔\text{W}〕= I〔\text{A}〕\times V〔\text{V}〕 \qquad\cdots\cdots③}$$

消費電力の単位は、〔J/s〕でもよいのだが、通常は〔W(ワット)〕で表す。

POINT

消費電力：$P=IV$は、オームの法則：$V=RI$を代入すると、$P=I^2R$と表すことができる。また、オームの法則を$I=\dfrac{V}{R}$と変形し、$P=IV$に代入すると、$P=\dfrac{V^2}{R}$と表すことができるんだね。

どんな電気製品でも消費電力が書いてあるよね。コタツの消費電力が400Wって書いてあったら、1s間に発生するジュール熱が400Jだってことを表しているんだ！

抵抗についてのまとめ（土台は3つの公式だ！）

オームの法則：$V = R \times I$　……①
　　　　　　　　〔V〕〔Ω〕〔A〕

抵抗値：$R〔\Omega〕 = \rho \dfrac{L〔\mathrm{m}〕}{S〔\mathrm{m}^2〕} \left\{ \begin{array}{l} 長さL〔\mathrm{m}〕に比例 \\ 断面積S〔\mathrm{m}^2〕に反比例 \end{array} \right\}$　……②

消費電力：$P〔\mathrm{W}〕 = IV = I^2R = \dfrac{V^2}{R}$　……③

基本演習

(1)　断面積$100\,\mathrm{mm}^2$、長さ$100\,\mathrm{km}$の銅製の送電線の抵抗値を求めよ。ただし銅の抵抗率は$1.7 \times 10^{-8}\,\Omega\cdot\mathrm{m}$とする。

$100\,\mathrm{mm}^2$　　　　　　$100\,\mathrm{km}$

(2)　上記の送電線を2倍に引き伸ばした場合の、抵抗値を求めよ。

(3)　引き伸ばす前の送電線に340Vの電圧をかけた場合、流れる電流を求めよ。また、10s間に発生するジュール熱を求めよ。

（1）　抵抗値Rは次のように表すことができるよね。

$$\text{抵抗値}：R〔\Omega〕=\rho\dfrac{L〔\text{m}〕}{S〔\text{m}^2〕}\left\{\begin{array}{l}\text{長さ}L〔\text{m}〕\text{に比例}\\\text{断面積}S〔\text{m}^2〕\text{に反比例}\end{array}\right\}$$

　　mmやkmは、すべてm（メートル）に直すことに気をつけて抵抗値Rを計算しよう！

　　　　$1\,\text{mm}=10^{-3}\,\text{m}$だから、$1\,\text{mm}^2=10^{-3}\,\text{m}\times10^{-3}\,\text{m}=10^{-6}\,\text{m}^2$

$$R=\rho\dfrac{L〔\text{m}〕}{S〔\text{m}^2〕}=1.7\times10^{-8}\times\dfrac{100\times10^{3}}{100\times10^{-6}}=17〔\Omega〕\ \cdots\cdots\boxed{答}$$

（2）　抵抗の体積（$=S\times L$）は一定だね！　ということは、抵抗の長さを2倍（$2L$）にすると断面積は半分$\left(\dfrac{1}{2}S\right)$となる。

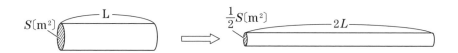

　　新しい抵抗値をR'とすると、次のように計算できる。

$$R'=\rho\times\dfrac{2L}{\dfrac{1}{2}S}=4\times\rho\dfrac{L}{S}=4R$$

　　元の抵抗値の4倍となるので、$R'=4\times17=68〔\Omega〕\ \cdots\cdots\boxed{答}$

（3）　電流はオームの法則：$V=RI$を用いて電流Iを求めよう。

　　　　$340V=17\Omega\times I$

　　よって、$I=20\,\text{A}\ \cdots\cdots\boxed{答}$

　　　1s当たりの、ジュール熱は消費電力$P=IV$で計算できるね。

　　　　$P=20\,\text{A}\times340\,\text{V}=6800\,\text{W}=6.8\times10^{3}\,\text{W}$

　　消費電力Pに時間を掛けると、10s間に抵抗で生まれたジュール熱$Q〔\text{J}〕$が求められるよね。

　　ジュール熱：$Q〔\text{J}〕=6.8\times10^{3}\,\text{W}\times10\,\text{s}=6.8\times10^{4}\,\text{J}\ \cdots\cdots\boxed{答}$

演習問題

　長さL〔m〕、断面積S〔m²〕の導体の両端に電圧V〔V〕をかけると、導体中には一様な電場が生じ、導体内を移動する電気量：$-e$〔C〕の自由電子は、一様な電場により加速されるが、導体内の原子との衝突により運動が妨げられる。

　電子の運動を妨げる抵抗力の大きさは、電子の移動する速さvに比例し、その大きさはKv〔N〕と表すことができる。ただし、Kは正の定数である。

(1)　電子が導体内で受ける静電気力の大きさFを求めよ。

(2)　電場による静電気力と衝突による抵抗力がつり合うとき、導体中での電子の速さvは一定になる。このときのvはいくらか。

(3)　単位体積当たりの自由電子の数をnとする。導体中を自由電子が一定の速さvで運動するとき、この導体に流れる電流Iはいくらか。vを用いて表せ。

(4)　(2)、(3)の結果からこの導体の抵抗値および抵抗率を求めよ。

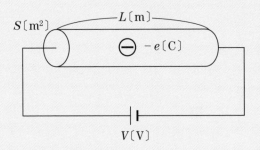

抵抗を実際に移動するのは、負の電荷をもった自由電子であることに注意しよう！

解答

(1)　導体内部には、2章で学んだように電位が減少する方向に電場Eが生じるよね。

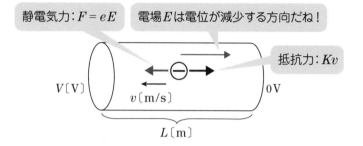

　電場の大きさEは導体の両端の電位差：V〔V〕、距離：L〔m〕を用いて$\dfrac{電位差}{距離}$として、次のように表すことができる。

　　電場：$E = \dfrac{V}{L}$〔V/m〕

　自由電子は負($-$)なので、電場と逆向きに静電気力：Fを受ける。静電気力の大きさFは、1章で学んだ公式：$\boxed{F = qE}$ より、電子の電気量の大きさ：e〔C〕を用いて次のように計算できる。

　　静電気力：$F = eE = e\dfrac{V}{L}$〔N〕……**答**

(2)　自由電子は(1)で求めた静電気力によって、速度vが増加するが、導体内にある原子と衝突しながら進み、移動と逆向きに大きさKvの抵抗力を受ける。

　抵抗力Kvは速度vに比例しているので、速度の増加とともに抵抗力は増加し、最終的に静電気力とつり合う。

　力がつり合うと、加速度が0となるので、速度vは一定となる。

(1)で求めた静電気力と原子との衝突による抵抗力$K \cdot v$との力のつり合いから、自由電子の速度vを計算しよう！

力のつり合い：$e\dfrac{V}{L} = Kv$

$v = \dfrac{eV}{KL}$〔m/s〕 ……答

(3)　電流Iの大きさは、1s間に導線の断面を通過する電気量だね！

> **電流の大きさ**：I〔A〕$= \dfrac{\Delta Q\text{〔C〕：通過した電気量}}{\Delta t\text{〔s〕：時間}}$

まず1s間に導線の断面を通過する、電子の領域の体積を考えよう。歯磨き粉をチューブから、一定の速度で搾り出すイメージだ！

電子の移動速度vを用いると、電子の群れの長さは$(v \times 1)$mなので体積は、S〔m²〕$\times (v \times 1)$〔m〕だね。

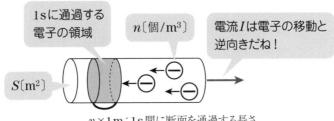

1sに通過する電子の領域 / n〔個/m³〕 / 電流Iは電子の移動と逆向きだね！ / S〔m²〕

$v \times 1$m：1s間に断面を通過する長さ

1s間に通過する電子の数は、1m³当たりの電子数n個に通過した体積Sv〔m³〕を掛けたnSv個となるよね。

電流Iは1sに通過した電気量なのだから、電子1個当たりの電気量の大きさe〔C〕に1sに通過した個数nSv〔個〕を掛けると、次のように計算できる。

電流：$I = enSv$ ……答

(4)　(2)で求めた自由電子の速度$v = \dfrac{eV}{KL}$を(3)の電流Iの式に代入すると次のようになる。

$$I = enS \times \frac{eV}{KL} = \frac{ne^2}{K} \cdot \frac{S}{L} V$$

上式を電圧：V〔V〕について求めると、次のように計算できる。

$$V = \frac{K}{ne^2} \cdot \frac{L}{S} \cdot I$$

この式はVとIが比例することを表しており、まさに**オームの法則**だよね。オームの法則：$V = RI$と上式を比較すると、抵抗値Rは次のように表すことができる。

抵抗値：$R = \dfrac{K}{ne^2} \cdot \dfrac{L}{S}$ ……**答**

また、上記の結果から抵抗値Rは長さLに比例し、断面積Sに反比例することがわかる。抵抗値Rの一般式は抵抗率ρを用いると次のように表すことができるよね。

$$\boxed{\textbf{抵抗値}：R = \rho\,\frac{L}{S}}$$

抵抗値の結果式と一般式を比較すると、抵抗率ρは次のように表すことができる。

抵抗率：$\rho = \dfrac{K}{ne^2}$ ……**答**

この問題で、オームの法則：$V = RI$と抵抗値：$R = \rho\dfrac{L}{S}$が証明されたね！

8章 抵抗の接続

この章では抵抗の直列、並列接続を考えるよ。接続は、コンデンサーでも登場したね！

8-1 接続

① **直列接続**（電流が同じとなる接続）

次の左図のように、抵抗値：R_1〔Ω〕、R_2〔Ω〕の2つの抵抗を接続すると、**同じ電流**：I〔A〕が流れるよね。これが**直列接続**だ。

直列につないだ2つの抵抗を、1つの抵抗とみなして置き換えた抵抗値、**合成抵抗**：R〔Ω〕を求めよう！

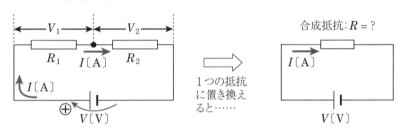

電池の起電力をV〔V〕、抵抗R_1、R_2にかかる電圧（電位差）をV_1〔V〕、V_2〔V〕とする。

各抵抗と合成抵抗Rについて、オームの法則を与えると次のように式で表すことができる。

$$R_1：V_1 = R_1 I \qquad \cdots\cdots ①$$
$$R_2：V_2 = R_2 I \qquad \cdots\cdots ②$$
$$\text{合成抵抗} R：V = RI \qquad \cdots\cdots ③$$

電池の電圧（電位差）：Vは、各抵抗の電圧：V_1、V_2の和なので次の式が成り立つ。

$$\text{電池の電位差：} V = V_1 + V_2 \qquad \cdots\cdots ④$$

①、②、③を④に代入し電流：Iを消去すると、合成抵抗：Rが計算できる。

$$RI = R_1 I + R_2 I$$

直列の合成抵抗：$R = R_1 + R_2$（合成抵抗は和だ！）

② **並列接続**(電圧が同じとなる接続)

　次の左図のように、抵抗値R_1〔Ω〕、R_2〔Ω〕の2つの抵抗を接続する。各抵抗は電池の起電力：V〔V〕がかかるので、**電圧(電位差)**は同じとなるよね。これが**並列接続**だ。並列接続の抵抗を一つの抵抗に置き換えた**合成抵抗**：R〔Ω〕を求めよう！

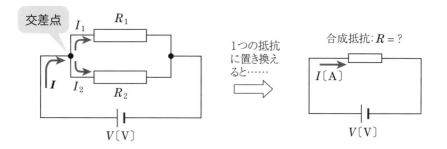

　抵抗R_1、R_2に流れる電流をI_1〔A〕、I_2〔A〕、電池から送り出された電流をI〔A〕とする。各抵抗のオームの法則は、次のようになる。

$$R_1：V = R_1 I_1 \qquad\qquad\qquad\qquad ……①$$
$$R_2：V = R_2 I_2 \qquad\qquad\qquad\qquad ……②$$
合成抵抗$R：V = RI \qquad\qquad\qquad\qquad\qquad ……③$

　次に左側の回路の「**交差点**」に注目すると、交差点に流れこむ電流Iと交差点から流れ出る電流$I_1 + I_2$〔A〕がおなじだね。

$$I = I_1 + I_2 \qquad\qquad\qquad\qquad\qquad ……④$$

①、②、③からI、I_1、I_2を求めて④に代入すると、次のようになる。

$$\frac{V}{R} = \frac{V}{R_1} + \frac{V}{R_2}$$

Vを消去すると次の式が得られる。

並列の合成抵抗：$\dfrac{1}{R} = \dfrac{1}{R_1} + \dfrac{1}{R_2}$（合成抵抗の逆数は各抵抗の逆数の和）

基本演習

図のように同じ抵抗値 R の抵抗A、B、Cを起電力 V の電池に接続する。次の問いに答えよ。

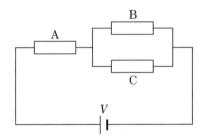

(1)　回路全体の合成抵抗を求めよ。

(2)　抵抗Aに流れる電流を求めよ。

(3)　抵抗Bにかかる電圧を求めよ。

 この回路は、並列接続と直列接続の組み合わせとなってるよね！

解答

(1)　抵抗B、Cは並列だよね。この並列部分の合成抵抗を R_{BC} と置くと、**並列の公式（合成抵抗の逆数は各抵抗の逆数の和）**より、次のように計算できる。

$$\frac{1}{R_{BC}} = \frac{1}{R} + \frac{1}{R} \qquad \therefore \quad R_{BC} = \frac{R}{2}$$

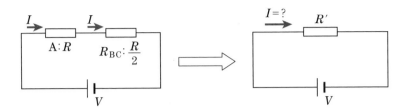

次に抵抗AとR_{BC}は、直列だね。直列部分の合成抵抗をR'とすると、**直列の公式より各抵抗の和**だね！

$$R' = R + \frac{R}{2} = \frac{3}{2}R \quad \cdots\cdots 答$$

(2)　抵抗Aに流れる電流Iは、回路全体に流れる電流だ。これは、電池から送り出される電流に等しい。そこで、(1)で求めた合成抵抗R'に流れる電流を、オームの法則で計算しよう！

回路全体のオームの法則：$V = \dfrac{3}{2}RI$

$$\therefore \quad I = \frac{2V}{3R} \quad \cdots\cdots 答$$

(3)　抵抗Bにかかる電圧は、合成抵抗R_{BC}にかかる電圧V_{BC}に等しいので、R_{BC}についてオームの法則をあてはめる。

$V_{BC} = R_{BC}I$

$R_{BC} = \dfrac{R}{2}$、$I = \dfrac{2V}{3R}$ をあてはめて、V_{BC}を求めよう。

$$V_{BC} = \frac{R}{2} \times \frac{2V}{3R} = \frac{1}{3}V \quad \cdots\cdots 答$$

演習問題

抵抗値Rの抵抗を次のように接続した場合の合成抵抗を求めよ。

(1)

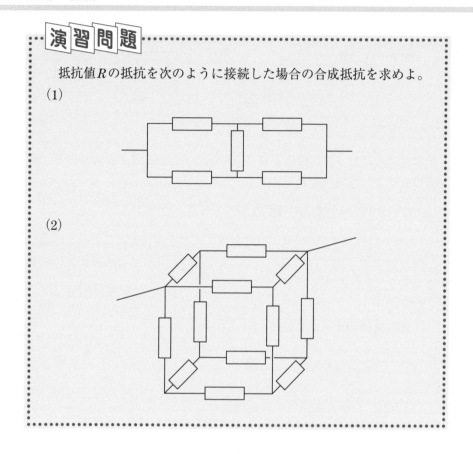

(2)

 両方とも、直列、並列接続には見えないんだけど……??
ヒントは、両端に電池を接続したときに、もし電流が流れない抵抗があったら、はずすことができるよ！

解答

(1)　5個の抵抗が、直列接続？　並列接続？　か一見しただけでは、わからないよね。そこでまず、次の図のように回路の交差点をA、B、C、Dとし、AB間に電池を接続する。

　ここで**回路の対称性**に注目しよう！　対称性とは電池がつながれた点A、Bに対して（A、Bを結ぶ線分に対して）位置関係が線対称となる抵抗は、同じ電流が流れるという原理だ。

　対称性により、AC間とAD間は同じ電流が流れるよね！　この電流をIとする。

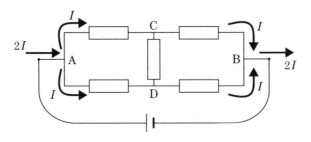

　交差点Aに注目すると、Aに入り込む電流はAから出てゆく電流の和$2I$だ。交差点Bに注目すると、Bから流れ出る電流はAに流れ込む電流と同じ$2I$だね。すると対称性によりCB間とDB間に流れる電流はIとなる。

　ということは、CD間には電流が流れないことがわかるよね！　電流の流れない抵抗は、次の図のように、取り外すことができるんだ。

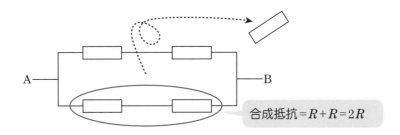

合成抵抗＝$R+R=2R$

　AB間は上2つが$2R$、下2つが$2R$の並列だよね。合成抵抗をR_1とすると、次のように計算できる。

$$\frac{1}{R_1}=\frac{1}{2R}+\frac{1}{2R}、よってR_1=R \cdots\cdots 答$$

(2) この回路も、どこが直列で並列かよくわからないよねえ……

そこで(1)と同様に回路の対称性に注目しよう！　まず、回路の交差点にAからHまでの記号を与える。

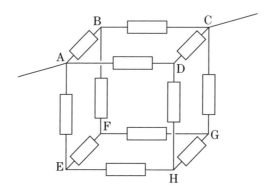

この立方体をつぶすと次の図のようになる。まずABとADは対称性により、同じ電流：iが流れるね。またAEに流れる電流をIとすると、EFとEHは対称性により同じ電流が流れ、それぞれ$\dfrac{I}{2}$ずつとなる。点Aに入りこむ電流は点Aから流れ出る電流と同じ$I+2i$となるので、Cから流れ出る電流も$I+2i$となる。

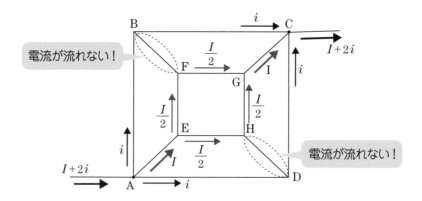

上図の電流の分布から、BFとHDには電流が流れないことがわかるよね！　そこで、この2本の抵抗は取りはずしちゃおう。

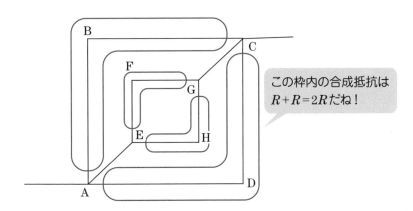

この枠内の合成抵抗は
$R+R=2R$ だね！

　上記の赤枠内の合成抵抗は、直列なので $R+R=2R$ だよね。赤枠抵抗を赤色の抵抗に置き換えて、わかりやすい形に書き換えると次のような回路となる。

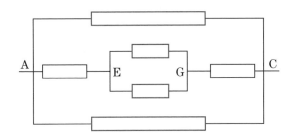

　EG間の合成抵抗 r は、2つの $2R$ の並列なので、次のように計算できる。

$$\frac{1}{r}=\frac{1}{2R}+\frac{1}{2R}$$

　　　よって、$r=R$

結局、ACの合成抵抗 R' は、$2R$、$3R$、$2R$ の並列となっているよね！

$$\frac{1}{R'}=\frac{1}{2R}+\frac{1}{3R}+\frac{1}{2R}=\frac{8}{6R}$$

　　　よって、合成抵抗：$R'=\dfrac{3}{4}R$ ……答

前章では、複数の抵抗の接続方法として**直列、並列接続**を学んだね。ところが次の図のような回路のように、直列でも並列でもない回路があるんだ。

この章では、どんな複雑な回路でもたった2つの法則で解くことができる**キルヒホッフの法則**が登場だ。

9-1　キルヒホッフの法則

■（第一法則）

まず、各抵抗に流れる電流の大きさと方向を適当に（電流の方向は自分の勘を信じて……）決めよう！

電流の方向が正しいか否かは、符号が教えてくれるよ。つまり電流の符号が＋ならば方向は仮定どおり、符号が－ならば仮定と逆向きだ。

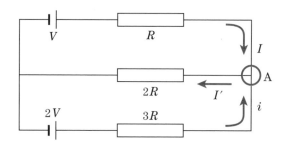

Rに流れる電流を右向きにI、$3R$に流れる電流を右向きにi、$2R$に流れる電流を左向きにI'と仮定する。

ここで回路の導線が交わっている交差点Aに注目すると、次のことがいえるよね。**交差点に入る電流の合計と交差点から出る電流の合計は同じだ！**　この原理が**キルヒホッフの第一法則**だよ！

> **キルヒホッフの第一法則**
> **交差点に入る電流＝交差点から出る電流**

式で表すと次のようになる。

$$I + i = I' \qquad\qquad \cdots\cdots ①$$

■（第二法則）

　第二法則は閉回路（ループ状の閉じた回路だよ）で成り立つ法則だ。ここで、**電圧降下**が登場！

　電圧降下とはズバリ、**電位の減り分**だよ。次の図のようにR〔Ω〕の抵抗に、AからBにI〔A〕の電流が流れているとしよう。

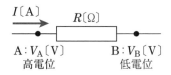

　抵抗は**高電位から低電位に向かって電流が流れる**ので、$V_A > V_B$だよね。また、電位差$= V_A - V_B$は、**オームの法則**によりRI〔V〕だね。

　よって、BはAよりRIだけ電位が減少し、この電位の減りを**抵抗での電圧降下**っていうんだ。

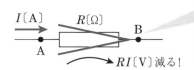

電位の大小をはっきりさせるためには、次の図のように抵抗に不等号の記号（＞）を書こう！

　次に起電力V〔V〕の電池に注目しよう。電池の正極は負極より高電位だよね。電位の大小を不等号（＞）を電池に書くと、次の図のようになる。

　正極から負極に向かって電位を追うと、**電位がV〔V〕減る**のがわかるよね。

つまり……抵抗も電池も区別なしに、電圧降下（電位の減り）として捉えることができるんだね‼

閉回路に注目した場合、抵抗や電池の**電圧降下**をぐるーっと、一周分を足すと合計は0Vになるよね。なぜなら、スタートとゴールの電位は同じだからだ！　この原理が**キルヒホッフの第二法則**だ。

> **キルヒホッフの第二法則**
> **閉回路で部品の電圧降下をぐるっと一回り足すと0になる！**

POINT

> 教科書などには「電池の起電力は抵抗での電圧降下の和に等しい」と書いてあるが、本書では電池と抵抗を区別しない方法を示すよ！

キルヒホッフの第二法則を式で表すために、次の手順に従おう。

手順❶　回路に含まれる部品(抵抗、電池の区別なし)に、電圧降下(電位の減り)を表す**不等号**を書き込む。

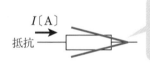

> 不等号を表す記号＞って矢印を表す記号→に似てる！　そこで電流の向きに矢印(＞)を書くって覚えよう！

> 負極が矢印の先端となるように、電池の形に合わせて＞を書こう！

手順❷　出発点(ここでは点Bを出発点とする)を適当に決めて、注目する閉回路の内側にぐるっと矢印を一周書こう！　上の閉回路をア、下の閉回路をイとする。

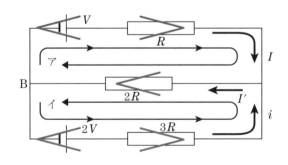

それぞれの部品の**電圧降下の符号**は次のルールに従って決めよう。

電圧降下の符号のルール

部品に書いた矢印と、回路に書いた矢印が同じ向き　➡　（＋）

部品に書いた矢印と、回路内側に書いた矢印が逆向き　➡　（−）

矢印が同じ
向き（＋）　　　　　　矢印が逆向き（−）

回路ア：$-V+RI+2RI' = 0$　　　　　　　　……②

回路イ：$-2V+3Ri+2RI' = 0$　　　　　　　……③

キルヒホッフの第一法則より得られた①より、$I'=I+i$ を②、③に代入する。

②より、　$-V+RI+2R(I+i) = 0$

$3RI+2Ri = V$　　　　　　　　　　　　　……②′

③より、$-2V+3Ri+2R(I+i) = 0$

$2RI+5Ri = 2V$　　　　　　　　　　　　……③′

$$②′×2：6RI+\ 4Ri = 2V$$
$$-\Big)③′×3：6RI+15Ri = 6V$$
$$\overline{-11Ri = -4V}$$

$$i = \frac{4V}{11R}\ (3R に流れる電流)\ \cdots\cdots答$$

②′に上記の結果を代入し、I を求めよう。

$$3RI+2R×\frac{4V}{11R} = V,\ I = \frac{V}{11R}\ (R に流れる電流)\ \cdots\cdots答$$

①より $I' = I+i = \dfrac{V}{11R}+\dfrac{4V}{11R} = \dfrac{5V}{11R}\ (2R に流れる電流)\ \cdots\cdots答$

　I'、I、i すべて正なので、電流の方向は仮定どおりだったことがわかるよね！

9-2 ホイートストンブリッジ

　次の左図のようにR_1、R_2、R_3、R_4の4つの抵抗と検流計Ⓖ、電池を次のように接続する。検流計は電流の方向と大きさを測定する装置だよ。

　ホイートストンはこの回路を考案したイギリスの物理学者で、ブリッジとは検流計を指している。

　抵抗値を調節すると、検流計に流れる電流を0Aにできるんだ。この場合、4つの抵抗値の間に成り立つ関係を求めよう！

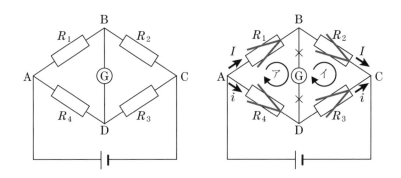

　上右図のように、R_1に流れる電流をI、R_4に流れる電流をiとする。交差点Bに注目すると、検流計には電流が流れないのでR_2に流れる電流はR_1と同じIとなる。同様に、交差点Dに注目すると、R_3に流れる電流はR_4に流れる電流と同じiだね。

　次に閉回路ABDA（ア）と閉回路CDBC（イ）に、**キルヒホッフの第二法則**を適用しよう。

　ちなみに、検流計Ⓖに抵抗が含まれていても、電流が流れていないので、電圧降下は0Vだね。

> **キルヒホッフの第二法則**
> 「閉回路で部品の電圧降下をぐるっと一回り足すと0になる」

ア：$+R_1 I - R_4 i = 0$、

$\qquad R_1 I = R_4 i$　　　　　　　　　　　　……①

イ：$R_2 I - R_3 i = 0$、

$\qquad R_2 I = R_3 i$　　　　　　　　　　　　……②

①、②を辺々割ると、Iとiが消去されて4つの抵抗値の関係が得られるよ。

$\dfrac{①}{②}$より、$\dfrac{R_1 I}{R_2 I} = \dfrac{R_4 i}{R_3 i}$

Iとiを消去すると、次の分数式が得られる。

$\qquad \dfrac{R_1}{R_2} = \dfrac{R_4}{R_3}$

上記の分数式の分母をはらい、積の形に書き換えると次の式が得られる。

ホイートストンブリッジの検流計⑥に電流が流れない条件

$$R_1 R_3 = R_2 R_4$$

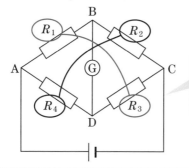

橋（⑥）をまたいで、
向かい合わせの抵抗
掛け算でイコール！

ホイートストンブリッジは、公式を覚
えるのではなく、ブリッジをまたいで
抵抗どうしの掛け算って位置関係を
頭にいれておこうね！

演習問題1

　抵抗値R、$2R$、Rの抵抗R_1、R_2、R_3と起電力$2E$、Eの電池V_1、V_2からなる回路がある。それぞれの抵抗に流れる電流の大きさと、方向を求めよ。

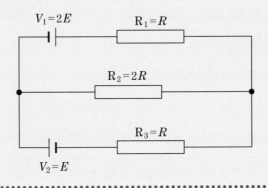

解答

　抵抗に流れる電流をI_1、I_2、I_3としてもよいのだが、できるだけ文字を減らす工夫をしよう。

　R_1、R_2に流れる電流をいずれも右向きにI、iとする。交差点Aに注目すると、**キルヒホッフの第一法則**により交差点から出てR_3に流れる電流は$I+i$となるよね。

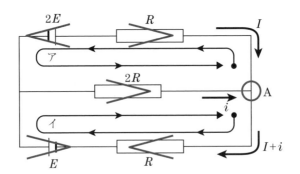

　次に、抵抗と電池に**電圧降下（電位の減り）**を表す不等号を書こう。抵抗は電流の流れる方向に、電池は形にあわせて矢印（＞）を書くのがコツだよ！

　閉回路の内側に、一回りの矢印を書いて閉回路ア、イについて**キルヒホッフの第二法則**を適用しよう。

■ **電圧降下の符号のルール**

部品に書いた矢印と、回路に書いた矢印が同じ向き　➡（＋）

部品に書いた矢印と、回路内側に書いた矢印が逆向き　➡（－）

矢印が同じ向き（＋）　　矢印が逆向き（－）

> **キルヒホッフの第二法則**
> **閉回路で部品の電圧降下をぐるっと一回り足すと0になる**

ア： $-RI + 2E + 2Ri = 0$

$\qquad RI - 2Ri = 2E$ ……①

イ： $+R(I+i) - E + 2Ri = 0$

$\qquad RI + 3Ri = E$ ……②

　①と②の連立方程式を I、i について解くと、次のようになる。

$$I = \frac{8E}{5R}、\quad i = -\frac{E}{5R}$$

R_1 に流れる電流 I はプラスなので仮定どおり右向き、大きさ $\dfrac{8E}{5R}$

R_2 に流れる電流はマイナスなので仮定と逆、左向き、大きさ $\dfrac{E}{5R}$

R_3 に流れる電流は $I+i = \dfrac{7E}{5R}$

　符号はプラスなので仮定どおり左向きで、大きさ $\dfrac{7E}{5R}$　……**答**

演習問題2

　次の図のように、抵抗値R_1の抵抗、抵抗値がわからない抵抗R、太さが一定の長さ1mの抵抗AC、検流計、電池からなる回路がある。

　検流計につながれている接点Bは、抵抗AC上を自由に移動できる。

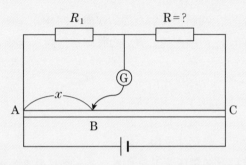

(1)　接点Bを静かに動かし、検流計Gに電流が流れなくなる位置に移す。このときAB間の長さがxであった場合、抵抗RをR_1とxを用いて求めよ。

(2)　$R_1 = 10\,\Omega$、$x = 0.4\,\text{m}$であった場合、抵抗Rの抵抗値を求めよ。

解答

(1)　BC間の抵抗値をR_3、AB間の抵抗値をR_4とする。

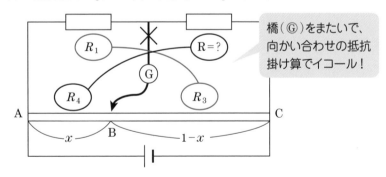

橋（Ⓖ）をまたいで、向かい合わせの抵抗掛け算でイコール！

検流計に電流が流れない条件は、次のとおりだ。

$$R_1 R_3 = R R_4$$

よって、抵抗Rは次のように表すことができる。

$$R = R_1 \times \frac{R_3}{R_4} \qquad \cdots\cdots ①$$

R_3、R_4の抵抗値はわからないが、抵抗ACの太さ（断面積）は一定なのでR_3、R_4の比は、それぞれの抵抗の長さx、$1-x$に比例するよね。

$$\boxed{\text{抵抗値}\,R = \rho\,\frac{L}{S} \begin{cases} \text{長さ}\,L\,\text{〔m〕に比例} \\ \text{断面積}\,S\,\text{〔m}^2\text{〕に反比例} \end{cases}}$$

$\dfrac{R_3}{R_4} = \dfrac{1-x}{x}$ を①に代入する。

$$R = R_1 \frac{1-x}{x} \quad \cdots\cdots \text{答}$$

(2) 上記の結果に、$R_1 = 10\,\Omega$、$x = 0.4\,$mを代入し、抵抗Rの抵抗値を計算する。

$$R = 10 \times \frac{1-0.4}{0.4} = 15\,〔\Omega〕 \quad \cdots\cdots \text{答}$$

応用問題1

図1に示すように、起電力E_0〔V〕の電池と抵抗値R_0〔Ω〕の抵抗を直列に接続した回路がある。この回路の端子aとbの間に抵抗値R〔Ω〕の抵抗を接続したとき、端子aを通って抵抗に流れ込む電流I_0〔A〕は、

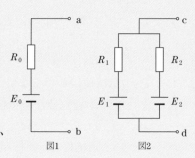

図1　　　図2

$$I_0 = \frac{E_0}{R+R_0} \cdots\cdots ①$$

と表せる。

次に、図2の回路を考える。図のように、電池の起電力はE_1〔V〕とE_2〔V〕、抵抗値はR_1〔Ω〕とR_2〔Ω〕である。この端子の端子cとdの間に抵抗値R〔Ω〕の抵抗値を接続したとき、端子cを通って抵抗に流れ込む電流I〔A〕を求めると、

$$I = \frac{\boxed{ア}}{R+\boxed{イ}} \cdots\cdots ②$$

と表せる。式 (1) と式 (2) を比べると、E_0を $\boxed{ア}$ で、R_0を $\boxed{イ}$ で置き換えた形になっていることがわかる。すなわち、端子cとdの間の電圧とそれらを流れる電流を求める場合、図2の回路は、電池の起電力を $\boxed{ア}$ 〔V〕、抵抗値を $\boxed{イ}$ 〔Ω〕にした図1の回路に置き換えて考えてもいいことがわかる。この置き換えは、端子cとdの間に抵抗に限らず任意の回路を接続した場合でも可能である。

解答

ab間に抵抗値Rの抵抗を接続した回路は、次の図だ。抵抗RとR_0は、直列なので合成抵抗は$R+R_0$だね。

問題文に答えが載っちゃってるんだけど、念のためオームの法則より、流れる電流I_0を求めると、次のとおりである。

$$E_0 = (R + R_0)\, I_0$$

よって、$I_0 = \dfrac{E_0}{R+R_0}$ ……①

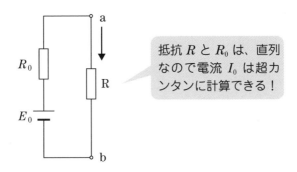

抵抗 R と R_0 は、直列なので電流 I_0 は超カンタンに計算できる！

次にcd間に抵抗値Rの抵抗を接続した回路が次の図だ。R_1に流れる電流を上向きにI_1、R_2に流れる電流を上向きにI_2とし、抵抗Rに流れる電流Iを求めてみよう。

キルヒホッフの第1法則だね！

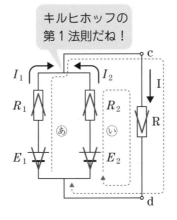

キルヒホッフの第1法則：$I_1 + I_2 = I$ ……(a)

キルヒホッフの第2法則

閉回路あ：$-E_1 + R_1 I_1 + RI = 0$ ……(b)

閉回路い：$-E_2 + R_2 I_2 + RI = 0$ ……(c)

(b)(c)よりI_1、I_2を求め、(a)に代入する。

(b) より $I_1 = \dfrac{E_1 - RI}{R_1}$、(c) より $I_2 = \dfrac{E_2 - RI}{R_2}$

(a) より $\dfrac{E_1 - RI}{R_1} + \dfrac{E_2 - RI}{R_2} = I$

$$R_2(E_1 - RI) + R_1(E_2 - RI) = R_1 R_2 I$$

$$I = \dfrac{R_1 E_2 + R_2 E_1}{R(R_1 + R_2) + R_1 R_2} = \dfrac{\dfrac{R_1 E_2 + R_2 E_1}{R_1 + R_2}}{R + \dfrac{R_1 R_2}{R_1 + R_2}} \quad \cdots\cdots ②$$

①の電流の式：$I_0 = \dfrac{E_0}{R + R_0}$ と②を比較すると、　ア　と　イ　の穴埋めは次のとおりである。

$$E_0 = \dfrac{R_1 E_2 + R_2 E_1}{R_1 + R_2} \cdots\cdots \boxed{ア}、\quad R_0 = \dfrac{R_1 R_2}{R_1 + R_2} \cdots\cdots \boxed{イ}$$

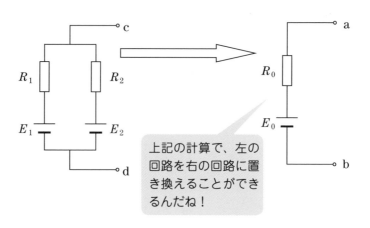

上記の計算で、左の回路を右の回路に置き換えることができるんだね！

以上が、普通の解法だよ。

■ **別解**

　この問題、ある原理を知っていると一瞬で解けてしまうんだ！　発見者の名にちなんで、**鳳・テブナンの定理**登場。ちなみに、電気工学者である鳳 秀太郎（ほう ひでたろう）は、与謝野晶子の実のお兄さんなんだ。

〈鳳・テブナンの定理〉

左図のような電池と抵抗でできている2端子の回路を、右図のような1つの電池(起電力E)と1つの抵抗(抵抗値R)をつないだ回路に置き換えることができる。

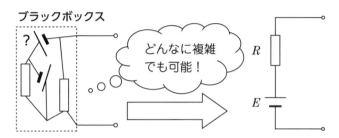

ブラックボックス

どんなに複雑でも可能!

1つの電池(起電力E)と1つの抵抗(抵抗値R)への置き換え手順

手順❶　何もつないでいない2端子間の電位差が起電力Eになる。

手順❷　電池を取り去り、導線でつなぐ。2端子間の合成抵抗がRになる。

〈例〉

　次の回路で2端子ab間の3〔Ω〕の抵抗に流れる電流Iを求めよう。まずは、直列、並列の接続あるいはキルヒホッフの法則などを使って求めてみよう!　何分かかるかな??

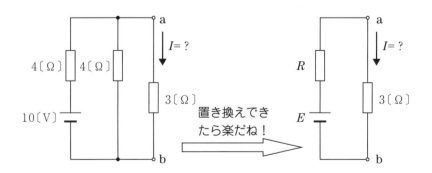

では、鳳・テブナンの定理で求めてみよう。

[手順❶]　何もつないでいない2端子間の電位差が起電力E

　まず端子ab間の3Ωの抵抗を外そう。電池から流れる電流をiとおくと、オームの法則より次のように計算できる。

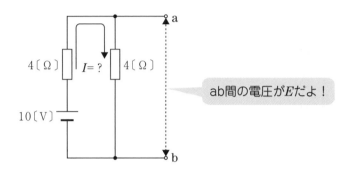

ab間の電圧がEだよ！

$$10 = (4+4)\,i \ \text{より} \ i = \frac{10}{8}$$

$$V_{ab} = E = 4i = 4 \times \frac{10}{8} = 5\,(V)$$

[手順❷]　電池を取り去り、導線でつなぐ。2端子間の合成抵抗がR

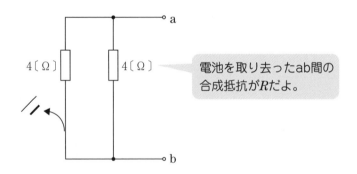

電池を取り去ったab間の
合成抵抗がRだよ。

　2つの4Ωの抵抗は並列だね。

$$\frac{1}{R} = \frac{1}{4} + \frac{1}{4} \ \text{より} \ R = 2\,(\Omega)$$

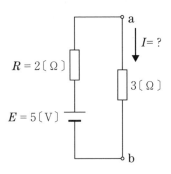

オームの法則より、電流Iは次のように計算できる。

$5 = (2 + 3)I$

よって$I = 1$〔A〕　……**答**

鳳・テブナンの定理はなかなか便利でしょ？

では、改めて今回の問題を見てみよう。要約すると、『左の回路を右の回路に置き換えるには、E_0、R_0はいくらですか？』って問題だ。

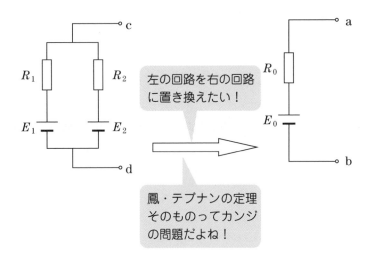

左の回路を右の回路に置き換えたい！

鳳・テブナンの定理そのものってカンジの問題だよね！

手順❶　まず、E_0は端子cd間に何もつながない2端子間の電位差だね！

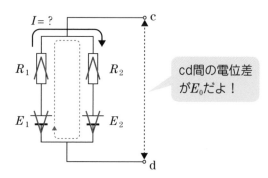

cd間の電位差
がE_0だよ！

R_1、R_2に流れる電流を、時計回りにIとし、キルヒホッフの第2法則を適用する。

$$-E_1 + R_1I + R_2I + E_2 = 0$$

$$I = \frac{E_1 - E_2}{R_1 + R_2}$$

cd間の電位差：E_0をE_2、R_2、$I = \dfrac{E_1 - E_2}{R_1 + R_2}$ を用いて表すと、次のように計算できる。

$$E_0 = E_2 + R_2I = E_2 + R_2\frac{E_1 - E_2}{R_1 + R_2} = \frac{R_1E_2 + R_2E_1}{R_1 + R_2} \quad \cdots\cdots 答$$

手順❷　電池を取り去り、導線でつなぐ。2端子間の合成抵抗がE_0

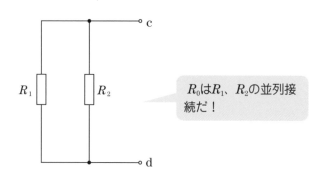

R_0はR_1、R_2の並列接
続だ！

E_0はR_1、R_2の並列接続だよね。

$$\frac{1}{R_0} = \frac{1}{R_1} + \frac{1}{R_2}$$

$$R_0 = \frac{R_1 R_2}{R_1 + R_2} \quad \cdots\cdots 答$$

　つまり、この問題は出題者がテブナンの定理を知っていて、図2の回路を図1に置き換える問題を出題したわけだ。

これで、電流の章は終わりだよ！
次の章から磁場（磁界）が登場だ!!

この章では、磁石が登場するよ。磁石にはN極とS極の**磁極**があり、磁石のN極どうし、S極どうしは反発し、N極とS極は引力がはたらくよね。磁石の磁極が及ぼし合う力を**磁気力**というんだ。

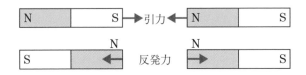

10-1　磁気量と磁場

①　磁気量

磁気力は電荷が及ぼし合う**クーロン力**とよく似ているよね。そこで、**N極を＋、S極を－**に対応させる。電荷の大きさを表す電気量；$+Q$〔C〕、$-Q$〔C〕に対し、磁極の強さを表す物理量として**磁気量**がある。磁気量の単位はWb；ウェーバー〕で表し、N極の磁気量は$+m$〔Wb〕、Sの磁気量は$-m$〔Wb〕だよ。

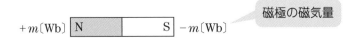

磁極の磁気量

②　磁場（磁界）：H

電場Eは$+1$〔C〕の電荷が受ける静電気力と定義したよね。電場Eに対して磁場は記号でHと表し、次のように定義する。

> **磁場：H**＝$+1$〔Wb〕のN極が受ける磁気力

次の図のように板状の磁石のN極から離れた点Aに磁気量$+1$〔Wb〕のN極を置くと受ける磁気力が磁場Hだ。

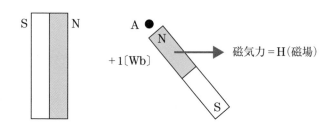

同じ点Aに磁気量 $+m$〔Wb〕のN極を置くとN極が受ける磁気力；Fは、静電気力$F=qE$と同様に次の式で表すことができる。

> 磁極が受ける磁気力F〔N〕$=m$〔Wb〕$\times H$
> 磁場Hの単位〔N/Wb〕

③ 磁力線

$+1$〔Wb〕のN極が受ける磁気力が磁場Hなので、磁石の周りにはN極から遠ざかり、S極に向かう磁場Hがあるね。この様子を図に表すと次のようになる。この磁場を表す曲線を、**磁力線**という。この磁力線は電場を表す曲線；**電気力線**と対応しているね。

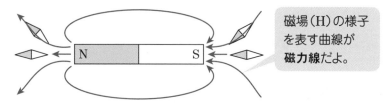

磁場（H）の様子を表す曲線が**磁力線**だよ。

10-2 電流がつくる磁場（磁界）

① 直線電流による磁場

導線に電流を流すと、そのまわりには、同心円状の磁界が生じる。

磁場の方向は次の右ねじの法則に従う。右ねじってペットボトルのキャップだよ！

> **右ねじの法則**
> **電流の向きに右ねじを進めるとき、ねじを回す向きに磁場が生まれる**

（右手の親指 ➡ ねじ進む方向　　他の4本指閉じる ➡ ねじ回す）

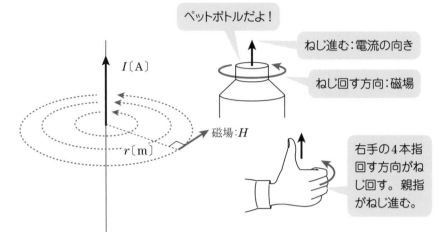

導線に流れる電流がI〔A〕、導線からの距離がr〔m〕における磁場の大きさHは、次の式で表すことができる。

$$\text{直線電流による磁場}：H〔A/m〕= \frac{I〔A〕}{2\pi r〔m〕}$$

磁場の単位はF〔N〕$= m$〔Wb〕$\times H$から得られる〔N/Wb〕と、電流による磁場の単位〔A/m〕があるのだが、同じであることを覚えよう。

磁場Hの単位；〔N/Wb〕＝〔A/m〕

②　円形コイルの中心における磁場

次の図のように半径：r〔m〕の円形コイルに、I〔A〕の電流を流す。コイルの中心部の磁場：Hの方向は、次の右ねじの法則に従う。

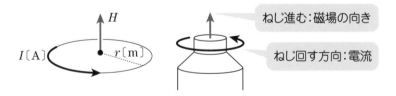

右ねじの法則　『電流Iの流れる方向を右ねじの回す向きと考えると、ねじの進む方向が磁場Hの方向』

つまり直線電流が作る磁場が『ねじ回す ➡ 磁場、ねじ進む ➡ 電流』だったが、コイルの場合『**ねじ回す ➡ 電流、ねじ進む ➡ 磁場**』に置き換えてもいいってことなんだ！

円形コイルの中心部における磁場の大きさHは、次の式で表すことができる。

> **円形コイルの中心部の磁場**：$H〔A/m〕= \dfrac{I〔A〕}{2r〔m〕}$

③　ソレノイドコイルに流れる電流による磁界

次の図のように導線を筒状に何回も巻いた長さをもったコイルが**ソレノイド**だ。

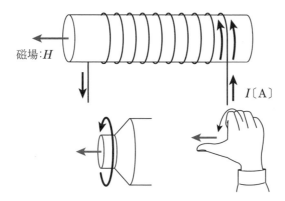

ソレノイド内部の磁場は、円形コイルと同様に右ねじの法則で決まりだね！
『**ねじ回す ➡ 電流、ねじ進む ➡ 磁場**』

また、ソレノイド内部の磁場は、電流$I〔A〕$、1m当たりの巻き数$n〔回/m〕$を用いて次のように表すことができる。

> **ソレノイド内部の磁場**：$H〔A/m〕= n〔回/m〕× I〔A〕$

10-3 電磁力(電流が磁場から受ける力)

次の図のように長さ$L〔m〕$の導線に$I〔A〕$の電流を流し、外部からHの磁場を与えると、導線は**外部磁場**から力を受けるんだ。電流が外部磁場からうける力が電磁力だ！

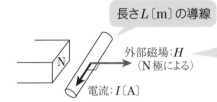

長さL〔m〕の導線

外部磁場:H
（N極による）

電流:I〔A〕

電流が外部磁場から
受ける電磁力の方向
と大きさを考えよう！

①　電磁力の方向

　電磁力の方向の決定方法として、**フレミングの左手の法則**がある。下右図のように左手の中指を電流、人差し指を磁場の向きにあわせたときに力は親指の方向に一致する。

　ただし、この方法はどの指が何を指すのかを覚えなければいけないし、電流、磁場の位置関係によっては肉体的な苦痛？　を伴う場合があるよね。そこで、おすすめしたいのが**右ねじ法**だ。

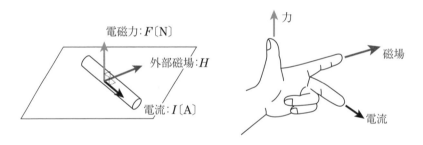

電磁力:F〔N〕

外部磁場:H

電流:I〔A〕

力

磁場

電流

■ 右ねじ法

電流と磁場を含む平面内で、電流を磁場に向かって（角度が小さい側、近道となるように）ばたっと倒す。倒す方向を右ねじを回す方向と考えたときに、右ねじが進む方向が電磁力の方向を示す。

覚え方　電磁力の漢字の順序に注目して①電（流）から②磁（場）に向かってねじ回す　➡　③力（ねじ進む方向）

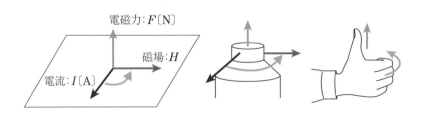

電磁力:F〔N〕

磁場:H

電流:I〔A〕

② 電磁力の大きさ

電磁力の大きさ：Fは導線の長さL〔m〕、電流I〔A〕、外部磁場H〔A/m〕に比例するんだ。電流Iと磁場Hが直角の場合、この関係を式で次のように表すことができる。

電磁力 $F = \mu_0 IHL$（電磁力FはI、H、Lに比例）

上式に現れたμ_0(ミュー、ゼロ)は**真空の透磁率**と呼び、磁場Hに関係した比例定数だよ。

真空の……で始まる定数は以前にも
登場したよね??
真空の誘電率ε_0だ!!

4章で登場したコンデンサーの電気容量$C = \varepsilon_0 \dfrac{S}{d}$の$\varepsilon_0$は**真空の誘電率**だね。

ε_0は電場Eに関係した定数に対して、真空の透磁率：μ_0は**磁場Hに関係した比例定数**なんだ！

> **真空の透磁率**：$\mu_0 = 4\pi \times 10^{-7} \mathrm{N/A^2}$

ところで電磁力$F = \mu_0 IHL$は文字を4つ使っているので、ちょっと長いよね??

ここで新しい物理量が登場だ！　式の中で登場した真空の透磁率μ_0と磁場Hとを組み合わせて、**磁束密度：B**を定義するよ！

> **磁束密度**：$B = \mu_0 H$（磁場と同じ方向をもったベクトル量）

なぜ、密度という言い方をするのかは、次の11章で登場する**磁束**の定義ではっきりさせよう。

電磁力$F = \mu_0 IHL$の$\mu_0 H$を磁束密度Bに置き換えると、次のように書き換えることができるよね。

電磁力$F = IBL$

但し、これは磁場Bと電流Iが直角の場合だ！　より一般的には次のように表すことができる。

電磁力： $F = I_\perp BL$

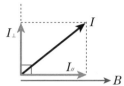

　$I_\perp$ とあるのは磁束密度Bに対して直角な電流の成分を表しているよ。上図のように電流：Iが磁束密度：Bに対して斜めの場合は、磁界に対して直角な成分$I_\perp$と磁界に対して平行な成分$I_{/\!/}$に分解した場合、電磁力は$I_\perp$だけで決まり、$I_{/\!/}$は電磁力とは一切無関係なんだ。

　$F = I_\perp BL$を磁束密度Bについて求めると、$B = \dfrac{F}{I_\perp L}$ となるので磁束密度Bの単位は〔N/Am〕となるね。

　ところで、磁場Hの単位より〔N/Wb〕=〔A/m〕なので〔N〕=〔WbA/m〕となる。これをB単位〔N/Am〕に代入すると、〔Wb/m²〕と表すことができるんだ。

　さらにBの単位：〔N/Am〕=〔Wb/m²〕を一言で〔T：テスラ〕と言い表すことができるのだ。

　テスラはアメリカの物理学者で交流を世に広めた物理学者なのだが、電気自動車メーカーの名前にもなっているよね。

　3種類の単位がある物理量は珍しいなあ……

磁束密度Bの単位：〔N/Am〕=〔Wb/m²〕=〔T：テスラ〕

基本演習

図のように1m当たりの巻き数が1000回のソレノイドの両端A、Bに起電力10Vの電池と5Ωの抵抗を接続する。

ソレノイドに流れる電流が一定のとき、磁場の方向と大きさを求めよ。ソレノイドの抵抗は無視できるものとする。

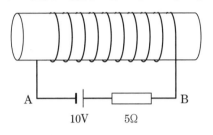

A　　　10V　　　5Ω　　　B

解答

まず電池の起電力によってBからコイルを通ってAに電流Iが流れるよね。電流Iをオームの法則：$V = RI$で計算しよう！

$10V = 5\Omega \times I$、よって$I = 2A$

ソレノイド内に生じる磁場の方向は**右ねじの法則**だよね。

『**ねじ回す ➡ 電流、ねじ進む ➡ 磁場**』よって磁場は左向きだ。磁場の大きさは$H = n$〔回/m〕$\times I$〔A〕より次のように計算できる。

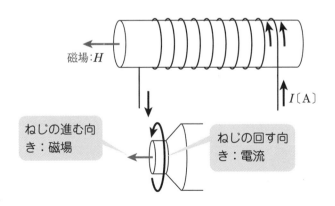

磁場：H

I〔A〕

ねじの進む向き：磁場

ねじの回す向き：電流

$H = 1000 \times 2 = 2000$〔A/m〕、方向は左向き ……**答**

演習問題

　図のように2本の平行導線A、Bをr〔m〕離し、それぞれの導線に上向きにI_A、I_Bの電流を流す。真空の透磁率をμ_0として次の問いに答えよ。

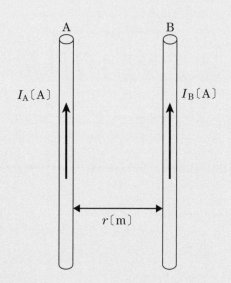

(1)　導線Aが導線B上につくる磁場の方向と大きさ：H_Aを求めよ。

(2)　磁場：H_Aが導線Bに及ぼす電磁力の方向と、導線Bの長さ1m当たりの電磁力の大きさFを求めよ。

(3)　$I_A = I_B = 1\mathrm{A}$、$r = 1\mathrm{m}$、$\mu_0 = 4\pi \times 10^{-7}\mathrm{N/A^2}$として(2)で求めた電磁力$F$を数値計算せよ。

真空の透磁率μ_0って$4\pi \times 10^{-7}$だけど、人工的な数字だよね??

解答

(1)　電流が作る磁場の方向は、**右ねじの法則**(電流の向きに右ねじを進めるとき、ねじを回す向きに磁場)で決まりだね!

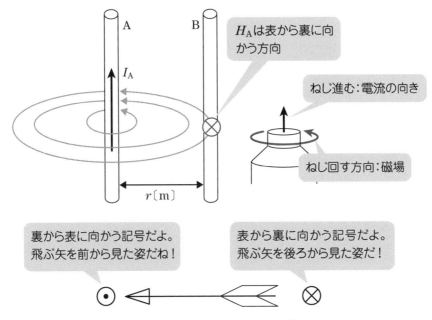

H_A は表から裏に向かう方向

ねじ進む:電流の向き

ねじ回す方向:磁場

裏から表に向かう記号だよ。飛ぶ矢を前から見た姿だね!

表から裏に向かう記号だよ。飛ぶ矢を後ろから見た姿だ!

直線電流が作る磁場 H の大きさは、次の式で計算できるよね。

$$\boxed{\text{直線電流による磁場} : H \text{〔A/m〕} = \frac{I \text{〔A〕}}{2\pi r \text{〔m〕}}}$$

$H_A = \dfrac{I_A}{2\pi r}$〔A/m〕(方向は表から裏)　……答

(2)　磁場:H_A が導線Bに及ぼす電磁力の方向は次の右ねじ法で決めよう。

$$\boxed{\begin{array}{l}\textbf{右ねじ法:①電(流)から②磁(場)に向かってねじ回す}\\ \Longrightarrow \textbf{③力(ねじ進む方向)}\end{array}}$$

電磁力の方向は右ねじ法を使うと、導線Aに向かう左向きとなるね!
電磁力の大きさは次の式だよ。

$$\boxed{\textbf{電磁力} : F = I_\perp BL}$$

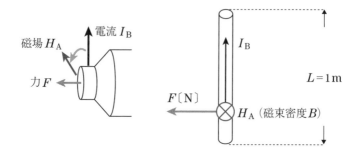

また、電磁力の大きさFは電流と磁場が直角なので$F = I_B B L$だね。磁場H_Aによる磁束密度Bは、$\boxed{B = \mu_0 H}$より真空の透磁率μ_0と(1)で求めた磁場H_Aを用いて次のように計算できる。

磁束密度：$B = \mu_0 H_A = \mu_0 \dfrac{I_A}{2\pi r}$

$L = 1\,\mathrm{m}$を代入すると電磁力Fは次のように計算できる。

$$F = I_B B L = I_B \mu_0 \frac{I_A}{2\pi r} \cdot 1 = \frac{\mu_0 I_A I_B}{2\pi r} \text{（方向は導線Aに向かう左向き）} \quad \cdots\cdots \text{答}$$

(3)　$I_A = I_B = 1\,\mathrm{A}$、$r = 1\,\mathrm{m}$、$\mu_0 = 4\pi \times 10^{-7}\,\mathrm{N/A^2}$を(2)で求めた電磁力$F$の式に代入し数値計算する。

$$F = \frac{4\pi \times 10^{-7}}{2\pi} \cdot \frac{1 \times 1}{1} = 2 \times 10^{-7}\,\mathrm{[N]} \quad \cdots\cdots \text{答}$$

補足

$2 \times 10^{-7}\,\mathrm{N}$という数字は、とてもきっちりした数字だよね。じつは、電流1Aは、次のように定義されているんだ。

『**平行導線を1m離し同じ電流を流す。このとき導線1m当たりの力が$2 \times 10^{-7}\,\mathrm{N}$の場合の電流を1Aとする**』

この定義から真空の透磁率μ_0が次のように計算できる。

$$F = \frac{\mu_0}{2\pi} \frac{1\mathrm{A} \times 1\mathrm{A}}{1\mathrm{m}} = 2 \times 10^{-7}\,\mathrm{N}$$

よって、$\mu_0 = 4\pi \times 10^{-7}\,\mathrm{N/A^2}$

まさに、真空の透磁率μ_0は人工的に作り出された定数であることがわかるよね。

11章 電磁誘導

前章では、導線に電流が流れると磁場が生じることを学んだね。この章では前章とは逆に、磁場が電流を生み出す現象を考える。

この現象に最初に気がついたのが**ファラデー**だよ。

次の図のようにコイルに棒磁石を近づける。するとコイルには、起電力が生じ電流が流れる。

この現象が**電磁誘導**だ！　電磁誘導によって生まれた起電力を**誘導起電力**、その起電力によって流れる電流を**誘導電流**と呼ぶ。

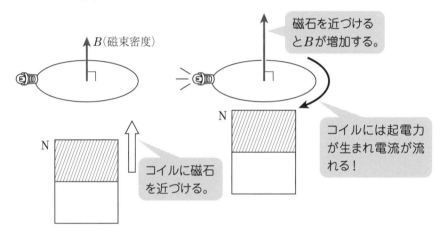

B(磁束密度)

磁石を近づけるとBが増加する。

N

コイルには起電力が生まれ電流が流れる！

N

コイルに磁石を近づける。

11-1 磁束（コイルを貫く磁束線の総本数）

磁場：H、磁束密度：Bに続き、電磁誘導を考えるために磁場に関係する新しい物理量として**磁束**：Φ（ギリシャ文字で「ファイ」と読む）が登場だ。

静電気の分野は電場：Eだけですんだのに、磁場の分野ではH、B、Φの3種類の物理量があるのでちょっと混乱しそうだなあ…

　まずコイルの面上における磁束密度がBの場合、**$1\,\mathrm{m}^2$を貫く磁束線の本数**をB〔**本/m^2**〕と決める。

POINT

> 磁場Hに対する曲線が前章で登場した**磁力線**だね。これに対し磁束密度Bに対する曲線を**磁束線**と呼び、区別する。

　これは、第2章で大きさEの電場に対して垂直な面$1\,\mathrm{m}^2$を貫く**電気力線の本数**をE〔**本/m^2**〕と決めたのと同じ発想だよ！

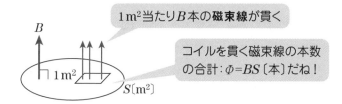

$1\,\mathrm{m}^2$当たりB本の**磁束線が貫く**

コイルを貫く磁束線の本数の合計：$\Phi = BS$〔本〕だね！

　コイルの面積がS〔m^2〕ならば、磁束は$\Phi = BS$〔本〕となるよね。ただし、磁束の単位は〔本〕を使わずに〔Wb：(ウェーバー)〕を用いる。

$$\text{磁束：} \Phi\,\text{〔Wb〕} = B \cdot S\,\text{〔}\mathrm{m}^2\text{〕}$$

　上式をBについて書き換えると$B = \dfrac{\Phi\,\text{〔Wb〕}}{S\,\text{〔}\mathrm{m}^2\text{〕}}$となるので、$B$の単位は〔$\mathrm{Wb/m}^2$〕だ。つまり$B$は**$1\,\mathrm{m}^2$当たりの磁束線の本数**を表しているので、**磁束密度**という呼び方がピッタリだね！

　ただし、次の図のように磁場がコイルの面に対して斜めの場合は、面に対して直角な成分$B_\perp$を用いて、磁束Φは次のように表すことができる。

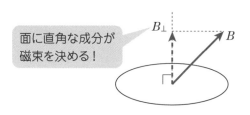

面に直角な成分が磁束を決める！

$$\text{磁束：} \Phi\,\text{〔Wb〕} = B_\perp \cdot S\,\text{〔}\mathrm{m}^2\text{〕}$$

11-2 レンツの法則（誘導電流の方向を決める方法）

　コイルに流れる誘導電流の方向は、次の**レンツの法則**で決まる。

　『**誘導電流（または誘導起電力）は、コイルを貫く磁束の変化を、誘導電流がつくる磁場によって妨げる向きに流れる**』

　ちょっとわかりにくい文章だよねえ……。そこで次のように、2つのステップに分けてみよう！

`step1` まず、コイルを貫く磁束の変化を妨げる（邪魔をする）磁場を考えよう。

> **磁束が増加する場合 ➡ 邪魔する磁場は磁束と逆向き**
> **磁束が減少する場合 ➡ 邪魔する磁場は磁束と同じ向き**

`step2` `step1` で考えた邪魔する磁場に、前章で学んだ右ねじの法則を適用しよう！　**邪魔する磁場が右ねじの進む方向 ➡ ねじを回す方向に誘導電流**が流れる。

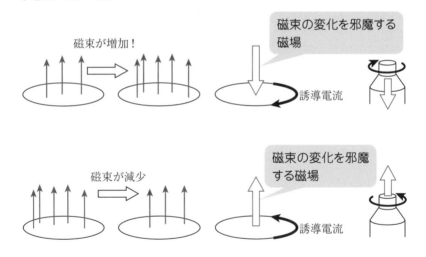

11-3 ファラデーの法則（誘導起電力の大きさを決める原理）

コイルを貫く磁束Φ〔Wb〕を用いて、コイルに生じる起電力の大きさ：V〔V〕は、次の**ファラデーの法則**で決まる。

『**コイルに生じる起電力の大きさV〔V〕は、1s当たりの磁束Φの増加に等しい**』

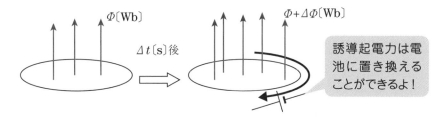

Φ〔Wb〕　　$\Phi+\Delta\Phi$〔Wb〕

Δt〔s〕後

誘導起電力は電池に置き換えることができるよ！

上の図のように、ちょっとの時間Δt〔s〕の間にコイルを貫く磁束が$\Delta\Phi$〔Wb〕増加した場合、電磁誘導による起電力の大きさVは、次のように計算できる。

$$電磁誘導の起電力の大きさ\, V = \frac{\Delta\Phi〔Wb〕}{\Delta t〔s〕}$$

誘導起電力の方向が磁束の変化を妨げる方向であるというレンツの法則も含めると、一般的に次のように表すことができる！

電磁誘導による起電力（ファラデーの法則）

$$V = \ominus\frac{\Delta\Phi}{\Delta t} \begin{cases} ① & 大きさ：\dfrac{\Delta\Phi}{\Delta t}：1s当たりの磁束の増加 \\[2mm] ② & 方向：磁束の変化を妨げる方向 \end{cases}$$

なお、式に現れた**符号（－）**は、**磁束の変化を妨げる方向**であることを表している。

もし、コイルの巻き数がN〔回巻き〕ならば、次のように表すことができるよね！

$$コイルの巻き数が\, N\, 回の場合：V = -\frac{\Delta\Phi}{\Delta t}\times N$$

11-4 導体棒に生じる起電力

　導体棒が磁場を横切るだけで、電磁誘導による起電力が生まれる。
なぜ？　この起電力の原因と大きさを考えよう。

　次の図のように、コの字型の導線に長さL〔m〕の導体棒を置く。棒を含む回路の面積をS〔m²〕とする。棒を含む回路は、**一巻きのコイル**とみなそう！

　コイルの面に垂直な磁束密度B〔Wb/m²〕の磁場があると、コイルを貫く磁束$\varPhi$〔Wb〕は、$\varPhi = BS$と表すことができるよね。

　磁場を横切るように、導体棒を右向きにv〔m/s〕の速さで動かす。すると、棒を動かすことによって**コイルの面積S〔m²〕が増加**するので、コイルを貫く磁束：$\varPhi = BS$が増加する。

　コイルを貫く磁束が増えると、コイルには起電力が発生する。起電力の方向は、次の**レンツの法則**で決めよう！

　『**誘導電流（または誘導起電力）は、コイルを貫く磁束の変化を、誘導電流がつくる磁場によって妨げる向きに流れる**』

　導体棒を右に動かす場合、増加する上向きの磁束を妨げようとする磁場は下向きだ。妨げ磁場に右ねじの法則を適用すると、ねじを回す方向に起電力が生まれる。

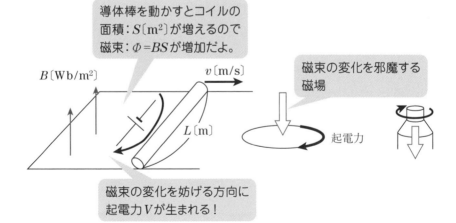

導体棒を動かすとコイルの
面積：S〔m²〕が増えるので
磁束：$\varPhi = BS$が増加だよ。

磁束の変化を邪魔する
磁場

B〔Wb/m²〕　　　v〔m/s〕

L〔m〕

起電力

磁束の変化を妨げる方向に
起電力Vが生まれる！

起電力の大きさ：V〔V〕は**ファラデーの法則**で計算できるよ！

> **起電力の大きさ**：$V = \dfrac{\Delta\Phi}{\Delta t}$

経過時間Δtが1sの場合、$V = \dfrac{\Delta\Phi}{1\text{s}}$となるので、1s当たりの磁束の増分$\Delta\Phi$が起電力の大きさ$V$となるね。

1s間に導体棒は$v \times 1\text{m}$移動し、この間のコイルの面積の増分は、斜線部分の$L \times (v \times 1)$〔m^2〕となる。この増加した面積を貫く磁束が磁束の増分$\Delta\Phi$だ。磁束の増分$\Delta\Phi$は次のように計算できる。

1s当たりの磁束の増分：$\Delta\Phi = B \times L \times (v \times 1)$

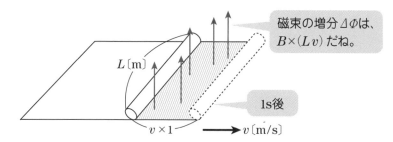

磁束の増分$\Delta\Phi$は、$B \times (Lv)$だね。

1s後

$v \times 1$　　v〔m/s〕

1s当たりの磁束の増分$\Delta\Phi = B \times L \times (v \times 1)$が起電力$V$の大きさとなる。

磁場を横切る導体棒に生じる起電力：$V = vBL$

但し、下図のように導体棒が磁場Bに対して斜めに進む場合は、磁場Bに対して直角な速度成分$v_\perp$を用いて、次のように表すことができる。

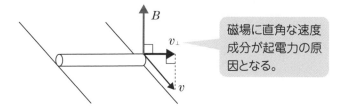

磁場に直角な速度成分が起電力の原因となる。

> **導体棒に生じる起電力**：$V = v_\perp BL$

■ 導体棒の起電力の方向を決める方法

　導体棒の起電力の方向を決める方法として、**フレミングの右手の法則**がある。

　次の図のように右手の親指を速度v、人差し指を磁場Bの向きに合わせたときに中指の方向に起電力Vが生じるんだ。

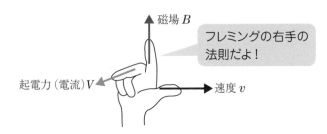

フレミングの右手の法則だよ！

磁場B

起電力（電流）V

速度v

前章ではフレミングの左手の法則が登場したけど、今度は右手の法則なの？？紛らわしいなあ…

　電磁力$F = I_\perp BL$の決定方法として前章で登場した、**右ねじ法**があるよね。

■ 前章のおさらい

　電磁力の漢字の順序に注目して……、

①電（流）から、②磁（場）に向かってねじ回す　➡　③力（ねじ進む方向）

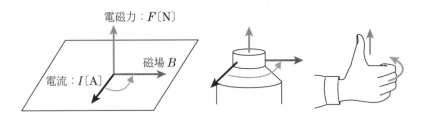

電磁力：F〔N〕

磁場B

電流：I〔A〕

導体棒も、右ねじ法で起電力の方向が決まるんだ。

| 電磁力 | $F = I_\perp B L$ |
| 起電力 | $V = v_\perp B L$ |

2つの式は似てるね！ 次の置き換えで
右ねじの法則を考えよう！
電流 $I_\perp$ ➡ 速度 $v_\perp$、電磁力 F ➡ 起電力 V

右ねじ法（導体棒に生じる起電力の決定方法）
速度と磁場を含む平面内で、速度 v を磁場 B に向かって（角度小さい側、近道となるように）ばたっと倒す。この方向が右ねじ回す方向と考えたときに、右ねじが進む方向が起電力の方向だ。

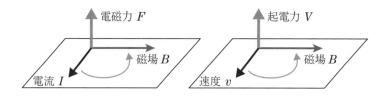

上向きの磁場 B を横切るように、導体棒を速度 v で右向きに進ませた場合、次の図のように手前に向かう方向に起電力が生まれることがわかるよね！ （導体棒を含むコイルを考え、レンツの法則で捉えた起電力の方向と一致することを確認しよう）

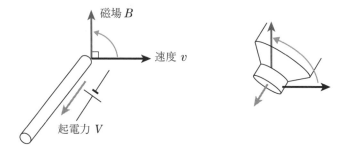

基本演習

　次の図のように金属の輪を糸でつるし、磁石のN極を左から近づける。

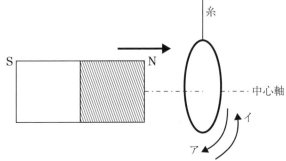

(1)　金属の輪に流れる誘導電流の方向はア、イのどちらの方向となるか？

(2)　金属の輪は左右どちらの方向に動くか？

解答

(1)　コイルに流れる電流の方向は、次の**レンツの法則**で決まるよね！

『誘導電流（または誘導起電力）は、コイルを貫く磁束の変化を妨げるような向きに流れる』

　磁石のN極を近づけると、コイルを貫く右向きの磁束：Φが増加するね！

①　まず、コイルを貫く磁束の変化を妨げようとする磁場の方向を考える。この問題の場合は、左向きの磁場が妨げの方向となる。

②　①で考えた妨げの磁場に、**右ねじの法則**を適用する。妨げ磁場の方向が右ねじ進む方向と考えて、ねじ回す方向に誘導電流が流れるよね。よって、方向は**イ** ……答

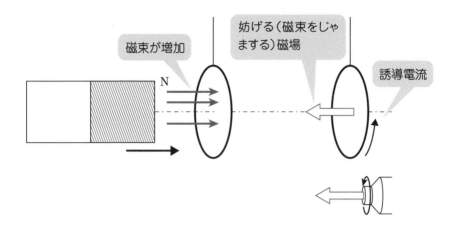

(2)　コイルは誘導電流によって、左向きの磁場と見ることができるよね。そこで、コイルを磁石に置き換えることを考えてみよう。

　コイルが作る左向きの磁場は、あたかも左側がN極、右側がS極の磁石と同じと見ることができるよね。

　すると次の図のように、N極どうしが向かい合った状態なので、反発し合う磁気力がはたらく。

　よって糸につるされたコイルは右向き、つまり近づけた**磁石から遠ざかる方向、つまり右方向に動く。**　……答

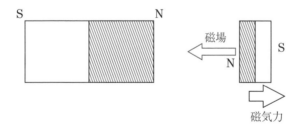

演習問題

　2本の導体レールを幅Lで水平に置き、レールに垂直に導体棒PQを載せる。レールの一端には抵抗値Rの抵抗が結ばれている。

　図のように鉛直上向きに磁束密度Bの磁場を与え、導体棒PQに右向きに外力を加え一定の速さvで平行移動させる。次の問いに答えよ。

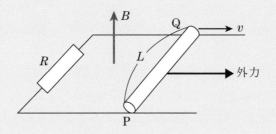

(1)　PQに流れる電流の大きさIと方向を求めよ。

(2)　導体棒を一定の速さで動かすための、外力fを求めよ。

(3)　単位時間当たりの外力の仕事Wを求めよ。

(4)　抵抗での消費電力Pを求めよ。

解答

(1)　磁束密度Bの磁場を横切る長さLの導体棒に生じる起電力Vは、磁場に直角な速度$v_⊥$を用いて次のように表すことができる。

> **導体棒に生じる起電力**：$V = v_⊥ BL$

　また起電力の方向は**右ねじ法**（速度を磁場に向かって倒す方向を右ねじ回す方向と考えたときに、右ねじが進む方向が起電力の方向）を利用するとQからPに向かう方向となるね。

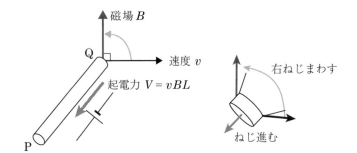

　起電力は次の図のようにQからPに電流を流そうとするような電池に置き換えることができる。

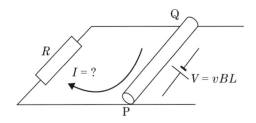

　QからPに流れる電流の大きさIは、オームの法則：$V = RI$で計算できるよね。

$$vBL = RI$$

$$I = \frac{vBL}{R}\ (\text{方向はQからP}) \quad \cdots\cdots 答$$

(2)　導体棒PQは電流Iが流れると、外部磁場Bから電磁力$F = IBL$を受けるね。方向は**右ねじ法**（電流Iを磁場Bに向かって倒す方向を右ねじ回す場合、右ねじが進む方向が電磁力Fの方向）を用いると左向きとなる。

　この左向きにはたらく電磁力は導体棒の運動を妨げているので、右向きに一定の速度で進ませるためには、電磁力Fと逆向きに同じ大きさの外力が必要となる。よって外力の大きさは電磁力Fを計算すればよいことになるね。

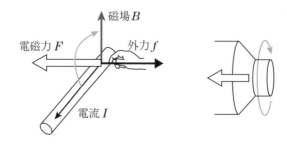

外力 f ＝電磁力 $F = IBL$

この式に(1)の結果を代入する。

$$f = \frac{vBL}{R}BL = \frac{vB^2L^2}{R} \quad \cdots\cdots \text{答}$$

(3)　仕事 W は力×距離で計算できるよね。単位時間（＝1s）当たりの距離は v〔m/s〕×1sとなる。

　　外力の仕事　$W = F \times v$

(2)の結果を F に代入する。

$$W = \frac{vB^2L^2}{R} \times v = \frac{v^2B^2L^2}{R} \quad \cdots\cdots \text{答}$$

(4)　消費電力 P は $P = I \times V$ で計算できるよね。(1)の計算結果を代入しよう。

$$P = \frac{vBL}{R} \times vBL = \frac{v^2B^2L^2}{R} \quad \cdots\cdots \text{答}$$

　ところで消費電力とは単位時間（＝1s）に発生する熱エネルギーだね。(3)の結果と(4)の結果は一致している。

　これは外力のした仕事がすべて抵抗で発生した熱エネルギーに変わったことを示しているね!!

応用問題 1

　図のように、紙面に垂直で一様な磁場が$x \geqq 0$の領域にある。磁束密度はBで、磁場は紙面の表から裏に向かっている。図のように1辺の長さがLの正方形コイルABCDを、辺ADがx軸に平行になるように紙面上に置き、x軸に平行な矢印の向きに一定の速さvで運動させる。頂点Aのx座標をaとし、コイルの全抵抗値をRとし、コイル自身が作る磁場の影響は無視する。

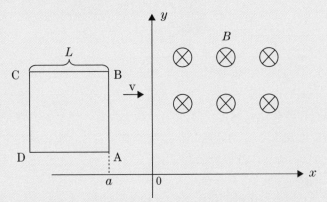

　コイルが磁場の境界線をまたいでいるとき（$0 < a < L$）、コイルに誘導される起電力の大きさは (1) 、コイルに流れる電流は (2) となる。

　また、コイルが境界線を通過したあと（$L < a$）、コイルに流れる電流は (3) となる。電流は、A→B→C→Dの向きに流れる場合を正とする。

解答

　まず、コイルに生じる誘導起電力Vは、一般的に次の式で表すことができる。**ファラデーの法則**だね。

$$V = \ominus \frac{\Delta \Phi}{\Delta t}$$

①大きさ：$\Delta \Phi / \Delta t$；1〔s〕あたりの磁束の増加
②方向：**磁束の変化を妨げる方向**

(1)　$0<a<L$の場合、コイルを貫く磁束Φは、磁束密度Bと磁束が貫く面積$S=La$を用いて、次のように表すことができる。

　　　磁束：$\Phi = BS = BLa$……①

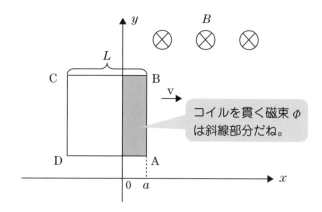

コイルを貫く磁束 φ
は斜線部分だね。

　　上記の状態から、微小な時間Δt経過すると、頂点Aのx座標はaから$a+v\Delta t$に増加する。Δt経過した磁束をΦ'すると、①のaを$a+v\Delta t$に置き換えて次のように計算できる。

　　　$\Phi' = BL(a+v\Delta t)$　……②

　　時間：Δtの間の磁束の増加$\Delta\Phi$は②−①で計算できるよね。

　　　$\Delta\Phi = \Phi' - \Phi = BL(a+v\Delta t) - BLa = BLv\Delta t$

　　よって、起電力の大きさVは、$\Delta\Phi/\Delta t$にこの結果を代入。

$$V(大きさ) = \frac{\Delta\Phi}{\Delta t} = \frac{BLv\Delta t}{\Delta t} = BLv$$

(2)　次の図のように、コイルを貫く表から裏向きの磁束Φは、どんどん増加しているよね。まず、磁束の変化を妨げる磁場を考えよう！

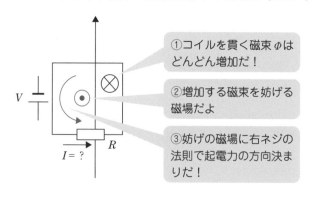

①コイルを貫く磁束 φ は
どんどん増加だ！

②増加する磁束を妨げる
磁場だよ

③妨げの磁場に右ネジの
法則で起電力の方向決ま
りだ！

　磁束の変化を妨げる磁場は、裏から表向きだよね。この妨げの磁場に右ねじの法則を適用すると、起電力の方向は反時計回り（A→B→C→D）だよね。よって、電流は正となり、大きさはオームの法則で次のように計算できる。

$$V = RI、I = \frac{V}{R}$$

$V = BLv$ を代入し、$I = +\dfrac{BLv}{R}$　……**答**

(3)

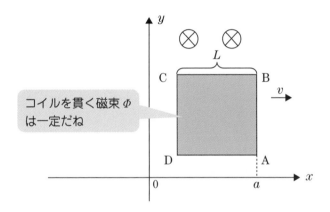

コイルを貫く磁束 ϕ は一定だね

$L < a$ の場合、図のようにコイルを貫く磁束は一定なので磁束の変化がないよね。よって起電力は0なので、**電流は0**となる　……**答**

■ 超速解法

　長方形や正方形の形をしたコイルが磁場を移動する場合、コイルと考えずに、「**4本の導体棒からできている**」と考えてみよう。すると、**導体棒が磁場を横切る場合の起電力**の公式が使えるよね！

　磁束密度Bの磁場を、速度vで横切る長さlの導体棒に生じる誘導起電力Vは次の公式で表すことができる。

> 導体棒に生じる起電力：$V = vBl$（vとBが直角の場合）

　起電力Vの方向は、次の右ネジ法で決める。

右ねじ法（導体棒に生じる起電力の決定方法）

　速度と磁界を含む平面内で、速度を磁界に向かって（角度が小さい側、近道となるように）ばたっと倒す。この方向が右ねじ回す方向と考えたときに、右ねじが進む方向が起電力の方向だ

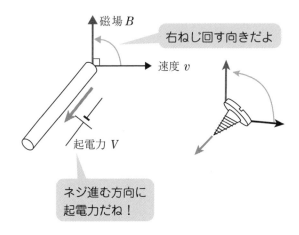

（1）　$0<a<L$ の場合、4本の導体棒のなかで、磁場を横切っている棒は導体棒ABだけだね。

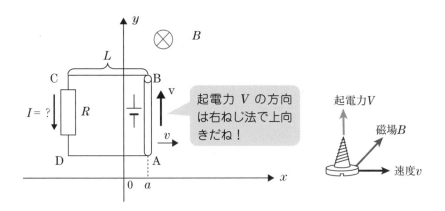

　導体棒ABの起電力Vの大きさはvBLで、方向は右ねじ法より上向きだね。

よって、コイルに生じる起電力：$V = vBL$ ……答

(2)　導体棒ABの起電力Vによって電流Iは反時計回り（A→B→C→D）だよね。よって、電流は正となり、大きさはオームの法則で次のように計算できる。

$$V = RI、 I = \frac{V}{R} = \frac{vBL}{R} \quad ……答$$

(3)　$L < a$の場合、4本の導体棒のなかで、磁場を横切っている棒は導体棒ABとCDだね。

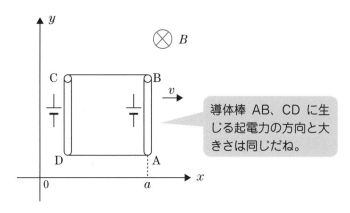

導体棒 AB、CD に生じる起電力の方向と大きさは同じだね。

　　導体棒AB、CDに生じる起電力の方向と大きさは同じなので、回路には時計周り、反時計回りどちらにも流れなくなる。
　　よって、電流は0 ……答

応用問題2

　磁束密度Bの鉛直上向きの一様な磁場の中で、長さLの導体棒OP
が、点Oを中心として水平面内で図の向きに角速度ωで回転してい
る。

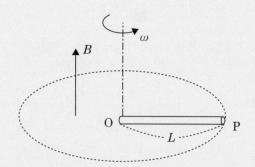

(1)　電位が高いのはO、Pのどちらか。
(2)　OP間に生じる誘導起電力の大きさはいくらか。

解答

(1)　次の図のように導体棒OPを含む閉回路（コイル）を考える。

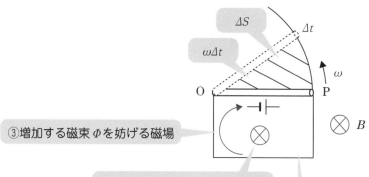

③増加する磁束φを妨げる磁場

②増加する磁束φを妨げる磁場

①導体棒 OP を含む閉回路
（コイル）は磁束φが増加し
てるよね。

導体棒が回転するとコイルの面積Sが増えるので、コイルを貫く磁束$\phi = BS$は増加するね。

コイルに生じる誘導起電力Vは、一般的に次の式で表すことができる。**ファラデーの法則**だ。

$$V = \ominus \frac{\Delta\Phi}{\Delta t} \begin{cases} \text{①大きさ}: \Delta\Phi/\Delta t : 1〔s〕\text{あたりの磁束の増加} \\ \text{②方向}: \textbf{磁束の変化を妨げる方向} \end{cases}$$

磁束の変化を妨げる方向に起電力Vが生じる。方向は$O \to P$に向かう方向だ。

この起電力を電池に置き換えるとOが負極、Pが正極の電池となるので、Pが高電位 ……答

(2)　微小時間Δtの間の磁束の増分$\Delta\Phi$を計算する。まず、Δtの間に棒が描いた面積をΔSと表す。このΔSを貫く磁束が磁束の増分$\Delta\Phi$だ。ΔSは半径L、中心角が$\omega\Delta t$の扇形だよね。

磁束の増分：$\Delta\Phi = B\Delta S = B\pi L^2 \times \dfrac{\omega\Delta t}{2\pi} = \dfrac{1}{2}B\omega L^2 \Delta t$

よって、起電力の大きさVは次のように計算できる

$V = \dfrac{\Delta\Phi}{\Delta t} = \dfrac{1}{2}B\omega L^2$ ……答

■手間のかかる別解

導体棒の電子（電気量：$-e$）に働くローレンツ力f_Bに注目する。ローレンツ力は磁場Bと電気量q、速度vを用いて次のように表すことができる。

> ローレンツ力$f_B = qvB$

方向の決定方法　荷電粒子の運動を電流に置き換え、電流Iを磁場Bに向かって回転する方向が右ねじを回す方向→ネジの進む方向が力f_Bの方向

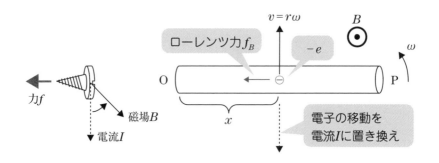

　点Oからx離れた電子の速度vは円運動の速度$r\omega$より、$v=x\omega$だね。電子の移動を電流に置き換えると、負の電荷である電子の移動と逆向きだ。

　電流Iを磁場Bに向かって回転する方向が右ねじを回す方向→ネジの進む方向で、ローレンツ力の方向はP→Oに向かう方向だね。

　ローレンツ力$f_B=qvB$にqの大きさe、$v=x\omega$を代入すると次のようになる。

$$f_B=ex\omega B \cdots\cdots①$$

　電子は、ローレンツ力を受けた結果、Oに移動を始める。このためOが負、電子が不足したPが正に帯電する。

　この両端の正負の偏りのため、PからOに向かう方向に電場Eが生じる。電場の方向は電位Vが減る方向なのでPが高電位となる　……**答**(1)

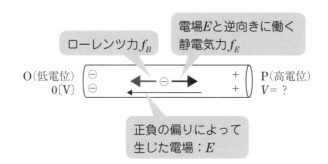

　電子は負なので、電場Eと逆向きに静電気力$f_E=eE$が働く。電場Eは正負の偏りが大きくなるにしたがって増加する。

　最終的には、ローレンツ力f_Bと静電気力f_Eがつり合う。このことから、

点Oからx離れた位置の電場Eを計算してみよう！

$$f_E = f_B 、 eE = ex\omega B$$

よって、$E = \omega Bx$となり、xに比例することがわかるよね。グラフは次の図のようになる。

電場Eの大きさは、電位差ΔVと距離Δxを用いて次のように表すことができる。

$$E（大きさ） = \frac{\Delta V}{\Delta x}$$

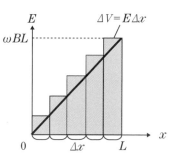

電位差ΔVは$\Delta V = E\Delta x$となるが、右図の長方形の面積だ。両端の電位差Vはこれらの長方形の面積の和となる。Δxを0に近づけると、三角形の面積となる。

$$V = \frac{1}{2}L \times \omega BL = \frac{1}{2}B\omega L^2 \quad \cdots\cdots 答(2)$$

■ 超速解法

回転する導体棒が登場したら次の手順を必ず覚えよう！

①起電力の方向：$V = vBL$で決める

> **右ねじ法（導体棒に生じる起電力の決定方法）**
>
> 速度と磁場を含む平面内で、速度を磁界に向かって（角度が小さい側、近道となるように）ばたっと倒す。この方向が右ねじ回す方向と考えたときに、右ねじが進む方向が起電力の方向だ

導体棒は、どの場所でも円運動の接線方向の速度を持っている。下図のPの速度vの方向は上向きだね。

上向きの速度vを手前に向かう磁場Bに向かって倒す方向を右ねじ回すと考えると、ネジはOからPに向かって進む。これが起電力Vの方向となる。

この起電力を電池に置き換えるとPが正極、Oが負極の電池となる。

よってPが高電位 $\cdots\cdots 答(1)$

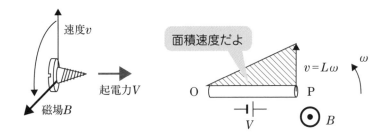

②起電力の大きさ V

微小時間 Δt の間に、棒が描く面積を ΔS と表す。ファラデーの法則より、起電力 V は次のように計算できる。

$$V = \frac{\Delta \Phi}{\Delta t} = \frac{B \Delta S}{\Delta t} = B \frac{\Delta S}{\Delta t}$$

$\dfrac{\Delta S}{\Delta t}$ は力学編で登場した面積速度だね！

$\dfrac{\Delta S}{\Delta t}$ は面積速度だ！　面積速度は次のように OP = L を底辺、速度 v を高さとする三角形の面積で計算できる。

$$\frac{\Delta S}{\Delta t} = \frac{1}{2} L v$$

$v = L\omega$ を代入すると、次のように計算できる。

$$\frac{\Delta S}{\Delta t} = \frac{1}{2} L^2 \omega$$

よって、起電力 V は、

$$V = B \frac{\Delta S}{\Delta t} = \frac{1}{2} B \omega L^2 \quad \cdots\cdots 答$$

ここでは、回転する導体棒に生じる起電力を、3通り示したね。

①ファラデーの法則による解法
②ローレンツ力を利用する方法
③面積速度を利用する方法

　もちろん、③の方法がラクチンなんだけど、どんな問題にも対応できるように、すべての解法を身に付けよう！

12章 自己誘導、相互誘導

12-1 自己誘導

　次の図のようにソレノイドコイルの両端ABに電池をつなぎ、スイッチを閉じる。

> 10章で学んだように、導線を筒状に何回も巻いた長さをもったコイルが**ソレノイドコイル**だね！

　左端Aからソレノイドを通じて右端Bに向かう電流Iが増加すると、ソレノイド内部の磁場：Hも増加するよね！

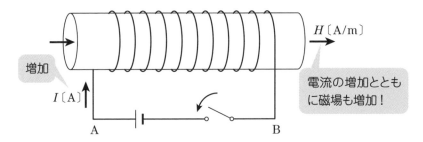

H〔A/m〕

増加

I〔A〕

A　　B

> 電流の増加とともに磁場も増加！

　磁場Hが増加すると、コイルを貫く磁束：Φも増加する。すると、コイルには誘導起電力が生まれるよね。誘導起電力の方向は、レンツの法則（**コイルを貫く磁束の変化を、妨げる向きに起電力が発生する**）によってBからAに向かう方向だ。

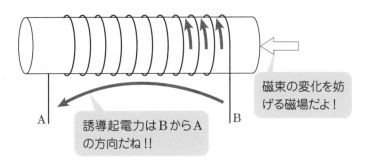

A　　　　B

> 磁束の変化を妨げる磁場だよ！

> 誘導起電力はBからAの方向だね！！

　このように**コイルに流れる電流の変化によって、同じコイルに生まれる起電力**が**自己誘導による起電力**だ。

　Δt〔s〕間にコイルに流れる電流が、I〔A〕から$I + \Delta I$〔A〕に増加した場合、自己誘導による起電力：V〔V〕は、次のように表すことができるよ！

自己誘導による起電力：$V = -L\dfrac{\Delta I〔\text{A}〕}{\Delta t〔\text{s}〕}$

自己インダクタンス：L〔H〕

　上式に登場したLは、コイルの巻き数や長さなどで決まる定数で**自己インダクタンス**と呼び、単位は〔H(ヘンリー)〕だ。

　また$-$の符号は、前章で学んだファラデーの法則：$V = -\dfrac{\Delta \Phi}{\Delta t}$と同じように、レンツの法則（**起電力の方向が磁束の変化を妨げる方向**）を表す。

　自己誘導の$-$は、ΔIにかかるので**電流の変化：ΔIを妨げる方向**と捉えることもできるんだ。

　つまり、磁束の変化を考えずに、**電流の変化を妨げる方向に起電力が生まれている**と考えることができる。

コイルの記号だよ！

電流Iが増加

電流の変化を妨げる方向
に起電力発生！

　上図のように、コイルに流れる右向き電流Iが増加する場合、電流の変化を妨げる左向きに起電力が生じるんだ。起電力は電池に置き換えることができるよね！

自己誘導の起電力は、ソレノイドの内部に生じる磁場を考えずに、電流の変化を邪魔する方向で決まるんだね！！

12-2 相互誘導

　次のように円柱の左右にソレノイドコイルを巻いておく。それぞれ
1次コイル、2次コイルと呼ぼう。

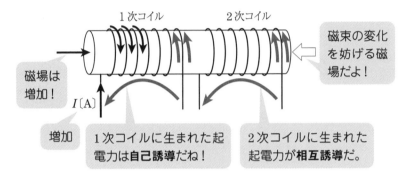

　1次コイルに流れる電流Iが増加すると、磁場Hが増加するのでコイル
を貫く磁束：Φも増加する。すると、1次コイル、2次コイルそれぞれに誘
導起電力が生じる。

　1次コイルに生まれる起電力は**12-1**で学んだ**自己誘導**だね。

　一方、2次コイルに生じる起電力が**相互誘導による起電力**だ！

2次コイルの起電力は、1次コイルが原因と
なっており、相手コイルとの**相互関係**によっ
て生まれたから相互誘導っていうんだね!!

　Δt〔s〕間に1次コイルに流れる電流が、I〔A〕から$I + \Delta I$〔A〕に増加した場
合、2次コイルに生まれる相互誘導による起電力Vは、次のように表すこ
とができる。

相互誘導による起電力：$V = -M \dfrac{\Delta I \text{〔A〕}}{\Delta t \text{〔s〕}}$

相互インダクタンス：M〔H〕

　式に登場したMは2つのコイルの巻き数や長さなどで決まる定数で**相互
インダクタンス**と呼び単位は、〔H(ヘンリー)〕だよ。

　自己誘導、相互誘導が電流の変化ΔIで表現できる理由は、章末の演習問題で示すよ！

<u>12-3</u> コイルに蓄えられる磁場のエネルギー

　コイルに電流が流れると、エネルギーが蓄えられるんだ。え？　いったいどこにエネルギーが??　って思うよね？

　ソレノイドに電流が流れると、ソレノイド内部に磁場が生まれるが、**空間に磁場が存在する状態がエネルギーの一つの形**なんだ。コイルに蓄えられた磁場のエネルギーをU_Lと表す。

　次の図のように、自己インダクタンス：L〔H〕のコイルに流れる電流Iが増加する場合を考える。

　コイルには、電流の変化を妨げる方向に自己誘導による起電力の大きさ；$L\dfrac{\Delta I}{\Delta t}$が発生するよね！

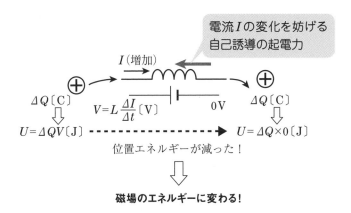

　コイルを微小時間Δt〔s〕間に通過した電気量をΔQ〔C〕とする。コイルの入り口が出口よりV〔V〕だけ高電位なので、通過した電気量ΔQはΔQV〔J〕の位置エネルギーを失う。

　失った位置エネルギーΔQV〔J〕は、コイルに磁場のエネルギーU_Lとして蓄えられるよ！

　　　コイルに蓄えられた磁場のエネルギー$U_L = \Delta QV$　　　　　……①

コイルに流れる電流が次の図のように、0sからt〔s〕の間に一定の割合でI〔A〕まで増加する場合を考える。

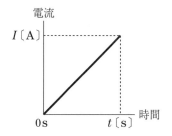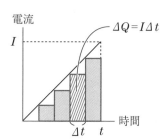

Δt〔s〕間に導線を通過した電気量ΔQは、電流I〔A〕$=\dfrac{\Delta Q\text{〔C〕}}{\Delta t\text{〔s〕}}$より、

$\Delta Q=I\Delta t$となる。ΔQは、右のグラフの赤い斜線で塗られた長方形の面積だね！

　よってt〔s〕間に通過した電気量は、長方形の面積の和となるが、Δtを0に近づけるとガタガタが減り、グラフとt軸で囲まれた三角形の面積になるよね。

t〔s〕間に通過した電気量：$Q=\dfrac{1}{2}It$　　　　　……②

　次にコイルに生じた自己誘導による起電力の大きさVを計算しよう！

自己誘導による起電力の大きさ：$V=L\dfrac{\Delta I}{\Delta t}$

上式の$\dfrac{\Delta I}{\Delta t}$は、$I$-$t$グラフの傾きだよね。よって起電力は次のように計算できる。

自己誘導による起電力の大きさ：$V=L\dfrac{I}{t}$　　　　　……③

①式の磁場のエネルギー $U_L = \Delta Q V$ の式に②、③を代入すると次のように計算できる。

$$U_L = \Delta Q V$$

$$= \frac{1}{2} I t \times L \frac{I}{t} = \frac{1}{2} L I^2$$

> **コイルに蓄えられる磁場のエネルギー**：$U_L = \dfrac{1}{2} L I^2$

コイルのエネルギーを導くプロセス、ちょっと難しいね!!

基本演習

自己インダクタンス5.0Hのコイルに流れる電流Iが次のグラフのように変化した。電流Iは右向きを正とする。

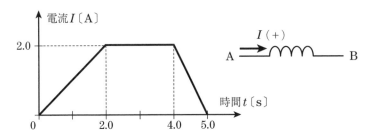

コイル右端Bを基準とした場合、左端Aの電位V_Aの時間変化をV_A-tグラフに示せ。

解答

自己誘導による起電力Vは、次の式で表すことができるよね！

> **自己誘導による起電力**：$V = -L\dfrac{\Delta I\,\text{(A)}}{\Delta t\,\text{(s)}}$
>
> （－は、電流Iの変化を妨げる方向に起電力が生じることを表す）

　グラフを見てわかるように**電流の変化が増加、減少の2通りある場合、電流は増加と仮定して、起電力の方向を決めてしまおう！**

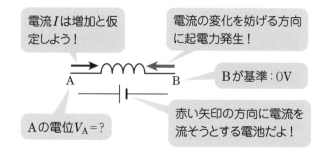

電流Iは増加と仮定しよう！

電流の変化を妨げる方向に起電力発生！

Bが基準：0V

Aの電位V_A=?

赤い矢印の方向に電流を流そうとする電池だよ！

　電流Iが増加する場合、BよりAが高電位となるので、Bを基準としたAの電位：V_Aは、次のように表すことができる。

$$V_A = L\frac{\Delta I\,\text{(A)}}{\Delta t\,\text{(s)}}$$

　上式の$\dfrac{\Delta I}{\Delta t}$は、$I$-$t$グラフの傾きだよね。

　0〜2.0s、2.0〜4.0s、4.0〜5.0sのグラフの傾きが一定なので、場合分けしよう！

$$0\sim2\text{s}：V_A = 5.0 \times \frac{2.0\text{A} - 0\text{A}}{2.0\text{s} - 0\text{s}} = 5.0\text{V}$$

$$2\sim4\text{s}：I\text{-}t\text{グラフの傾き} = 0\text{なので、}V_A = 0\text{V}$$

$$4\sim5\text{s}：V_A = 5.0 \times \frac{0\text{A} - 2.0\text{A}}{5.0\text{s} - 4.0\text{s}} = -10\text{V}$$

以上をもとに、V_A－tグラフを書くと、次のようになるよ。

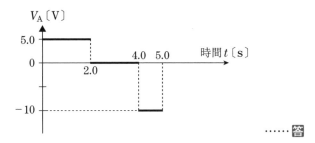

……答

演習問題

図のように、断面積S、透磁率μの鉄心に長さℓでN_1回巻きのコイル1と、N_2回巻きのコイル2が同じ向きに巻いてある。

鉄心の両端以外からの磁束のもれはないとし、導線には抵抗はないものとする。

(1) コイル1に図の矢印の向きの電流Iを流した。このとき鉄心内に生じている磁束Φを求めよ。

(2) 次に電流を微小時間ΔtにΔIだけ増加させた。コイル1、コイル2の両端子に生じる電圧V_1、V_2の大きさを示せ。また、このときa、bおよびc、dのいずれの電位が高くなるか。

(3) コイル1の自己インダクタンス：Lおよび、コイル1とコイル2の相互インダクタンス：Mを求めよ。

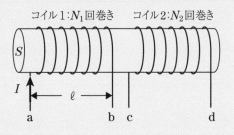

コイル1:N_1回巻き　　コイル2:N_2回巻き

解答

(1) 10章で学んだように、ソレノイド内部の磁場は、電流 I〔A〕、1m当たりの巻き数 n を用いて次のように表すことができるよね！

> **ソレノイド内部の磁場**：H〔A/m〕$= n$〔回/m〕$\times I$〔A〕

1m当たりの巻き数 n は、コイル1の巻き数 N_1 をコイルの長さ ℓ で割ると次のように計算できるよね。

$$H = nI = \frac{N_1}{\ell}I \qquad\qquad \cdots\cdots ①$$

またコイルを貫く磁束 $\varPhi$ は、磁場がコイルの面に対して直角に貫く場合、11章で学んだように、コイルの面積 S と磁束密度 B を用いて、次のように表すことができる。

> **コイルを貫く磁束**：$\varPhi = BS$ $\qquad\qquad \cdots\cdots ②$

真空中であれば、磁束密度 B は真空の透磁率 μ_0 と磁場 H を用いて $B = \mu_0 H$ と表すことができるが、問題では鉄心の透磁率 μ が与えられているので、次のように表すことができる。

$$B = \mu H \qquad\qquad \cdots\cdots ③$$

①を③に代入し、さらに③を②に代入すると、磁束 $\varPhi$ は次のように計算できる。

$$\varPhi = \mu\frac{N_1}{\ell}IS = \frac{\mu N_1 S}{\ell}I \ \cdots\cdots 答$$

(2) (1)の結果より、**電流 I が増えると磁束 $\varPhi$ が増える**ことがわかるよね。前章で学んだように、巻き数が N のコイルに生じる起電力は、次のファラデーの法則で表すことができる。

> **ファラデーの法則**
> **電磁誘導による起電力**：$V = -\dfrac{\Delta \Phi}{\Delta t} \times N$

電流Iが増加すると、右向きの磁束が増加する。このためそれぞれの
コイルには、磁束の変化を妨げる方向に起電力が生じる。

よってコイル1は、bからaの方向に起電力が生じるので、
端子aが高電位。……**答**

またコイル2はdからcの方向に起電力が生じるので、
端子cが高電位。……**答**

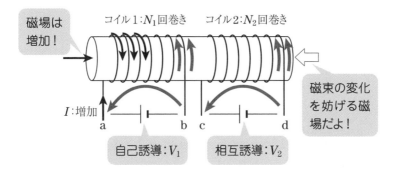

コイル1の起電力は自己誘導だね！　大きさV_1はファラデーの法則
より、次のように表すことができる。

自己誘導による起電力の大きさ：$V_1 = \dfrac{\Delta \Phi}{\Delta t} \times N_1$　　　……①

(1)の結果$\Phi = \dfrac{\mu N_1 S}{\ell} I$から、電流が$I$から$I + \Delta I$に増加すると、磁束の
増分$\Delta \Phi$は次のように計算できる。

$$\Delta \Phi = \frac{\mu N_1 S}{\ell}(I + \Delta I) - \frac{\mu N_1 S}{\ell}I = \frac{\mu N_1 S}{\ell}\Delta I \qquad ……②$$

②を①に代入すると、自己誘導は次のように表すことができる。

$$V_1 = \frac{\mu N_1 S}{\ell} \frac{\Delta I}{\Delta t} \times N_1 = \frac{\mu N_1^2 S}{\ell} \frac{\Delta I}{\Delta t} \quad \cdots\cdots \boxed{答}$$

コイル2の起電力は相互誘導だね！　大きさV_2はファラデーの法則より、次のように表すことができる。

相互誘導による起電力の大きさ：$V_2 = \dfrac{\Delta \Phi}{\Delta t} \times N_2$ 　　　　　　$\cdots\cdots$③

磁束の変化：$\Delta\Phi$はコイル1に流れる電流で決まるので、②を③に代入すると、相互誘導は次のように表すことができる。

$$V_2 = \frac{\mu N_1 S}{\ell} \frac{\Delta I}{\Delta t} \times N_2 = \frac{\mu N_1 N_2 S}{\ell} \frac{\Delta I}{\Delta t} \quad \cdots\cdots \boxed{答}$$

自己誘導、相互誘導の起電力が電流の変化ΔIを用いて表せることがわかったね！ここまでくると、L〔H〕、M〔H〕はもうわかっちゃった！

(3)　自己誘導による起電力V_1は、自己インダクタンスLを用いて、次の式だ。

> **自己誘導の起電力**：$V_1 = -L\dfrac{\Delta I}{\Delta t}$

自己誘導の起電力の大きさ：$L\dfrac{\Delta I}{\Delta t}$と(2)の結果$V_1 = \dfrac{\mu N_1^2 S}{\ell} \dfrac{\Delta I}{\Delta t}$を比較すると、自己インダクタンス$L$は次のとおりだ！

自己インダクタンス $L = \dfrac{\mu N_1{}^2 S}{\ell}$ ……答

相互誘導による起電力 V_2 は、相互インダクタンス M を用いて、次のように表すことができる。

$$\textbf{相互誘導の起電力}: V_2 = -M\dfrac{\Delta I}{\Delta t}$$

相互誘導の起電力の大きさ：$M\dfrac{\Delta I}{\Delta t}$ と (2)の答：$\dfrac{\mu N_1 N_2 S}{\ell}\dfrac{\Delta I}{\Delta t}$ を比較すると、相互インダクタンス M は次のとおりだ！

相互インダクタンス $M = \dfrac{\mu N_1 N_2 S}{\ell}$ ……答

この問題で、ファラデーの法則 $V = \dfrac{\Delta \phi}{\Delta t} \times N$ から、自己、相互誘導が $\dfrac{\Delta I}{\Delta t}$ で表すことができるとわかるね！

13章 交流

交流はとても身近な電源だね。家庭のコンセントがまさに交流電源だよ。ところでコンセントには100Vと表示があるが、実際の電圧は次の図に示すように+141Vと−141Vの間で往復してるのだ。

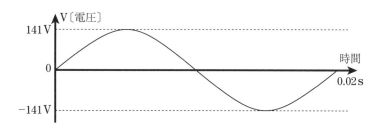

ちなみに関東地方では、一往復の時間が0.02sなのだが、この時間を**周期**と呼び記号でT〔s〕と表す。では1s当たりの振動回数：fはいくらかな？

これは、めちゃ簡単！　1sを周期T=0.02sで割るだけだね。

f=1÷0.02＝50回/sの単位は、50Hz（ヘルツ）で表す。交流ではfを**周波数**と呼び、周期Tの逆数だね。

> **周波数**：f〔Hz〕$=\dfrac{1}{T〔\mathrm{s}〕}$　　　　　T：周期

日本では静岡県の富士川と新潟県の糸魚川あたりを境にして、東側は50Hz、西側は60Hzの、周波数が異なる電気が送られている。

この章では、まず交流電圧の発生方法を考えるよ！

POINT

13章では三角関数の公式が必要となるよ。

① $\sin\left(x+\dfrac{\pi}{2}\right)=\cos x$、$\sin\left(x-\dfrac{\pi}{2}\right)=-\cos x$

② **倍角の公式**　$\sin^2\theta=\dfrac{1-\cos 2\theta}{2}$

③ 三角関数の微分

$$y = \sin x \quad \xrightarrow{\quad x で微分すると\cdots\cdots\quad} \quad y' = \cos x$$

$$y = \cos x \quad \xrightarrow{\quad x で微分すると\cdots\cdots\quad} \quad y' = -\sin x$$

13-1 交流電源（交流電圧を生み出す方法）

図のように磁束密度B〔Wb/m^2〕の磁場内で面積S〔m^2〕のコイルを一定の角速度ω〔rad/s〕で回転させる。コイルの端子ab間に生じる起電力V〔V〕を考える。

$t = 0$ sでコイルの面が磁場Bに直角の場合、t〔s〕後のコイルの面に垂直な直線（法線）と、磁場Bのなす角度は$\theta = \omega t$となるよね。

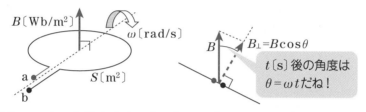

t〔s〕後の角度は
$\theta = \omega t$だね！

t〔s〕後のコイルを貫く磁束Φ〔Wb〕は11章で学んだようにコイルの面に対して直角な磁束密度：$B_\perp$を用いて次のようになる。

$$\Phi \text{〔Wb〕} = B_\perp \text{〔Wb/m}^2\text{〕} \times S \text{〔m}^2\text{〕} = B\cos\theta \times S = BS\cos\omega t \qquad \cdots\cdots①$$

①式より、磁束は時間tとともに増加減少を繰り返しているので、コイルには**誘導起電力**が発生する。

この起電力V〔V〕を求めよう。まずコイルを貫く**上向きの磁束が増加すると仮定して、レンズの法則**（磁束の変化を妨げる方向に起電力が発生）を適用すると起電力の方向は下の図のようになる。

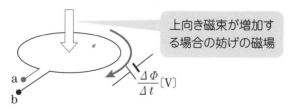

上向き磁束が増加する場合の妨げの磁場

ファラデーの法則によりbを基準：0Vとしたaの電位V〔V〕は次の式で表すことができる。

aの電位；$V = -\dfrac{\Delta \Phi}{\Delta t}$　$\xrightarrow{\Delta t を0に近づけると\cdots}$　$V = -\dfrac{d\Phi}{dt}$（Φをtで微分）

$$\cdots\cdots②$$

　①の磁束を②の誘導起電力の式に代入すると、起電力V〔V〕は次のようになる。（**$\cos x$の微分は$-\sin x$となる**ことを利用するよ！）

起電力：$V = -\dfrac{d}{dt}(BS\cos\omega t) = BS\omega\sin\omega t$

$BS\omega = V_0$（電圧の最大値だよ！）とおくと、$V = V_0\sin\omega t$となり、これをグラフに表すと、交流電圧は章の始めに登場したサインカーブとなるよね。

　まさにこの時間とともに周期的に＋、－を繰り返す電源こそが**交流電源**だ！

POINT

　交流電源は次の記号で表現するよ！　円の中にある曲線は、時間とともにサインカーブ的に変化する電圧を表しているんだ。

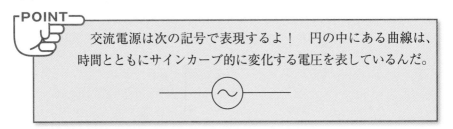

13-2 交流に接続した抵抗の電流・電圧の関係、実効値

　電圧Vが$V = V_0\sin\omega t$で表される交流電源に、抵抗値R〔Ω〕の抵抗を接続する。抵抗に流れる電流Iはオームの法則：$V = RI$を用いて次のように計算できる。

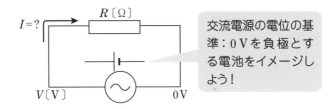

交流電源の電位の基準：0Vを負極とする電池をイメージしよう！

抵抗に流れる電流：$I = \dfrac{V}{R} = \dfrac{V_0}{R}\sin\omega t$

電流の最大値$\dfrac{V_0}{R}$をI_0とおくと電流は、$I = I_0\sin\omega t$と表すことができる。

当たり前だけど、**抵抗の電流と電圧の最大値の間にはオームの法則が成り立つ**ね！

> 抵抗 R：$V_0 = RI_0$（電流、電圧の最大値はオームの法則が成立）

電流 I の $\sin\omega t$ の ωt を**位相**と呼ぶ。電流 I の位相は、電圧 V の位相と同じ ωt だよね。つまり、**電流と電圧は同位相**ってことだね。

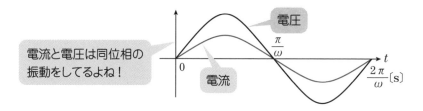

電流と電圧は同位相の振動をしてるよね！

まず、電圧 $V = V_0 \sin\omega t$ を次の図のように長さ V_0 で角速度 ω でまわるベクトルで表してみるよ！

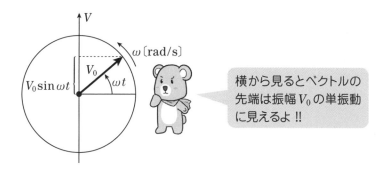

横から見るとベクトルの先端は振幅 V_0 の単振動に見えるよ!!

電流 I と電圧 V は同位相なので、次のように同じ方向を向いたベクトルで表すことができるよね！

抵抗 R は電流 I、電圧 V が同位相

次に抵抗での消費電力P〔W〕$=IV$を計算しよう。

$$P = IV = (I_0 \sin\omega t) \times (V_0 \sin\omega t) = I_0 V_0 \sin^2\omega t$$

上式より、交流電源につながれた**抵抗での消費電力Pは時間とともに変化**していることがわかるよね！

ところが交流電源につながれた家庭用の電気製品には、消費電力が**単純な数字**で書いてある。電子レンジ1000W、電球60Wなどだ。じつは、この数字は**消費電力の平均値**なんだ。

そこで、抵抗Rの消費電力の平均値を計算するために、次の倍角の公式を使って消費電力：Pを書き換えよう。

倍角の公式　$\sin^2\theta = \dfrac{1-\cos 2\theta}{2}$

cosの平均値は
0だよね！

$$P = I_0 V_0 \sin^2\omega t = \frac{1}{2} I_0 V_0 (1 - \cos 2\omega t)$$

上式の（　）内にある$\cos 2\omega t$は$+1$と-1の間を往復してるだけなので平均値は0だ。よって消費電力の平均値$\overline{P}$（Pの上についている棒はバーと読み、平均を表す記号）は次のように表すことができる。

抵抗での消費電力の平均値：$\overline{P} = \dfrac{1}{2} I_0 V_0$

平均値$\overline{P}$に現れた数字：$\dfrac{1}{2}$が気になるよねえ……できれば直流と同じように$P=$電流×電圧の形にしたい！

そこで、$\dfrac{1}{2}$という数字を最大値であるI_0、V_0に**同じ値となるように振り分ける**と、次のように書き表すことができる。

抵抗での消費電力の平均値：$\overline{P} = \dfrac{1}{2} I_0 V_0 = \dfrac{I_0}{\sqrt{2}} \times \dfrac{V_0}{\sqrt{2}}$

上の式に現れた、最大値を$\sqrt{2}$で割った値を**実効値**（effective value）と呼ぶ。電流ならばI_e、電圧ならばV_eと表すよ！

$$\text{電流の実効値}: I_e = \frac{I_0}{\sqrt{2}}、\text{電圧の実効値}: V_e = \frac{V_0}{\sqrt{2}}$$

　実効値を用いると、抵抗での消費電力の平均値$\overline{P}$は次のように表すことができる。

$$\text{抵抗}R\text{での消費電力の平均値}: \overline{P} = I_e V_e（実効値の積）$$

　　　交流なのに、**電流、電圧を単純な数値で言い表す場合は実効値**と考えよう！

　例えば、コンセントの電圧は時間とともに変化してるのに100Vって言うよね？　この数値で言い表した100Vこそが**実効値V_e**なんだ。
　ということは、コンセントの電圧の最大値V_0は100Vじゃないことがわかるよね！　最大値は次のように計算できる。

$$V_e = \frac{V_0}{\sqrt{2}}\text{より、}V_0 = 100\sqrt{2} \fallingdotseq 100 \times 1.41 = 141\,\text{V}$$

章の始めに登場した、電圧のグラフの振幅が141Vである理由がわかったね！

交流電源に接続された抵抗Rのまとめ

$V_0 = R I_0$（電流、電圧の最大値はオームの法則が成立）

　　　　電流と電圧は同位相

電流の実効値：$I_e = \dfrac{I_0}{\sqrt{2}}$、電圧の実効値：$V_e = \dfrac{V_0}{\sqrt{2}}$

消費電力の平均値：$\overline{P} = I_e V_e$（実効値の積）

13-3 交流電源に接続したコンデンサー

電気容量C〔F〕のコンデンサーに交流電源をつないだ場合、流れる電流I〔A〕を考えよう。

4章で学んだように、コンデンサーには$Q=CV$で与えられる電荷が蓄えられる。

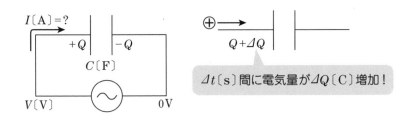

Δt〔s〕間に電気量がΔQ〔C〕増加！

交流電圧$V=V_0\sin\omega t$を$Q=CV$に代入すると、電気量Qは次のように計算できる。

$$Q=CV=CV_0\sin\omega t \qquad\qquad\cdots\cdots①$$

上式より、コンデンサーの電気量Qは時間とともに変化することがわかるよね。

極板に流れ込む電流Iによってコンデンサーに蓄えられた電気量Qが、Δt〔s〕間に$Q+\Delta Q$に増加した場合、**電流は1s当たりに通過する電気量**として次のように表すことができる。

$$I=\frac{\Delta Q\,〔C〕}{\Delta t\,〔s〕} \xrightarrow{\ \Delta t を0に近づけると\cdots\ } I=\frac{dQ}{dt}（Qをtで微分）\ \ \cdots\cdots②$$

①を②に代入し**$\sin x$の微分が$\cos x$になる**ことを用いると、次のように計算できる。

$$I=\frac{d(CV_0\sin\omega t)}{dt}=\omega CV_0\cos\omega t$$

上式のωCV_0は電流の最大値だよね。電流の最大値をI_0とおき、$I_0=\omega CV_0$を書き換えると、次の関係が成り立つ。

コンデンサーの電流と電圧の最大値の関係：$V_0=\dfrac{1}{\omega C}I_0$

オームの法則：$V_0 = RI_0$と比較すると、$\dfrac{1}{\omega C}$が抵抗値Rに対応しているのがわかるよね。$\dfrac{1}{\omega C}$をコンデンサーの**容量性リアクタンス**と呼び、抵抗値に相当する値なので単位は〔Ω：オーム〕で表す。

電圧の$\sin \omega t$の位相と比較するために、電流Iで登場した$\cos \omega t$を数学の公式：$\cos x = \sin\left(x + \dfrac{\pi}{2}\right)$を利用して変形すると次のとおり。

$$I = \omega C V_0 \cos \omega t = \omega C V_0 \sin\left(\omega t + \dfrac{\pi}{2}\right)$$

よって、**電流は電圧に比べ位相が$\dfrac{\pi}{2}$進んでいる**ことがわかるよね。

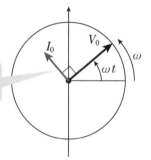

電流の位相は電圧より、$\dfrac{\pi}{2}$ 先を行ってるのがわかるよね!!

グラフで示すと、次のとおりだ！

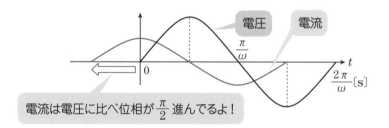

電流は電圧に比べ位相が$\dfrac{\pi}{2}$進んでるよ！

コンデンサーのまとめ

$V_0 = \dfrac{1}{\omega C} I_0$　　電流は電圧より位相が$\dfrac{\pi}{2}$進んでいる

$\dfrac{1}{\omega C}$〔Ω〕は抵抗値に相当する値で**容量性リアクタンス**と呼ぶ

13-4 交流電源に接続したコイル

　自己インダクタンスL〔H〕のコイルに交流電源をつないだ場合、流れる電流I〔A〕を考える。

　前章で学んだように、コイルに流れる電流Iが増加すると仮定すると、電流の変化を妨げる方向に**自己誘導による起電力**が生まれるよね。

　自己誘導による起電力の大きさ：$L\dfrac{\Delta I}{\Delta t}$〔V〕と交流電源の電圧$V$は**電位差が同じ**なので次の関係が成り立つ。

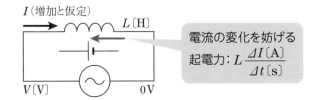

自己誘導の起電力と電源電圧は一致：$L\dfrac{\Delta I}{\Delta t} = V(= V_0 \sin\omega t)$

$$\dfrac{\Delta I}{\Delta t} = \dfrac{V_0}{L}\sin\omega t \xrightarrow{\ \Delta t を 0 に近づけると\cdots\ } \dfrac{dI}{dt} = \dfrac{V_0}{L}\sin\omega t$$

　微分すると$\sin x$となるような関数は、$-\cos x$であることを利用すると、電流は次のように表すことができる。

$$I = -\dfrac{V_0}{\omega L}\cos\omega t$$

　上式の$\dfrac{V_0}{\omega L}$は電流の最大値だよね。電流の最大値をI_0とおき、

$I_0 = \dfrac{V_0}{\omega L}$を書き換えると次のように表すことができる。

コイルの電流と電圧の最大値の関係：$V_0 = \omega L I_0$

　オームの法則$V_0 = R I_0$と比較すると、ωLが抵抗値Rに対応しているのがわかるよね。ωLをコイルの**誘導性リアクタンス**と呼び、抵抗値に相当する値なので単位は〔Ω：オーム〕だよ。

電圧の$\sin\omega t$の位相と比較するために、電流Iで登場した$-\cos\omega t$を数学の公式：$-\cos\theta=\sin\left(\theta-\dfrac{\pi}{2}\right)$を利用して変形すると次のように表すことができる。

$$I=I_0\sin\left(\omega t-\dfrac{\pi}{2}\right)、\ I_0=\dfrac{V_0}{\omega L}$$

よって、**電流は電圧に比べ位相が$\dfrac{\pi}{2}$遅れている**ことがわかるよね。

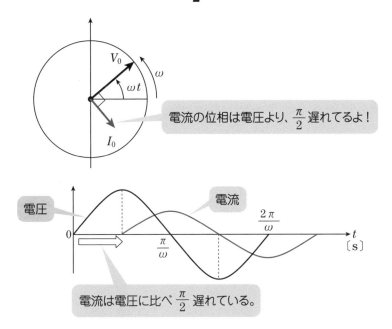

電流の位相は電圧より、$\dfrac{\pi}{2}$遅れてるよ！

電流は電圧に比べ$\dfrac{\pi}{2}$遅れている。

コイルのまとめ

$V_0=\omega L I_0$　電流は電圧より位相が$\dfrac{\pi}{2}$遅れている

　ωL〔Ω〕は抵抗に相当する値で**誘導性リアクタンス**と呼ぶ

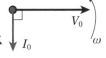

基本演習

　　電圧100Vのコンセントに抵抗を接続したところ、消費電力が500Wであった。　$\sqrt{2}=1.41$

(1)　コンセントの電圧の最大値を求めよ。

(2)　抵抗に流れる電流の実効値と、抵抗値を求めよ。

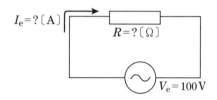

解答

(1)　交流電源の電圧が100Vのように、単純な数字で与えられる場合は実効値V_eと考えよう！　実効値は最大値V_0との間に次の関係があるよね！

$$\textbf{実効値：} \; V_e = \frac{V_0(最大値)}{\sqrt{2}}$$

$$100 = \frac{V_0}{\sqrt{2}}$$

$V_0 = 100 \times \sqrt{2} = 100 \times 1.41 = 141 \, [\text{V}]$　……答

(2)　抵抗の消費電力の平均値$\overline{P}$は電流、電圧の実効値を$I_e[\text{A}]$、$V_e[\text{V}]$とすると次のように表すことができるよね。

$$抵抗の消費電力の平均値 \quad \overline{P} = I_e[\text{A}] \times V_e[\text{V}]$$

$\overline{P} = 500\text{W}$、$V_e = 100\text{V}$を代入し電流の実効値$I_e$を計算しよう。

$500\text{W} = I_e\text{A} \times 100\text{V}$、よって$I_e = 5\text{A}$　……答

また抵抗は実効値の間に、次の**オームの法則**が成り立つ。

> **最大値の関係**：$V_0 = RI_0$
>
> ↓ 両辺を $\sqrt{2}$ で割ると……
>
> **実効値の関係**：$V_e = RI_e$

電流、電圧に数値を代入し、抵抗値を計算する。

$100\text{V} = R \times 5\text{A}$、よって$R = 20\,\Omega$　……**答**

演習問題

電圧 V が $V = V_0 \sin\omega t$ の交流電源に、電気容量 C のコンデンサーと自己インダクタンス L のコイルを図のように並列に接続した。

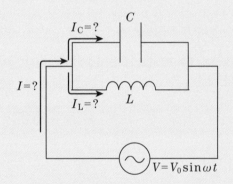

(1)　コンデンサーに流れる電流 I_C、コイルに流れる電流 I_L を時間 t の関数として式で表せ。

(2)　交流電源に流れる電流 I を求めよ。

(3)　交流電源に流れる電流 I が0となるような、角周波数 ω を求めよ。

円運動の角速度 ω は、交流では**角周波数**って呼ぶんだね！

解答

(1)　コンデンサーに流れる電流の最大値I_{CO}と電圧の最大値V_0の間には次の関係があるよね。

$$V_0 = \frac{1}{\omega C} I_{CO}, \quad \frac{1}{\omega C} \text{〔}\Omega\text{〕は抵抗に相当する値で\textbf{容量性リアクタンス}と呼ぶ}$$

よって、I_{CO}は次のように表すことができる。

$$I_{CO} = \omega C V_0$$

また、コイルに流れる電流の最大値I_{LO}と電圧の最大値V_0の間には次の関係がある。

$$V_0 = \omega L I_{LO}, \quad \omega L \text{〔}\Omega\text{〕は抵抗に相当する値で\textbf{誘導性リアクタンス}と呼ぶ}$$

よって、I_{LO}は次のように表すことができる。

$$I_{LO} = \frac{V_0}{\omega L}$$

次に電流、電圧の位相の関係だが、コンデンサーの電流は、電圧の位相ωtより$\frac{\pi}{2}$進み、コイルの電流は電圧より$\frac{\pi}{2}$遅れているよね。

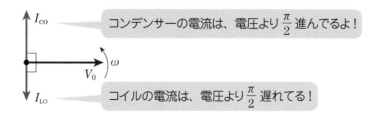

コンデンサーの電流は、電圧より$\frac{\pi}{2}$進んでるよ！

コイルの電流は、電圧より$\frac{\pi}{2}$遅れてる！

よってコンデンサーに流れる電流I_C、コイルに流れる電流I_Lは、次のように表すことができる。

$$I_C = I_{CO} \sin\left(\omega t + \frac{\pi}{2}\right), \quad I_{CO} = \omega C V_0、\quad \sin\left(\theta + \frac{\pi}{2}\right) = \cos\theta \text{ より}$$

$$I_C = \omega C V_0 \cos\omega t \ \cdots\cdots \text{答}$$

$$I_L = I_{LO} \sin\left(\omega t - \frac{\pi}{2}\right), \quad I_{LO} = \frac{V_0}{\omega L}、\quad \sin\left(\theta - \frac{\pi}{2}\right) = -\cos\theta \text{ より、}$$

$$I_L = -\frac{V_0}{\omega L} \cos\omega t \ \cdots\cdots \text{答}$$

(2) キルヒホッフの第一法則より、IはI_CとI_Lの和だよね！

$$I = I_C + I_L = \omega C V_0 \cos\omega t - \frac{V_0}{\omega L}\cos\omega t$$

$$= \left(\omega C - \frac{1}{\omega L}\right)V_0 \cos\omega t \ \cdots\cdots 答$$

(3) (2)の結果より、電流Iが0となるためには（　）$=0$が成り立てばよい。

$$\omega C - \frac{1}{\omega L} = 0$$

上式をωについて求めると次のようになる。

$$\omega^2 = \frac{1}{LC}, \ \ \omega = \frac{1}{\sqrt{LC}} \ \cdots\cdots 答$$

POINT

　　　(3)の$I=0$は、電源からのエネルギーの供給なしにコイル
とコンデンサーの閉回路だけに振動電流が流れることとな
り、電源を取り去ってもコイルとコンデンサーには振動電流
が流れ続けることになるんだ。この状態を**並列共振**と呼ぶ。

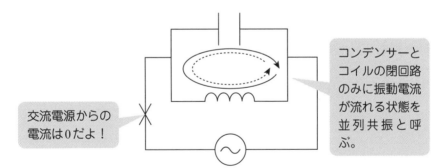

コンデンサーと
コイルの閉回路
のみに振動電流
が流れる状態を
並列共振と呼
ぶ。

交流電源からの
電流は0だよ！

> **並列共振の条件**：$\omega L = \dfrac{1}{\omega C}$（リアクタンスが一致）

この並列共振の条件は、次章のLC共振回路で役に立つよ！

ここでは、13章で学んだ交流の基礎を踏まえて複雑な交流回路を考えるよ。

まず、例として次の2つの単振動 y_1、y_2 の和：$Y = y_1 + y_2$ を考えてみよう！

$$y_1 = A\sin\omega t,\quad y_2 = A\sin\left(\omega t + \frac{\pi}{2}\right)$$

前章で、$V = V_0\sin\omega t$ のような単振動の式を、次のようにベクトルで表すことを学んだね。

横から見るとベクトルの先端は振幅 V_0 の単振動に見えるよ!!

単振動の和：$Y = y_1 + y_2$ を、三角関数の公式を利用して式変形するのはちょっと面倒だよね……

そこで単振動をベクトルで表し、次の図のように**ベクトルの和**を考えるんだ。**ベクトルの和が合成された単振動だよ!!**

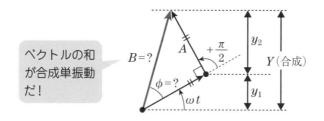

ベクトルの和が合成単振動だ！

合成された単振動：Y の振幅 B はいくらかな？

辺の比が $1:1:\sqrt{2}$ の三角形なのだから、**三平方の定理**を使うまでもなく $B = \sqrt{2}\,A$ となるよね。また、合成された単振動の位相は ωt より進んでいるが、位相の進み：ϕ は $\frac{\pi}{4}$ であることがわかるよね。よって、合成単振

動 Y は、式で表すと次のようになる。

合成の単振動 ： $Y = y_1 + y_2 = \sqrt{2}\,A\sin\left(\omega t + \dfrac{\pi}{4}\right)$

13章の交流のおさらいだよ！

抵抗R

$V_0 = RI_0$（電流、電圧の最大値はオームの法則が成立）

　　　　電流と電圧は同位相

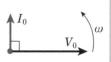

コンデンサーC

$V_0 = \dfrac{1}{\omega C}I_0$　　電流は電圧より位相が $\dfrac{\pi}{2}$ 進んでいる

$\dfrac{1}{\omega C}\,(\Omega)$：**容量性リアクタンス**

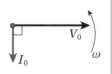

コイルL

$V_0 = \omega L I_0$　電流は電圧より位相が $\dfrac{\pi}{2}$ 遅れている

$\omega L\,(\Omega)$：**誘導性リアクタンス**

　特に、コンデンサーとコイルの電流、電圧の位相差がいずれも $\dfrac{\pi}{2}$ ずれており間違える危険性がある。そこで「市民の」を表す英単語CIVILを利用する。Cをコンデンサー、Lをコイル、Iを電流、Vを電圧と見よう。

　コンデンサーCのすぐそばにあるI、Vは、左から右に向かって読むと**I が先、Vが後**になっている。また、コイルのすぐそばにあるI、Vは左から右に向かって読むと**Vが先、Iが後**になってるよね！

14-1 RLC回路のインピーダンス （合成抵抗に相当する値）：Z〔Ω〕

次の図のように、実効電圧がV_eの交流電源に抵抗値Rの抵抗、自己インダクタンスLのコイル、電気容量Cのコンデンサーを直列に接続する。

電源から送られる電流の実効値I_eと電源電圧V_eの間に成り立つ関係を、考えよう！

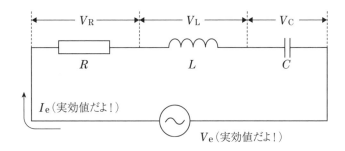

それぞれの部品にかかる電圧の**実効値**がV_R、V_L、V_Cであった場合、電源電圧V_eとの間に、どんな関係が成り立つかな？

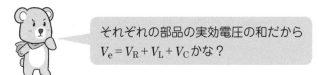

それぞれの部品の実効電圧の和だから
$V_e = V_R + V_L + V_C$かな？

$V_e = V_R + V_L + V_C$かな？　と思ったらアウトだ!!　なぜなら、各部品は直列なので電流I_eは位相を含めて共通だが、**電圧の位相がばらばら**だよね。

まず、電流と電圧の位相の関係をベクトルで図形的に捉えてみよう！
抵抗にかかる電圧は電流と同位相、コイルはC**IVIL**なので電圧V_Lは電流Iより$\frac{\pi}{2}$進み、コンデンサーは**CIV**ILなので　電圧V_Cは電流Iより$\frac{\pi}{2}$遅れているね。

位相の関係をベクトルで表すと、次の図のようになる。
（**注** ベクトルの長さは**実効値**で表している）

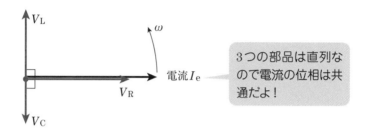

次に、全体にかかる実効電圧 V_e との関係を考えよう！

単振動の式を足す代わりに、ベクトルの和を考えると、次の図のように全体にかかる実効電圧 V_e を図形的に表すことができる。

（**注** それぞれのベクトルの長さは実効値なので、ベクトルの和も実効値となる）

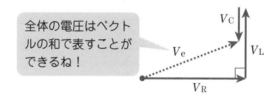

三平方の定理により次の関係が成り立つよね。

$$V_e^2 = V_R^2 + (V_L - V_C)^2$$

それぞれの部品で成り立つ電流と電圧の関係 $V_R = RI_e$、$V_L = \omega L I_e$、

$V_C = \dfrac{1}{\omega C} I_e$ を上式に代入し、式を整理すると次のようになる。

$$V_e = \sqrt{(RI_e)^2 + \left(\omega L I_e - \frac{1}{\omega C} I_e\right)^2}$$

$$V_e = \sqrt{R^2 + \left(\omega L - \frac{1}{\omega C}\right)^2} \times I_e$$

上式に登場した $\sqrt{R^2 + \left(\omega L - \frac{1}{\omega C}\right)^2}$ を Z とおくと、$V_e = ZI_e$ となるよね。

オームの法則 $V_R = RI_e$ と比較すると、Z は抵抗に相当する値なので単位はオーム〔Ω〕となる。

Z は**合成抵抗に相当**する値として、**インピーダンス**と呼ぶ。

RLC回路のインピーダンス

$$Z = \sqrt{R^2 + \left(\omega L - \frac{1}{\omega C}\right)^2}\ \text{〔Ω〕}$$

覚えるのは大変!!
導き出すようにしよう!

14-2 LC共振回路

次の図のように、電気容量 C のコンデンサーと自己インダクタンス L のコイルを接続する。この回路を**LC共振回路**と呼ぶ。

コンデンサーに電気量 Q の電荷を与え、スイッチをつないだ後に起きる現象を①から④の番号順に追ってみよう。

① スイッチをつなぐと、図の向きに電流が流れ始めるが、コイルには**電流の変化を妨げる方向に自己誘導による起電力**が生まれる。

よってスイッチをつないだ直後の電流は0となるよね!

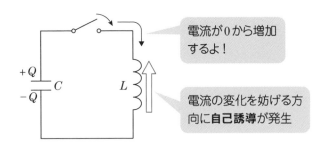

電流が0から増加
するよ!

電流の変化を妨げる方
向に**自己誘導**が発生

② コイルに流れる電流Iは次第に増加し、コンデンサーの電気量は減少する。コンデンサーの電気量が0となったところでコイルに流れる電流：Iは最大となる。（理由は、後で説明するね）

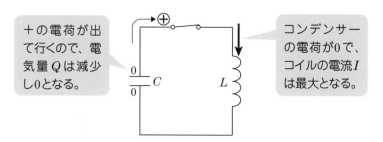

＋の電荷が出て行くので、電気量Qは減少し0となる。

コンデンサーの電荷が0で、コイルの電流Iは最大となる。

③ コンデンサーの下の極板に＋の電荷が流れ込むので下の極板が＋、上の極板が－に帯電する。①と同じ大きさの電気量Qとなったところでコイルの電流が0となる。

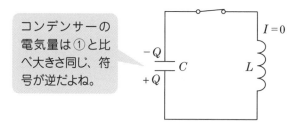

コンデンサーの電気量は①と比べ大きさ同じ、符号が逆だよね。

④ ①とは逆にコイルには上向きに電流が流れ、コンデンサーの電気量Qは減少する。コンデンサーの電気量が0となったところで電流Iが再び最大となる。

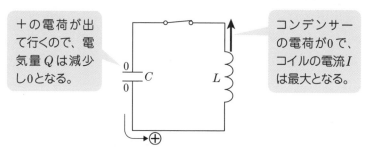

＋の電荷が出て行くので、電気量Qは減少し0となる。

コンデンサーの電荷が0で、コイルの電流Iは最大となる。

この後、コンデンサーの上の極板に正の電荷が蓄えられ①の状態に戻る。

　つまり、LC共振回路は、**電源なしにいつまでも振動する電流が流れ続ける回路**だ。これって、交流回路だよね??

　では、LC共振回路の周期(①から始まって再び①に戻るまでの時間)Tはいくら?

　また、電流Iの最大値I_0はいくらかな?

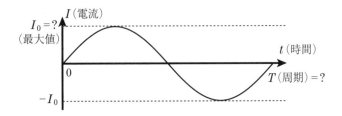

point❶　周期Tの計算方法

前章の演習問題で登場した、**並列共振と同じ状態**だよね。

$$\text{並列共振の条件：} \omega L = \frac{1}{\omega C} \quad (\text{リアクタンス})$$

上式を満たす、ω〔rad/s〕を計算する。

$$\omega^2 = \frac{1}{LC} \text{、 よって } \omega = \frac{1}{\sqrt{LC}}$$

周期$T = \dfrac{2\pi}{\omega} = 2\pi\sqrt{LC}$ ……答

point❷　電流の最大値の計算方法

　LC共振回路では、コンデンサーに蓄えられる静電エネルギーU_Cと12章で登場したコイルに蓄えられるエネルギーU_Lの合計が保存される。なぜなら、回路には抵抗がないので、熱エネルギーによるロスがないからなんだ。

LC共振回路でのエネルギー保存則
$$U_C + U_L = \frac{1}{2}\frac{Q^2}{C} + \frac{1}{2}LI^2 = \text{一定}$$

U_C、U_Lいずれも最小値は0だよね。よって一方のエネルギーが0ならば他方のエネルギーはmaxとなる！

$$\frac{1}{2}\frac{Q^2}{C} + 0 = 0 + \frac{1}{2}LI_0{}^2$$

電流の最大値$I_0 = \dfrac{Q}{\sqrt{LC}}$ ……答

基本演習

次の図のように実効電圧 $V_e = 50\,\text{V}$ の電源に抵抗とコイルをつないだところ、抵抗にかかる電圧の実効値が $V_R = 40\,\text{V}$ となった場合、コイルにかかる電圧の実効値 V_L はいくらか？

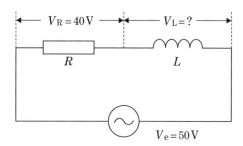

解答

　全体にかかる実効電圧 V_e は、それぞれの部品の実効電圧の和だから、
$V_e = V_R + V_L$ より、$V_L = 50 - 40 = 10$〔V〕かな？　と思ったらアウトだよね。

　抵抗とコイルは**直列**なので、**電流の大きさと位相が共通**なのだが、**電圧の位相が違うよね！**

　つまり、抵抗にかかる電圧は電流と同位相で、コイルにかかる電圧は、電流より $\dfrac{\pi}{2}$ 進んでいるよね。この関係をベクトルで表すと、次の図のようになる。（ベクトルの長さは**実効値**だよ）

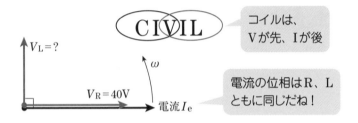

全体の電圧はベクトルの和で表すことができる。

　全体にかかる実効電圧 V_e は、次のようにベクトルの和で表現できるね。

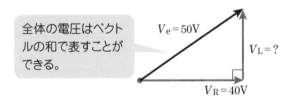

　三平方の定理により、次の関係が成り立つ。

$$V_e{}^2 = V_R{}^2 + V_L{}^2$$
$$V_L{}^2 = 50^2 - 40^2 = 900$$

よって、$V_L = 30$〔V〕……**答**

　次の図のように、起電力Eが未知の直流電源、電気容量$C = 5.0 \times 10^{-6}$Fのコンデンサー、自己インダクタンスLが未知のコイルおよびスイッチS_1、S_2を抵抗の無視できる導線で接続する。

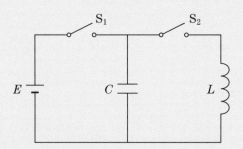

　まずスイッチS_1を閉じ、しばらくした後にS_1を開く。次にスイッチS_2を閉じたところ、最大電流4.0A、周期6.28×10^{-4}sの振動電流が流れた。

(1)　コイルの自己インダクタンスLを求めよ。

(2)　直流電源の電圧Eを求めよ。

解答

(1)　スイッチS₁を閉じると、コンデンサーには電源と同じ電圧Eがかかり、$Q = CE$の電気量が蓄えられるよね。

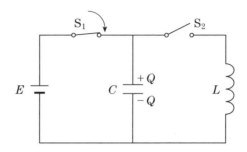

　次にS₁を開きS₂を閉じると、LC共振回路となるので振動電流が流れる。まず、LC共振回路の周期Tを式で表してみよう。

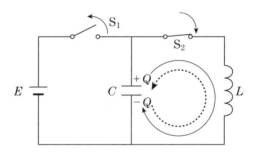

> **並列共振の条件**：$\omega L = \dfrac{1}{\omega C}$（リアクタンス）

　上記の式を満たすω〔rad/s〕を計算する。

$\omega^2 = \dfrac{1}{LC}$、よって$\omega = \dfrac{1}{\sqrt{LC}}$

　周期$T = \dfrac{2\pi}{\omega}$より、上記のωを代入する。

　$T = 2\pi\sqrt{LC}$

　上記の周期の式を自己インダクタンスLについて求めよう！

　$\sqrt{LC} = \dfrac{T}{2\pi}$、$LC = \dfrac{T^2}{4\pi^2}$

$$L = \frac{T^2}{4\pi^2 C}$$

問題文の条件、$T = 6.28 \times 10^{-4}$、$C = 5.0 \times 10^{-6}$、$\pi = 3.14$ を代入する。

$$L = \frac{(6.28 \times 10^{-4})^2}{4 \times 3.14^2 \times 5.0 \times 10^{-6}} = 2.0 \times 10^{-3} \,[\text{H}] \quad \cdots\cdots \boxed{答}$$

(2)　電源の起電力 E を求めるために、エネルギー保存則に注目しよう。

> **エネルギー保存則**　$U_C + U_L = \dfrac{1}{2} \cdot \dfrac{Q^2}{C} + \dfrac{1}{2} L I^2 = $ 一定

スタートはコンデンサーに E の電圧がかかっており、静電エネルギー U_C は $\dfrac{1}{2} C E^2$ であり、コイルは電流が0なのでエネルギー U_L は0だよね。

コンデンサーの静電エネルギー U_C が0となると、コイルのエネルギー U_L は最大となるので電流も最大値となる。電流の最大値を I_0 とすると、次の関係が成り立つ。

$$\frac{1}{2} C E^2 + 0 = 0 + \frac{1}{2} L I_0^2$$

上記の式を電源電圧 E について求める。

$$E^2 = \frac{L}{C} I_0^2, \quad E = \sqrt{\frac{L}{C}} I_0$$

$C = 5.0 \times 10^{-6} \text{F}$、$L = 2.0 \times 10^{-3} \text{H}$、$I_0 = 4.0 \text{A}$ を上式に代入する。

$$E = \sqrt{\frac{2.0 \times 10^{-3}}{5.0 \times 10^{-6}}} \times 4.0$$

$$= \sqrt{0.4 \times 10^3} \times 4.0$$

$$= 20 \times 4.0$$

$$= 80 \,[\text{V}] \quad \cdots\cdots \boxed{答}$$

15章　ローレンツ力、半導体・ダイオード

　この章では、まず荷電粒子が磁場から受ける力、**ローレンツ力**について考える。

　太陽から届いた電荷が北極や南極などの地磁気が強い場所に入射すると、ローレンツ力を受けて、オーロラが生まれるのだ。いったいどのようにオーロラが生まれるのか？

> オーロラとローレンツ力の関係っていったい……

　章の後半では**半導体、ダイオード**が登場する。私たちのまわりにあるほとんどの電気製品に、ダイオードが入っている。テレビ、ラジオをはじめとして携帯電話、スマホ、パソコン等々……

　最近の学校の教育現場では、パソコンの使い方をはじめとする教育が行われている。ところがパソコンの中にある重要な部品であるダイオードについては知らん顔だ。そりゃないよ（汗）

15-1　ローレンツ力

　紙面に垂直に表から裏に向かう方向に磁束密度Bの磁場がかけられており、電気量q〔C〕の正電荷が速さv〔m/s〕で入射した。この電荷が受けるローレンツ力の方向と大きさfを考えよう。

① **ローレンツ力の方向**

　10章で学んだ、**電磁力$F = I_{\perp} B L$**の方向を決める、**右ねじ法**が使えるよね！まず荷電粒子の運動を、電流に置き換えよう。

右ねじ法

電流と磁場を含む平面内で、電流を磁場に向かって(角度が小さい側、近道となるように)ばたっと倒す。倒す方向を右ねじを回す方向と考えたときに、右ねじが進む方向が電磁力の方向を示す。

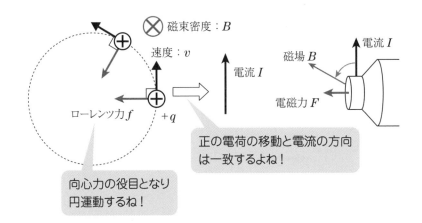

速度が上向きの場合、電磁力は速度に対し直角で左向きとなる。この電磁力の方向がローレンツ力fの方向だ！

真空などの障害物のない空間でローレンツ力fを受けると、電荷の速度vの方向は力を受けた方向に傾いてゆく。変化する速度vに対して、ローレンツ力fは常に直角にはたらくので仕事をしない。よって運動エネルギーの変化がないので、等速運動となる。

また、ローレンツ力が**向心力**となり、荷電粒子は**等速円運動**となるんだ。

② **ローレンツ力の大きさf**

速度vが磁場Bに対して直角の場合、次の式で表すことができる。

ローレンツ力：$f = qvB$

ローレンツ力の大きさfは、電磁力を用いて次のページで証明するよ！

　より一般的には、電磁力：$F = I_\perp BL$ と同じように磁場Bに対して直角な速度成分$v_\perp$を用いて、次のように表すことができる。

$$\textbf{ローレンツ力：} F = qv_\perp B$$

■ローレンツ力の証明

　次の図のように紙面に垂直に裏から表に向かう磁場B〔T〕内で、長さL〔m〕の導線内をq〔C〕の電荷が速度v〔m/s〕で移動する場合を考えてみよう。

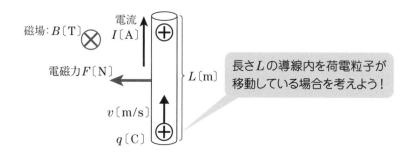

　電流Iは磁場Bに垂直なので、電磁力Fは次の式で表すことができる。

　　電磁力　$F = IBL$　　　　　　　　　　　　　　　　　……①

　導線内を流れる電流Iを計算しよう。電流Iは7章で学んだように次のように表すことができるよね！

　　I〔A〕$= \dfrac{\Delta Q \text{〔C〕：通過した電気量}}{\Delta t \text{〔s〕：時間}}$　　　　　　　　……②

　q〔C〕の電荷がL〔m〕の導線を通過する時間Δt〔s〕は、L/vとなるので、②より、Iは次のようになる。

　　$I = \dfrac{q}{L/v} = \dfrac{qv}{L}$　　　　　　　　　　　　　　……③

　③を①に代入すると、$F = \dfrac{qv}{L}BL = qvB$（**ローレンツ力だね!!**）

補足　オーロラの原因

　方位磁石のN極が北を向くことからわかるように、地球上には南極から北極に向かう磁場がある。ということは地球は北極がS極、南極がN極の磁石なんだね！　地球が作る磁場を**地磁気**と呼ぶ。

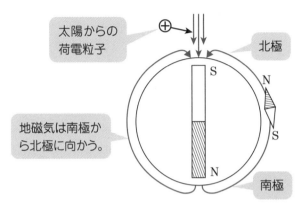

太陽からの
荷電粒子

北極

地磁気は南極から北極に向かう。

南極

　ここで太陽から地球に降り注ぐものを考える。じつは太陽から届くのは光だけでなく、**電子や陽子などの電荷**が届くんだ。

　これらの電荷が北極や南極などの地磁気が強い場所に入射すると、ローレンツ力 f を受ける。このとき、磁場に対して直角な**速度成分 $v_\perp$ は磁場の影響で円運動**となる。これに対し**磁界に平行な成分 $v_{/\!/}$ は磁界の影響を受けない成分なので等速直線運動**となる。$v_\perp$ の円運動と $v_{/\!/}$ の等速直線運動の合成された運動を考えると、電荷は**らせん軌道**を描きながら大気に突入する。

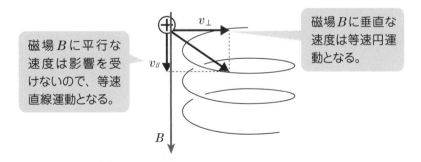

磁場 B に平行な速度は影響を受けないので、等速直線運動となる。

磁場 B に垂直な速度は等速円運動となる。

　荷電粒子が大気中の分子と衝突の際、発光現象が起きる。原子の発光は**水素原子モデル**で説明するが、これがオーロラなんだね。

15-2 半導体

① 最外殻電子

　7章で学んだ物質の**抵抗率**：ρ〔$\Omega \cdot m$〕が非常に小さい物質が**導体**、抵抗率が非常に大きい物質が**不導体**だ。物質の中には導体と不導体の中間の抵抗率をもった物質があり、これを**半導体**と呼ぶ。

　半導体には、シリコンやゲルマニウムなど様々な種類があるのだが、ここでは$_{14}Si$（シリコン）を考える。

　元素記号の左下にある数字は**原子番号**だ。原子番号は原子核に含まれる陽子の個数を表しているが、同時に軌道電子の個数を表している。シリコン$_{14}Si$ならば14個の電子が回っているよね。

　大切なのは、**電子が回ることのできる軌道は決まっている**ということだ。電子が回る軌道を単純にかくと、次の図のようになっている。

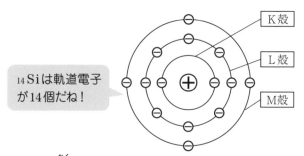

$_{14}Si$は軌道電子が14個だね！

　軌道の内側から**K殻**、**L殻**、**M殻**……と呼ぶ。それぞれの軌道に入ることができる電子数が決まっている。

　K殻は2個、L殻は8個、M殻は18個だ。電子は内側の軌道から順に埋まる。一番外側の殻を回っている電子を**最外殻電子**と呼び、この電子の数が化学的性質を決める。

　Siの軌道電子数は14個だね。K殻2個、L殻8個、M殻4個なので、最外殻電子は4個だ。最外殻電子4個のSiを次のように4本の手がある原子と考えよう。

最外殻電子は4個だね。4本の手を考えよう！

　Siは結晶構造を形成している。次の図は、Siの結晶構造だ。本当の構造は正4面体が積み重なった立体的な構造だが、わかりやすいように平面的に表している。

　一つひとつのSiは4本の手があり、隣のSiと手を1本ずつ出しあって結びつく。この電子を共有する結びつきを**共有結合**という。

　共有結合の結果、それぞれのSiには8本の手があるように見えるよね。これは最外殻電子数が8個となるので安定する。

　だからシリコン結晶の最外殻電子は、共有結合のため導体のように自由に動くことはできないんだ。

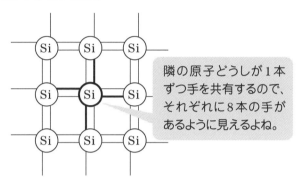

隣の原子どうしが1本ずつ手を共有するので、それぞれに8本の手があるように見えるよね。

② N型半導体

　このシリコンの結晶に微量な不純物を混ぜる。まず$_{14}Si$（シリコン）よりも手が1本多い$_{15}P$（リン）を混ぜてみる。するとシリコンの結晶の所々に、本来$_{14}Si$が収まる場所に$_{15}P$が置き換わる。

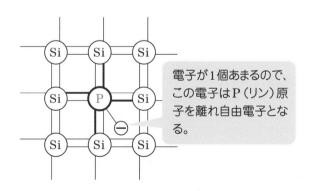

電子が1個あまるので、この電子はP（リン）原子を離れ自由電子となる。

$_{15}$P（リン）は最外殻電子が5個なので電子が1個あまり、P原子を離れ自由に結晶内を動くことができる。つまり純粋なシリコンの結晶に比べ電流が流れやすくなったね！

あまった電子が電流の担い手となっている半導体を**N型半導体**と呼ぶ。（N型とは電子の符号、負を英語でNegativeと書くのでその頭文字だよ）

③　P型半導体

次の図のように、$_{14}$Si（シリコン）よりも手が1本少ない$_{13}$Al（アルミニウム）を混ぜよう。

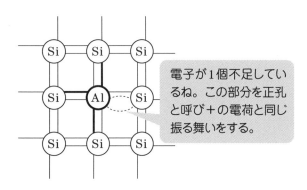

電子が1個不足しているね。この部分を正孔と呼び＋の電荷と同じ振る舞いをする。

アルミニウム原子は最外殻電子が3個なので、電子が1個不足している。つまり電子の空席ができる訳だ。この電子の空席を**正孔**と呼ぶ。正孔はあたかも＋の電荷と同じ振る舞いをする。

次の図のように6人がけの椅子に5個の電子がいて、一つだけ席が空いているよね。この空席が正孔と考えよう。左向きの電場をかけると空席の左隣の電子が電場と逆向きに力を受け、右に移動する。

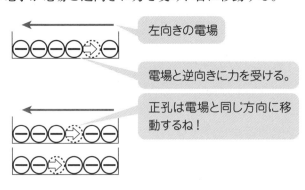

左向きの電場

電場と逆向きに力を受ける。

正孔は電場と同じ方向に移動するね！

空席（正孔）を埋めるように電子が動くと、正孔は電場と同じ方向に動くよね。つまり正孔は正電荷と同じ振る舞いをするわけだ。

本来は電子が移動しているのだが、**正孔が電流の担い手**と考えることができる。

正孔が電流の担い手となっている半導体を、**P型半導体**と呼ぶ。（P型とは正孔の符号、正を英語でPositiveと書くのでその頭文字をとっている）

④ ダイオード

P型半導体と、N型半導体を隣り合わせて接合したものが、**ダイオード**だ。

まず、ダイオードにP型が高電位となるように電圧を与える。するとP型からN型に向かう方向に電場が生じるので、N型の電子は電場と逆向きに、P型の正孔は電場と同じ方向に移動するので、それぞれが接合面に向かって近づく。

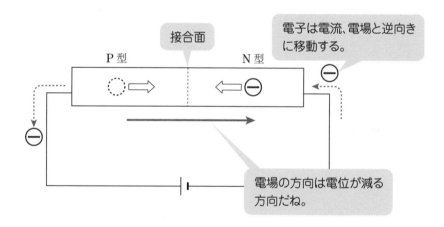

　接合面で電子と正孔が出合う。すると電子は電子の空席である正孔に収まり、それぞれ消滅(**再結合**とも呼ぶ)する。

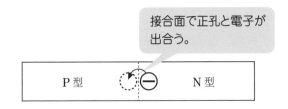

　電池の起電力によってN型には電子が送り込まれ、P型からは電子が出ることによって正孔が生まれる。

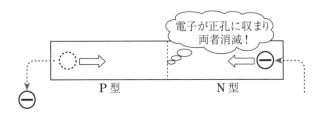

　結局これが繰り返されるのでN型からP型に電子の流れが生じている。電流は電子の移動と逆なのでP型からN型に流れたね。この方向を**順方向**と呼ぶ。

　ではN型を高電位にした場合はどうかな？ N型の電子、P型の正孔はお互いに離れるように移動するよね。

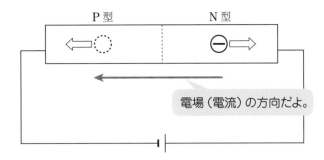

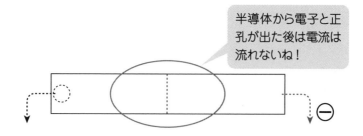

　すると、それぞれの半導体から電流の担い手である電子、正孔がいなくなるので、電流は流れなくなる。つまりN型からP型に向かって電流は流れないんだ。これを**逆方向**という。このように一方向にのみ電流が流れるダイオードの性質を**整流作用**と呼ぶ。

　ダイオードは次の記号で表す。矢印に見えるよね。矢印の方向だけに電流が流れることを表している。

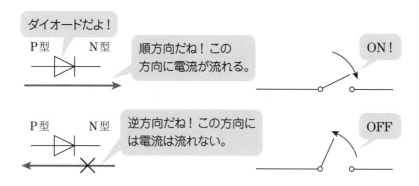

　ダイオードは**スイッチの性質**をもっている。なぜなら順方向は電流が流れるのでスイッチON、逆方向は電流が流れないのでスイッチOFFと考えることができるからだ。

　ちなみにコンピューターは0と1の二種類の数字が支配する世界だよね？　0、1を制御する回路（正確にはAND、OR、NOTの論理回路）にはON、OFFのスイッチが必要だ。

　電位差によってスイッチのON、OFFを外部からコントロールする部品としてダイオードは非常に重要な部品だね！

基本演習

　図1のように、電圧の最大値がV_0、周期がTの交流電源にダイオードと抵抗を接続した回路を作った。図2は点Bを基準としたときの点Aの電位の時間変化である。ただし、ダイオードは整流作用のみをもつ理想化した素子として考える。

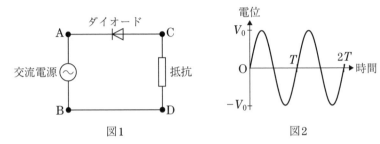

図1　　　　　　　　　　　　図2

　点Dを基準としたときの点Cの電位の時間変化を表す図として最も適当なものを、次の①〜⑥のうちから一つ選べ。

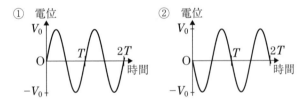

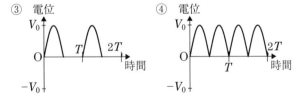

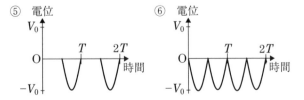

解答

　Bを基準(=0V)としたAの電位Vが正の場合、ダイオードのAからCに電流が流れようとするが、**逆方向**なので電流は流れない。

　よって、Dを基準としたCの電位V_Cは常に0Vとなる。

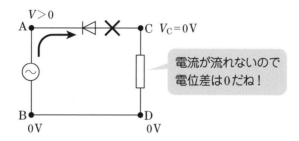

　一方、Bを基準(=0V)としたAの電位Vが負の場合、ダイオードはCからAの電流が流れようとする。この方向は順方向なので電流が流れるよね！　ダイオードに電流が流れる場合、単なる導線とみなすことができる。よってDを基準としたCの電位V_Cは、Aの電位Vと一致するので同じ変化となる。

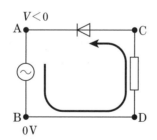

　以上をまとめると、

　$V>0$の場合、$V_C=0$

　$V<0$の場合、V_CはVと同じ時間変化となる。

　よって、⑤　……答

演習問題

　次の図のように、紙面に垂直に表から裏に向かう方向に磁束密度Bの磁場がかけられており、磁場に垂直に電気量q、質量mの正電荷が速さvで入射したところ円軌道を描いた。

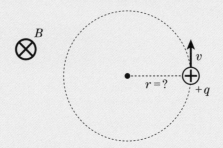

(1)　円軌道の半径rを求めよ。

(2)　円運動の周期Tを求めよ。

まずは、円運動の運動
方程式を立てたいね！

解答

(1)　正の電荷の移動を電流に置き換えると、移動方向と一致するよね。

電流Iが磁場から受ける電磁力の方向を考えると、左向きとなる。

この電磁力の方向が、ローレンツ力$f=qvB$の方向となる。

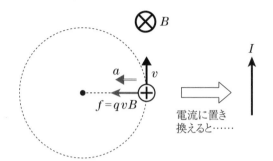

円運動の中心向きの加速度をaとすると、荷電粒子の運動方程式は次のように表すことができる。

$$ma=qvB$$

円運動の加速度aは、円の半径rと速さを用いて次のように表すことができる。

> **円運動の加速度**：$a=\dfrac{v^2}{r}$

上記の加速度を運動方程式に代入し、半径rを計算する。

$$m\frac{v^2}{r}=qvB$$

$$r=\frac{mv}{qB}\quad\cdots\cdots 答$$

(2)　周期Tは、円運動を一回転する時間なのだから円周$2\pi r$を速さvで割り算し、次のように計算できる。

$$T=\frac{2\pi r}{v}$$

(1)で求めた半径rを代入する。

$$T=\frac{2\pi}{v}\times\frac{mv}{qB}=\frac{2\pi m}{qB}\quad\cdots\cdots 答$$

Q. 生徒からの質問　試験本番であがらないためには、
どうすれば良いですか？

A. 僕の答え

　そりゃ無理ってもんだろ。だって、年に一度しかない試験で普通の精神状態で居られる訳ないぜ。間違っても「落ち着け、落ち着け……」なんて自分に言い聞かせないことだ。ますますあがるだろから。

　むしろ自分が緊張してるってことを、その場で意識するぐらいでちょうど良いと思うんだ。問題用紙が配られたら自分の脈を計って、おっ、上がってきたなって感じでさ。自身の精神状態を把握することは重要だよ。

　えっ、今から怖くなってきた？　じゃあ、恐怖を感じる理由はなんだ？

　修行が足りないんだよ。

　いつも言ってるだろ、問題をぱっと見たときに、（1）だけ読んですぐに解き始めるんじゃないよって。

　まず問題全体を眺めろって。

　全体像を把握した上で、何を武器に敵と闘うかを考えて一気に解いていく。

　これは、何度も問題を解いて練習するしかないよ。

　プロ野球のバッターが向かってきた球に自然と体が反応するには、地道な練習が必要だって言うじゃないか。

　勉強も工夫することが必要なんだ。例えば、電車に乗る前、問題を1題だけ覚えて、鉛筆使わずに頭の中で問題解いてみるとかね。これは良い練習になるぞ。

　「あー、早く試験受けたいな」って思えるぐらいに、練習あるのみ。

第3部

原子

波動分野12章では光が波であることが実証されたが、この章では光を波と考えると説明できない現象を扱う。

物理学のヒーロー、アインシュタインが登場だ!!

1-1　光電効果

19世紀末、金属に振動数の大きな光を照射すると、電子が金属の表面から飛び出す現象が発見された。この現象が**光電効果**であり、飛び出す電子を**光電子**というんだ。

光の振動数をν〔Hz〕(ギリシャ文字でニューって読むよ)、光電子の質量をm〔kg〕、光電子の速さは様々な値をとるが最大値をv_{max}〔m/s〕、単位時間当たりに飛び出す光電子数をn〔個/s〕とする。

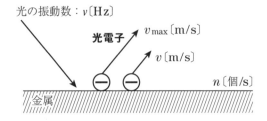

光電効果では、次の3つの実験結果が得られた。

> **(実験結果1)**　光の振動数ν〔Hz〕を増加させると、光電子の運動エネルギーの最大値：$K_{max} = \dfrac{1}{2} m v_{max}{}^2$が増加した。
>
> **(実験結果2)**　光の振動数ν〔Hz〕は一定にして、光の強さ(明るさ)を増加させると、光電子の運動エネルギーの最大値K_{max}は変化せずに、単位時間当たりの光電子数n〔個/s〕が増加した。
>
> **(実験結果3)**　振動数ν〔Hz〕がある決まった振動数ν_0〔Hz〕より小さいと、どんなに光を強めても光電子はまったく出てこない。

光電効果は、光のエネルギーが金属の電子に与えられた結果、電子が運動エネルギーを得て飛び出す現象と考えることができる。

　ところが、この実験結果は**光を波と考えると説明ができない**んだ。波の
エネルギーは振幅Aと振動数νを用いて、次の式で表すことができる。振
幅Aは波の強さ（明るさ）に対応すると考えよう。$\propto$のマークは比例を表す。

**　　波のエネルギー$\propto A^2 \nu^2$**（振幅の2乗と振動数の2乗に比例）

　上記の式から波のエネルギーは振幅A（光の強さ）を大きくしても振動数
ν〔Hz〕を大きくしても、光のエネルギーを増やすことに変わりがないこ
とがわかるよね？

　ところが、実験結果は振動数ν〔Hz〕を増やした場合と、振幅A（光の強
さ）を増やした場合で、異なっている。

　これは光を波と考えると説明ができないよねえ。もっとも困るのが
（実験結果3）だ。

　$\nu < \nu_0$でも、振幅A（光の強さ）を増やせばいくらでもエネルギーを増加
させることができる。にもかかわらず、電子はまったく飛び出すことはな
いんだ。当時の物理学者は本当に困ったようだ。

　20世紀の幕開け1905年、**アインシュタイン**は光電効果を次のように説
明する。**光量子仮説**だ！

光を粒子の流れと考えてみよう。
粒子一つひとつを**光子**と呼ぶ。

■アインシュタインの発想（光量子仮説）

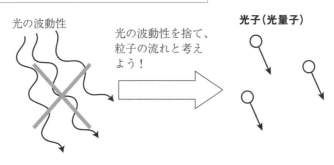

光の波動性

光の波動性を捨て、
粒子の流れと考え
よう！

光子（光量子）

　アインシュタインは、光子1個のエネルギー：E〔J〕を振動数ν〔Hz〕に比例するとして、次の式を与えた。

> **光子1個のエネルギー：E〔J〕$= h\nu$〔Hz〕**
> **プランク定数：$h = 6.6 \times 10^{-34}$J·s**

　上記に登場した比例定数hを**プランク定数**って呼ぶ。6.6×10^{-34}J·sってめちゃめちゃ小さい数字だよね!!

　プランク定数hの単位は〔J/Hz〕となりそうだが、振動数fと周期Tは互いに逆数の関係$f = \dfrac{1}{T}$があるので、$\dfrac{1}{\text{Hz}}$は周期の単位〔s〕で表す。

　光子の考えを利用して、光電子が飛び出すプロセスを考えよう。

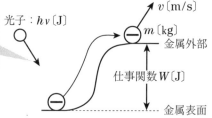

光子のエネルギー$h\nu$〔J〕が電子にすべて与えられる。この直後に光子は消滅！

　上図で、崖の底にある電子は金属の表面にある電子（**自由電子**）を表し、崖の上は金属の外部を表している。

　崖の底と崖の上のギャップは、金属表面にある電子を金属外部まで運ぶのに必要な仕事を表している。この仕事をW〔J〕と表し、**仕事関数**と呼ぶ。仕事関数は、金属の種類によって決まるんだ。

　光子のもつエネルギー$h\nu$〔J〕が、金属表面にある電子にすべて与えられると……。悲しいことに（？）、この直後、光子は消滅する!!

　$h\nu$〔J〕のエネルギーを得た電子は、崖底から這い上がり（金属表面から金属外部まで運ばれ）、速度vをもつようになる。

　このエネルギーの収支を式で表すと、次のとおりだ。

> **光電効果のエネルギー収支**：$h\nu = K_{max} + W$、$K_{max} = \dfrac{1}{2}mv^2_{max}$

　光電子の速さv〔m/s〕は様々な値をとるが、上記の式は運動エネルギーの最大値を与えるのだが、理由は次のとおりだ。

　金属には表面から金属の内部まで電子が存在するので、金属の外部まで電子を運ぶ仕事は様々な値となる。仕事関数Wは、金属表面にある電子を外部まで運ぶ仕事なので最小値だ。

　よって、上式の運動エネルギーは最大値となるんだ。

　上式を変形すると$K_{max} = h\nu - W$となる。これから**光電子の運動エネルギーの最大値は、振動数ν〔Hz〕だけで決まる**ことがわかるよね。

（実験結果1）　振動数ν〔Hz〕が増えるとK_{max}が増えることが説明できた。

（実験結果3）　光電子が飛び出すためには、$K_{max} > 0$の条件が必要だね。

　このことから、振動数ν〔Hz〕の範囲を計算できる。

$$K_{max} = h\nu - W > 0$$

$$\nu > \frac{W}{h} = \nu_0 （限界振動数）$$

　ν_0はプランク定数hと、金属の仕事関数Wで決まる定数であり、**限界振動数**と呼ぶんだ。

　だから、$\nu \leqq \nu_0$ならば光電子が出ないことが説明できるよね。

（実験結果2）はどうだろう。

　光の振動数ν〔Hz〕が一定ならば、光子のエネルギー$h\nu$〔J〕が一定なので、光電子の運動エネルギーの最大値K_{max}は一定だよね。

　振動数が一定の状態で光の強さ（明るさ）を増加させると、何が増えることになるかな？　光を波と考えると振幅Aを増やすことになるのだが、光子の流れと考えると振幅Aは使えないよね。そこで……。

　光の強さ（明るさ）を増やすことを光子の流れと考えると、1s当たりに入射する光子数を増やすことに対応させることができるんだ。

　光子数を増やすと、飛び出す光電子数n個も増加するよね。

光の強さ（明るさ）を増やす

➡ **単位時間当たりの光子数を増やす**

➡ **単位時間当たりの光電子数が増える**

　これで実験結果1、2、3がすべて説明できるので、アインシュタインの光量子仮説は正しいことがわかったよね！

　光量子仮説で光電効果を説明したことにより、アインシュタインは1921年、ノーベル賞を授与した。

　ところが……、である。光の回折や干渉などの現象は波じゃないと説明できないよね。

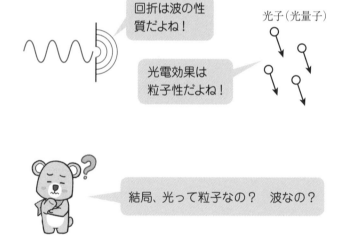

回折は波の性質だよね！

光子（光量子）

光電効果は粒子性だよね！

結局、光って粒子なの？　波なの？

　常識では考えられないことなのだが、光は波動性と粒子性の両方の性質を兼ね備えたものと考えるしかないんだ。

　この2つのキャラクターを兼ね備えた性質を、**二重性**っていう。

基本演習

　セシウムに振動数 $1.0 \times 10^{15}\,\mathrm{Hz}$ の光を当てたところ光電効果が起きた。

　セシウムの仕事関数 $3.0 \times 10^{-19}\,\mathrm{J}$、プランク定数を $6.6 \times 10^{-34}\,\mathrm{J \cdot s}$、として、次の問いに答えよ。

(1)　光子1個のエネルギーを求めよ。

(2)　セシウムから飛び出す光電子の運動エネルギーの最大値を求めよ。

(3)　セシウムの限界振動数を求めよ。

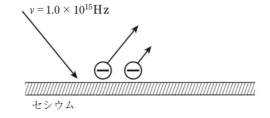

セシウム

エネルギー収支の式がわかっていれば楽勝だね！

解答

(1)　光子のエネルギーE〔J〕はプランク定数hと振動数v〔Hz〕を用いて、$E = hv$〔J〕と表すことができる。

$$hv = 6.6 \times 10^{-34} \times 1.0 \times 10^{15}$$
$$= 6.6 \times 10^{-19} \text{〔J〕} \cdots\cdots\text{答}$$

(2)　光電効果のエネルギー収支の式は、仕事関数をWとして次のとおりだ。

$$\boxed{hv = K_{\max} + W}$$

上式を用いて、光電子の運動エネルギーの最大値$K_{\max}$について求めよう。

$$K_{\max} = hv - W$$
$$= 6.6 \times 10^{-19} - 3.0 \times 10^{-19}$$
$$= 3.6 \times 10^{-19} \text{〔J〕} \cdots\cdots\text{答}$$

(3)　光電子が飛び出すためには$K_{\max} > 0$の条件が必要だね。

$$K_{\max} = hv - W \quad > 0$$

$$v > \frac{W}{h} = v_0 \text{（限界振動数だね！）}$$

$$v_0 = \frac{W}{h} = \frac{3.0 \times 10^{-19}}{6.6 \times 10^{-34}} = 0.4545\cdots \times 10^{15}$$
$$\fallingdotseq 4.5 \times 10^{14} \text{〔Hz〕} \cdots\cdots\text{答}$$

演習問題

　ナトリウムに入射する光の振動数 ν〔Hz〕を変化させて、光電子の最大運動エネルギー $K_{\max}$ を測定したところ、次の図のようになった。

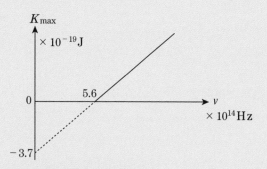

(1)　ナトリウムの仕事関数はいくらか。

(2)　プランク定数をグラフから求めよ。

グラフは、$y = ax - b$ の形だよね！
光電効果のエネルギー収支の式と比較
してみよう！

解答

光電効果のエネルギー収支は次のとおりだね。

$$h\nu = K_{max} + W$$

運動エネルギーの最大値 K_{max} は、次のように表すことができる。

$$K_{max} = h\nu - W$$

上式は $y = ax - b$ の形になってるよね。

プランク定数 h はグラフの傾き、$-W$ は K_{max} 切片に対応しているのがわかる。

$K_{max} < 0$ の領域が点線となっているのは、光電子が出ないので観測できないんだね。

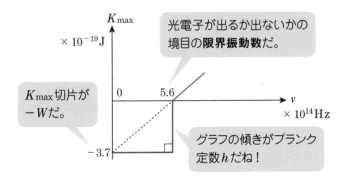

(1) 仕事関数を W とすると、K_{max} 切片が $-W$ だね。

$$-W = -3.7 \times 10^{-19} J$$

よって、$W = 3.7 \times 10^{-19}$〔J〕 ……答

(2) プランク定数 h はグラフの傾きから読めるよね。

$$h = \frac{3.7 \times 10^{-19}}{5.6 \times 10^{14}} = 0.6607\cdots \times 10^{-33}$$

$$\fallingdotseq 6.6 \times 10^{-34}〔J\cdot s〕\ \cdots\cdots 答$$

この章では**X線**が登場だ。X線は波長の短い電磁波なのだが、**電磁波と**は電場、磁場の振動が空間を伝わる波動である。

電磁波を波長の長いものから順に並べると、次のとおりである。

電波 ＞ 赤外線 ＞ 可視光線 ＞ 紫外線 ＞ X線 ＞ γ線

上記の並びを見てわかるように、光もX線も電磁波の一種であることがわかるよね。

前章は光の粒子性として光子を考えたが、光と同様に**X線も光子**とみなすことができるんだ。

2-1　コンプトン効果

X線を物体に照射すると、様々な方向にX線が広がる。波の分野13章でも登場したが、この現象を**散乱**と呼ぶ。

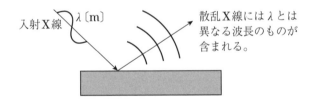

入射X線　λ〔m〕

散乱X線にはλとは
異なる波長のものが
含まれる。

X線を電磁波と考えると、入射X線と散乱X線の波長は同じになるはずだ。ところが……。

散乱X線には、入射X線の波長λと異なる波長のものが含まれていることがわかった。この現象は、X線を波と考えると説明できない。

そこで、X線を光子と考え、物質に含まれる電子との衝突と考えると波長の変化する現象がうまく説明できるんだ。

衝突の現象で必要となるのが、光子の**運動量**だ。光子の運動量をP〔kg·m/s〕とすると、光子のエネルギーE〔J〕と真空中での光速c〔m/s〕を用いて次のように表すことができる。

$$\textbf{光子の運動量}：P〔kg・m/s〕＝\frac{E〔J〕}{c〔m/s〕}$$

　なぜ運動量を、上記のように表すことができるのか？

　質量m〔kg〕の物体が速度v〔m/s〕で移動する場合の運動量Pは、次のように表すことができる。

$$P＝mv \qquad\qquad\qquad ……①$$

　光子の質量は0kgだが、エネルギーE〔J〕をもつよね。ここで、再びアインシュタイン登場！

　アインシュタインが考えた相対性理論に次の式がある。最終章に登場する、**質量m〔kg〕とエネルギーE〔J〕の等価関係**だ。質量とエネルギーの等価関係は、真空中の光速cを用いて次のように表すことができる。

$$E〔J〕＝m〔kg〕c^2（質量とエネルギーの等価関係） \qquad ……②$$

　光子の質量に相当する値を②から$m＝\dfrac{E}{c^2}$と表すことができ、光子の移動速度$v＝c$〔m/s〕を①に代入すると次のように計算できる。

$$\textbf{光子の運動量}\quad P＝mv＝\frac{E}{c^2}×c＝\frac{E}{c} \qquad ……③$$

　まさに、運動量は光子のエネルギーEを光速cで割り算したものなんだね。

　前章で登場した振動数ν〔Hz〕とプランク定数h〔J・s〕を用いて表したエネルギーEの式：$E＝h\nu$〔J〕、光の波の性質を考えると、波の伝わる速さ$v＝f\lambda$より、$c＝\nu\lambda$の関係がある。これらを③に代入すると、運動量は次のように表すことができる。

$$P＝\frac{E}{c}＝\frac{h\nu}{\nu\lambda}＝\frac{h}{\lambda}$$

　上記の式を用いて散乱後のX線の波長がどのように変化するのかを、演習問題で示すね！

2-2　粒子の波動性

　前章では、光の粒子性を考えたよね。フランスの物理学者ド・ブロイは、次のようなことを思いついた。

　波と考えられてきた光が粒子の性質をもつのなら、電子などの微粒子は逆に波の性質をもってるんじゃないの？

　波の性質をもつならば、波長 λ はいったいいくらなんだ？　そこで、ド・ブロイは粒子の運動量 $P = mv$ と **2-1** で登場した光子の運動量 $P = \dfrac{h}{\lambda}$ を＝で結んでみた。

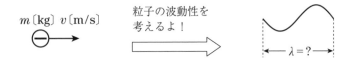

粒子の運動性を
考えるよ！

m〔kg〕v〔m/s〕

$\lambda = ?$

粒子の運動量 $P = mv$　　　　　　　光子の運動量 $P = \dfrac{h}{\lambda}$

どっちも運動量だから＝で結んでみよう！

　運動量を＝で結ぶと、$mv = \dfrac{h}{\lambda}$ となり、この式から波長 λ を計算すると次のようになる。

　ド・ブロイの波長公式だ。

ド・ブロイの波長公式：λ〔m〕$= \dfrac{h}{mv} \left(= \dfrac{プランク定数}{運動量} \right)$

　上記の式は1924年に示されたが、当時は誰も理解できなかったようだ。しかし、後に電子線の干渉実験などからド・ブロイの波長公式は合ってることがわかり、1929年（世界恐慌の年だね！）にノーベル賞を受賞したんだ。

mvと$\dfrac{h}{\lambda}$の2つの式をイコールで結んだだけでノーベル賞なんだね！　次の問題は電子の波動性が必要だよ。

基本演習

　規則正しく並んだ原子を通る平行な面を原子面と呼ぶ。隣り合う原子面の間隔がdで配列している結晶に、電子を入射させる。

　電子は波の性質をもっており、原子面と電子線のなす角度をθとすると、同じ角度θで反射する。

　電子の質量をm、速さをv、プランク定数をhとして、以下の問いに答えよ。

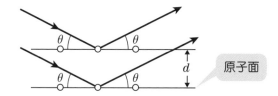

原子面

(1)　隣り合う原子面で反射した電子線の距離差をd、θで表せ。

(2)　電子線の波長をλ、正の整数をnとして隣り合う原子面で反射した電子線が強め合う条件を示せ。

(3)　隣り合う原子面で反射した電子線が強め合う、電子の速さvを求めよ。

解答

(1) **ホイヘンスの原理**より、入射波に対する波面は進行方向に直角に書き表すことができる。

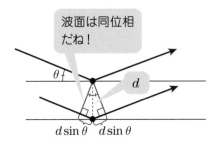

波面は同位相だね！

θ

d

$d\sin\theta$　$d\sin\theta$

上図より、隣り合う原子面に入射する際に$d\sin\theta$の距離差が生じているのがわかる。反射の際も$d\sin\theta$の距離差が生じるよね。

よって隣り合う原子面で反射した電子線の距離差は、次のように表すことができる。

距離差$=2d\sin\theta$　……**答**

(2) 入射角θは$0<\theta\leqq\dfrac{\pi}{2}$じゃないと反射が起きないので、距離差$2d\sin\theta$は0より大きいことに注意しよう。

強め合いの条件は、半波長の偶数倍として次のように表すことができる。

強め合いの条件：$2d\sin\theta=\dfrac{\lambda}{2}\times2n\,(n=1、2、3……)$

$2d\sin\theta=n\lambda$　……**答**

(3) ド・ブロイの波長公式より、電子線の波長λは次のように表すことができる。

> **ド・ブロイの波長公式**　$\lambda=\dfrac{h}{mv}$

(2)の結果に上式をあてはめて、速さvについて計算する。

$2d\sin\theta=n\dfrac{h}{mv}$

強め合う電子の速さ：$v=\dfrac{nh}{2md\sin\theta}$　……**答**

次の図のように、静止している電子に波長 λ のX線光子が衝突し、その結果、電子は光子の入射方向に対して角 θ の方向に速さ v で跳ね飛ばされ、光子は入射方向に対し角 ϕ の方向に波長 λ' で散乱されたとする。

プランク定数を h、光速を c、電子の質量を m として、次の問いに答えよ。

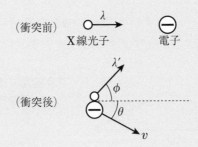

(1)　衝突前後はエネルギーが保存されている。この関係を式で表せ。

(2)　衝突前後は運動量が保存されている。このことから λ、λ'、m、v、ϕ の関係を示せ。必要ならば、次の余弦定理を用いてもよい。

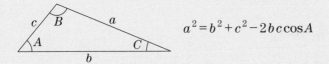

$$a^2 = b^2 + c^2 - 2bc\cos A$$

(3)　$\lambda' - \lambda$ を m、c、ϕ を用いて表せ。ただし $\lambda' \fallingdotseq \lambda$ とし、$\dfrac{\lambda'}{\lambda} + \dfrac{\lambda}{\lambda'} \fallingdotseq 2$ の近似を用いてよい。

解答

(1)　光子のエネルギー E は、振動数 ν を用いて $E = h\nu$ と表すことができるよね。光の波動性 $c = \nu\lambda$ より、振動数は $\nu = \dfrac{c}{\lambda}$ となる。

　　よってエネルギー保存の式は、次のように表すことができる。

$$h\frac{c}{\lambda} = h\frac{c}{\lambda'} + \frac{1}{2}mv^2 \ \cdots\cdots \text{答} \qquad\qquad \cdots\cdots\text{①}$$

(2)　光子の運動量 P は、波長 λ を用いて $P = \dfrac{h}{\lambda}$ と表すことができる。衝突前の運動量を赤いベクトル、衝突後の運動量を黒のベクトルで表すと運動量保存は次の図のように表すことができる。

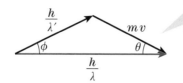

衝突前後の運動量の
ベクトル和は同じだね！

　　問題文に ϕ を用いる指定があるので、mv、$\dfrac{h}{\lambda}$、$\dfrac{h}{\lambda'}$、ϕ の関係を、余弦定理を用いて次のように表すことができる。

$$(mv)^2 = \left(\frac{h}{\lambda}\right)^2 + \left(\frac{h}{\lambda'}\right)^2 - 2\frac{h}{\lambda}\frac{h}{\lambda'}\cos\phi \ \cdots\cdots \text{答} \qquad \cdots\cdots\text{②}$$

(3)　②を次のように変形する。

$$m \times mv^2 = h^2\left(\frac{1}{\lambda^2} + \frac{1}{\lambda'^2} - 2\frac{\cos\phi}{\lambda\lambda'}\right) \qquad\qquad \cdots\cdots\text{②}'$$

①式 $h\dfrac{c}{\lambda} = h\dfrac{c}{\lambda'} + \dfrac{1}{2}mv^2$ より mv^2 を求める。

$$mv^2 = 2hc\left(\dfrac{1}{\lambda} - \dfrac{1}{\lambda'}\right) \qquad\qquad \cdots\cdots①'$$

①' を②'に代入。

$$m \times 2hc\left(\dfrac{1}{\lambda} - \dfrac{1}{\lambda'}\right) = h^2\left(\dfrac{1}{\lambda^2} + \dfrac{1}{\lambda'^2} - 2\dfrac{\cos\phi}{\lambda\lambda'}\right)$$

$$\dfrac{1}{\lambda} - \dfrac{1}{\lambda'} = \dfrac{h}{2mc}\left(\dfrac{1}{\lambda^2} + \dfrac{1}{\lambda'^2} - 2\dfrac{\cos\phi}{\lambda\lambda'}\right)$$

両辺に $\lambda\lambda'$ をかけると、次のように変形できる。

$$\lambda' - \lambda = \dfrac{h}{2mc}\left(\dfrac{\lambda'}{\lambda} + \dfrac{\lambda}{\lambda'} - 2\cos\phi\right)$$

$\dfrac{\lambda'}{\lambda} + \dfrac{\lambda}{\lambda'} \fallingdotseq 2$ より、

$$\lambda' - \lambda \fallingdotseq \dfrac{h}{2mc}(2 - 2\cos\phi)$$

よって、$\lambda' - \lambda \fallingdotseq \dfrac{h}{mc}(1 - \cos\phi)$ 　$\cdots\cdots$ **答**

　上記の式から、コンプトン効果では散乱角 ϕ が大きいほど波長の差 $(\lambda' - \lambda)$ が大きくなることがわかるよね！

3章 水素原子モデル、X線の発生

この章の前半では、水素原子の発光を考える。時計の文字盤などに使われている蓄光剤が光るのは、まさに原子が光る現象なんだね。

水素原子から送り出される光の波長 λ を、**4つの式の組み合わせ**で計算する。4つの式は❶から❹まで番号で示すよ！

章の後半では、2章のコンプトン効果で登場したX線を発生させる方法を考える。

3-1 水素原子モデル

原子は原子核と軌道電子からなる。水素原子の場合、原子核は電気量 $+e$〔C〕の陽子が原子核だ。そのまわりを電気量 $-e$〔C〕、質量 m〔kg〕の軌道電子が回っている。

陽子と電子は符号が逆なので、**クーロン力**による引力を及ぼし合っている。本来ならば、陽子と電子の重心を中心とする円運動となるのだが、陽子の質量は電子の質量の約1840倍なので、陽子は静止しているとみなしてよい。

軌道電子の円運動の半径を r、速さを v とする。

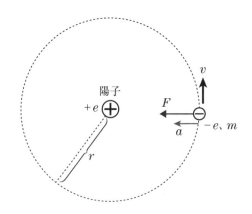

① **円運動の運動方程式**

円運動の加速度 a は円軌道の中心向きで、大きさは $a = \dfrac{v^2}{r}$ と表すことが

できる。電子には電磁気分野1章に登場したクーロン力Fが、はたらく。Fはクーロンの比例定数kを用いて、次のように表すことができるよね。

> **クーロン力**：$F = k\dfrac{Qq}{r^2}$

$Q = q = e$を代入し、円運動の運動方程式を与える。

　運動方程式：$ma = F$より、

$$m\frac{v^2}{r} = k\frac{e^2}{r^2} \qquad\qquad \cdots\cdots❶$$

② 軌道電子のもつ力学的エネルギー：E

電子のもつ力学的エネルギーEは、運動エネルギー$K = \dfrac{1}{2}mv^2$と静電気力による位置エネルギー$U = qV$の合計だね。

次の図のように陽子からr離れている電位Vは点電荷による電位の公式より、$V = k\dfrac{+e}{r}$と表すことができる。その場所に電気量$q = -e$の電子を置くのだから、位置エネルギー$U = qV$は次のように表すことができる。

$$U = (-e)\,k\frac{+e}{r} = -k\frac{e^2}{r}$$

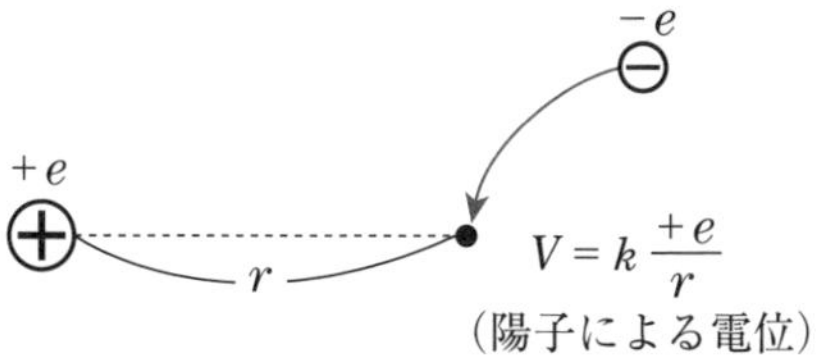

$V = k\dfrac{+e}{r}$
（陽子による電位）

よって軌道電子の力学的エネルギーEは、次のように表すことができる。

$$E = K + U = \frac{1}{2}mv^2 - k\frac{e^2}{r}$$

❶式：$m\dfrac{v^2}{r} = k\dfrac{e^2}{r^2}$より$mv^2 = k\dfrac{e^2}{r}$となり、これを上記の式にあてはめると$E$は、次のように計算できる。

$$E = \frac{1}{2}k\frac{e^2}{r} - k\frac{e^2}{r} = -k\frac{e^2}{2r} \qquad\qquad \cdots\cdots❷$$

結局、エネルギーEは、電子の軌道半径rの関数であることがわかるよね。

③　量子条件

　量子条件とは、まず電子の波動性に注目する。円軌道上に、前章で学んだ電子のド・ブロイ波があると考える。

> **ド・ブロイの波長公式**：$\lambda_e = \dfrac{h}{mv}$

　電子が円周に沿ってスムーズに進むためには、次の図のように波がなめらかにつながっている必要があると考えよう！

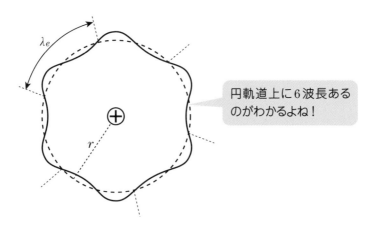

> 円軌道上に6波長あるのがわかるよね！

　波がなめらかにつながるためには、上図のように円周上に λ_e が**自然数個収まればよい**。上図の場合は6波長だ！　このことを式で表したのが**量子条件**だ。

> **量子条件**：$2\pi r = n\lambda_e\,(n=1、2、3\cdots\cdots)$

　上式の n は自然数なのだが、物理では**量子数**って呼ぶ。

　　　ド・ブロイの波長公式：$\lambda_e = \dfrac{h}{mv}$ を上式に代入する。

$$2\pi r = n\dfrac{h}{mv} \qquad\qquad \cdots\cdots ❸$$

　❶の円運動の運動方程式と❸の量子条件は、半径 r と速さ v の連立方程式になってるよね。

　そこで、この2式から電子の速さ v を消去して、軌道半径 r を計算する。

❸より、$2\pi r = n\dfrac{h}{mv}$

$$v = \dfrac{nh}{2\pi mr} \qquad \cdots\cdots ❸'$$

❶より、$m\dfrac{v^2}{r} = k\dfrac{e^2}{r^2}$

$$mv^2 = k\dfrac{e^2}{r} \qquad \cdots\cdots ❶'$$

❸'を❶'に代入する。

$$m\left(\dfrac{nh}{2\pi mr}\right)^2 = k\dfrac{e^2}{r}$$

$$\dfrac{n^2h^2}{4\pi^2mr^2} = k\dfrac{e^2}{r}$$

$$r_n = \dfrac{h^2}{4\pi^2mke^2}n^2$$

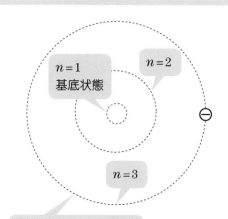

$n=1$
基底状態

$n=2$

$n=3$

電子の軌道半径は飛び飛びの値となる！

　上記の結果が軌道半径 r だが、r は量子数 n の関数になっているので r_n と表している。n^2 の前にある分数式は単なる定数だ。

　r_n は $n^2 (=1、4、9、\cdots\cdots)$ に比例するので n が大きくなるほど大きくなり、飛び飛びの値になることがわかるよね。

　また r_n を❷のエネルギー式：$E = -k\dfrac{e^2}{2r}$ に代入すると、次のように計算できる。

$$E_n = -k\dfrac{e^2}{2} \times \dfrac{4\pi^2mke^2}{h^2} \times \dfrac{1}{n^2} = -\dfrac{2\pi^2mk^2e^4}{h^2} \times \dfrac{1}{n^2}$$

　エネルギーも量子数 n の関数になっているので、E_n と表している。軌道半径と同様、エネルギーも飛び飛びの値になっている。

　この不連続なエネルギー E_n を**エネルギー準位**と呼び、n が大きくなるほど 0 に近付きながら大きくなるよね。

　ちなみに $n=1$ の状態を**基底状態**、$n=2、3、4、\cdots\cdots$ の状態を**励起状態**って呼ぶ。

④　振動数条件

　いよいよ、水素原子から送り出される光の波長 λ を計算する。次の図のように、電子が外側の軌道から内側の軌道に移動（**遷移**と呼ぶ）する際に光子1個が送り出される。

　失われたエネルギー準位が、光子1個のエネルギー＝$h\nu$ に変わるんだね！

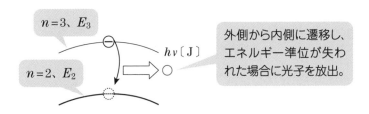

　例として上記のように、$n=3$、E_3 の軌道から、$n=2$、E_2 の軌道に移った場合は、光子のエネルギー $h\nu$ はエネルギー準位の減りに等しく、次のように表すことができる。

　　　　光子のエネルギー：$h\nu = E_3 - E_2$

　一般的に、E_n からより低い $E_{n'}$ に遷移する際に放出される光の振動数 ν〔Hz〕は、次の式で表すことができる。この条件を**振動数条件**と呼ぶ。

　　　振動数条件；$h\nu = E_n - E_{n'}$　……❹　　　　　　$(n > n')$

　上記の振動数条件から、送り出される波長 λ を計算する。まず光の波動性を考えて、光速 $c = \nu\lambda$ より、振動数は $\nu = \dfrac{c}{\lambda}$、

エネルギー準位の式：$E_n = -\dfrac{2\pi^2 m k^2 e^4}{h^2} \times \dfrac{1}{n^2}$ を❹式に代入すると、次のようになる。

$$h\frac{c}{\lambda} = \left(-\frac{2\pi^2 m k^2 e^4}{h^2} \times \frac{1}{n^2}\right) - \left(-\frac{2\pi^2 m k^2 e^4}{h^2} \times \frac{1}{n'^2}\right)$$

$$\frac{1}{\lambda} = \frac{2\pi^2 m k^2 e^4}{ch^3}\left(\frac{1}{n'^2} - \frac{1}{n^2}\right)$$

右辺に登場したごちゃごちゃした分数式：$\dfrac{2\pi^2 mk^2 e^4}{ch^3}$ を R と表し、**リュードベリ定数**と呼ぶ。リュードベリ定数 R を用いて波長の逆数 $\dfrac{1}{\lambda}$ は、次のように表すことができる。

$$\frac{1}{\lambda} = R\left(\frac{1}{n'^2} - \frac{1}{n^2}\right) \quad (n' < n)$$

ながーい話だったけど(汗)4つの式の組み合わせで、上記の式から水素原子の放出する波長 λ が計算できるんだね！

　結局、水素原子の放出する波長 λ は、$n' < n$ を満たす自然数の組み合わせで決まるので、飛び飛びの値となる。これを**線スペクトル**っていうんだ。

　また、電子の遷移後の量子数 n' によって、送り出される波長は次のように、**系列**という言葉を用いて分類されているんだ。

　　$n' = 1$、$n = 2$、3、……**ライマン系列**
　　$n' = 2$、$n = 3$、4、……**バルマー系列**
　　$n' = 3$、$n = 4$、5、……**パッシェン系列**

　ちょっと難しかったかもしれないが、4つの式の組み合わせで水素原子の放出する波長 λ を自分で導き出せるようにしよう！

3-2　X線の発生

　図のようにガラス管内に負極にフィラメント、正極にある種の金属を
ターゲットとする電極を接続し、大きさV〔V〕の電圧を与える。

　フィラメントに電流を流し熱すると電子が飛び出すが、これを**熱電子**と
呼ぶ。熱電子は高電位のターゲットに向かって加速される。

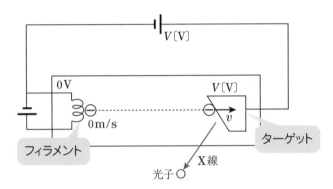

　衝突直前の電子がもつ運動エネルギーKは、力学的エネルギー保存則：
$K+U(=qV)=$一定より次のように計算できる。初速度は0m/sと考えよう。

$$0+(-e)0=K+(-e)V$$

　よって、$K=eV$〔J〕

　電子がターゲットに衝突すると、X線（光子とみなせるよ！）が生まれる。
X線の波長と強度（光子数）の関係は、次のようなグラフとなる。

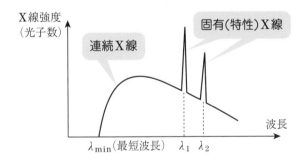

　グラフは最短波長$\lambda_{\min}$から連続的に変化する**連続X線**と、λ_1、λ_2の
ように鋭いピークをもつ**固有（特性）X線**からなる。

① **連続X線**

　衝突直前に電子がもつ運動エネルギー $K = eV$ 〔J〕は、衝突時に失われ、X線光子のエネルギー $h\nu$ 〔J〕と衝突時に生まれる熱エネルギーにかわる。

　エネルギーの収支を、振動数 ν 〔Hz〕を光速 $c = \nu\lambda$ を用いて書き換えると、次のように表すことができる。

$$eV = h\frac{c}{\lambda} + 熱エネルギー$$

　衝突時に発生する熱エネルギーは様々な値となるので、波長も様々な値となる。

　熱エネルギーが0Jとなるときに光子のエネルギー $h\nu$ 〔J〕は最大値となり、このときの波長が**最短波長** $\lambda_{\min}$ となる。 $\lambda_{\min}$ は次のように計算できる。

$$eV = h\frac{c}{\lambda_{\min}} + 0$$

X線の最短波長： $\lambda_{\min} = \dfrac{hc}{eV}$

鋭いピークをもつ固有（特性）X線は、どのように生まれるのかな??

②　固有(特性)X線

　次の図のように、加速された電子によってターゲット原子の軌道電子が
はじき出される場合がある。

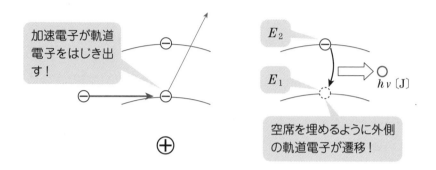

　すると、はじき出された軌道に空席が生まれ、より高いエネルギー準位
の軌道電子が遷移する。

　この際、失われたエネルギー準位がX線光子のエネルギーとなるんだ。
例えばエネルギー準位がE_2からE_1に遷移した場合、水素原子の振動数条
件と同様に、次の式で光子のエネルギー$h\nu$が与えられる。

固有X線光子のエネルギー：$h\dfrac{c}{\lambda} = E_2 - E_1$

　つまり、固有X線はターゲットとなっている原子の**エネルギー準位の差
で決まる**ので、グラフのλ_1、λ_2のように決まった値となる。

基本演習

　水素原子から出るスペクトルのうち、可視部のものはバルマー系列と呼ばれ、その波長は $\dfrac{1}{\lambda} = R\left(\dfrac{1}{2^2} - \dfrac{1}{n^2}\right)$ $(n = 3、4、5、……)$ で与えられる。

　リュードベリ定数：$R = 1.1 \times 10^7\,\mathrm{m}^{-1}$ として、バルマー系列で最も長い波長を求めよ。

解答

　波長 λ が最大値であるためには、$\dfrac{1}{\lambda}$ は最小値となる必要がある。このためには $\dfrac{1}{2^2} - \dfrac{1}{n^2}$ の $\dfrac{1}{n^2}$ が最大値であればよい。よって $n = 3、4、5、……$ から n の最小値を選べばよいので、$n = 3$ となる。

$$\frac{1}{\lambda} = 1.1 \times 10^7 \times \left(\frac{1}{2^2} - \frac{1}{3^2}\right)$$

$$= 1.1 \times 10^7 \times \frac{9 - 4}{4 \times 9}$$

$$\lambda = \frac{36}{5.5 \times 10^7}$$

$$= 6.545\cdots\cdots \times 10^{-7}$$

$$\fallingdotseq 6.5 \times 10^{-7}\,[\mathrm{m}] \quad\cdots\cdots \text{答}$$

演習問題

　陰極から出た電子を$1.0\times10^4\,\mathrm{V}$で加速して発生したX線強度のグラフが、次のようになった。電気素量$e=1.6\times10^{-19}\,\mathrm{C}$、プランク定数$h=6.6\times10^{-34}\,\mathrm{J\cdot s}$、光速$c=3.0\times10^8\,\mathrm{m/s}$として、次の問いに答えよ。

(1)　最短波長λ_0を求めよ。

(2)　加速電圧を増やした場合のグラフが点線で表されている。適当なものを①〜④から選べ。

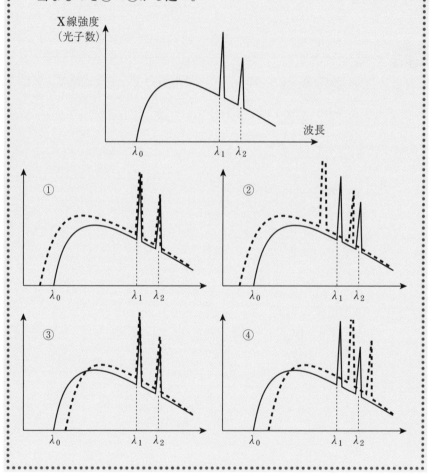

解答

(1) 電子の加速電圧をVとすると、ターゲットに衝突する直前の運動エネルギーは電気素量eを用いてeV〔J〕だよね。

　最短波長λ_0に対する光子のエネルギー$h\nu = h\dfrac{c}{\lambda}$は最大となるのだから、電子の運動エネルギー$eV$〔J〕が、すべて光子のエネルギーにかわる場合を考えればよい。

$$eV\text{〔J〕} = h\frac{c}{\lambda_0}$$

最短波長 $\lambda_0 = \dfrac{hc}{eV}$

$$= \frac{6.6\times10^{-34}\times3.0\times10^{8}}{1.6\times10^{-19}\times1.0\times10^{4}}$$

$$= 12.375\times10^{-11}$$

$$= 1.2\times10^{-10}\text{〔m〕} \cdots\cdots \boxed{答}$$

(2) (1)の結果より、加速電圧Vを増加させると最短波長λ_0は小さくなる（グラフ上では左方に移動する）。

　ところが固有X線であるλ_1、λ_2はターゲット原子のエネルギー準位の差で決まり、加速電圧は無関係なのでλ_1、λ_2は変化がない。

　よってこれに該当するグラフは① $\cdots\cdots \boxed{答}$

原子核には放射線を放出し、別の原子核に変わるものがある。ウランやプルトニウム等がそうだ(いかにも危険そう……)。

これを**放射性原子核**または**放射性同位体**という。放射性原子核から放射線が放出される現象が、放射性原子核の**崩壊**だ。

核の崩壊って、まさに、核がぶっ壊れるってことなんだけど、崩壊のパターンが3通りあることを示すよ!

4-1 原子の構造

まず、原子の構造を確認するよ!

① 原子核と軌道電子

原子は、**原子核**とそのまわりを回る**軌道電子**からできている。電子は英語でelectron、電気量が−(マイナス)なので記号でe^-と表す。

さらに原子核は、電気量$+e$〔C〕の**陽子**と電気量0Cの**中性子**からできている。陽子と中性子は電気量は異なるが、質量はほぼ等しい。

陽子は英語でprotonなので記号でp、中性子は英語でneutronなので記号でnと表す。

陽子と中性子をまとめて**核子**って呼ぶんだ。

			電気量	質 量
原子	原子核	**陽子**(p)	$+e$〔C〕	ほぼ等しい
		中性子(n)	0C	
	軌道電子(e^-)		$-e$〔C〕	核子の約$\frac{1}{1800}$

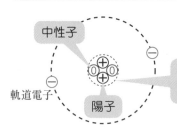

原子核は陽子pと中性子n
からできているんだね。

② 原子核の表し方

原子核に含まれる陽子数を**原子番号**：Z、陽子数と中性子数の合計を**質量数**：Aと呼ぶ。

原子核は、原子番号Z、質量数Aと元素記号X（水素ならH、ヘリウムならHe、……）を用いて次のように表す。

また、原子番号Zが同じで質量数Aが異なる原子を**同位体**と呼ぶ。

　同位体の例：${}^{1}_{1}\text{H}$（水素）、${}^{2}_{1}\text{H}$（重水素）

4-2 放射線

① 放射性原子核の崩壊

核の崩壊は、核から放射線が出るのだが、放射線の正体は、粒子または電磁波だ。崩壊には次に示す**α（アルファ）**、**β（ベータ）**、**γ（ガンマ）崩壊**の3パターンがあるよ。

■ α崩壊

核からα線（α粒子）が放出。α粒子の正体は${}^{4}_{2}\text{He}$（ヘリウムの原子核）だ。α粒子が飛び出すと、核の原子番号Zは2減り、質量数Aは4減るね。原子核を表す場合、元素記号を省略し(Z, A)のように（原子番号、質量数）の数字だけで表現できるんだ。

崩壊前の原子核　　　　崩壊後の原子核
$(Z,\ A) \longrightarrow (Z-2,\ A-4)$

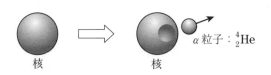

■ β崩壊

核から β 線（β粒子）が放出。β粒子の正体は電子 e^- である。ここで注意したいのは、原子のまわりを回る軌道電子が飛び出す訳じゃないんだよ！

あくまでも、核の中から電子が飛び出すんだ。ちょっと不思議だよね？そもそも核内には、陽子pと中性子nしかないはずなのに……

じつは、β崩壊は、核内で中性子n（電気量0）が陽子p（電気量 $+e$）に変わる現象なのだが、**電気量が保存されないよね**。

ここで電子（電気量 $-e$）が生まれると、電気量が保存される！

核内での現象：中性子n → 陽子p＋電子 e^- ＋ニュートリノ $\overline{\nu_e}$
（電気量）　　　0〔C〕　　　$+e$〔C〕　$-e$〔C〕

上記で登場したニュートリノ $\overline{\nu_e}$ は、電気量0C、質量はほぼ0kgの**素粒子**という粒子だ。

β崩壊では核内の陽子が1個増えるので、原子番号 Z は1増加するが、中性子1減、陽子1増なので質量数（陽子数＋中性子数）A は変わらないね。

崩壊前の原子核　　　　　　　崩壊後の原子核
　$(Z、A)$　　　　　　　　　$(Z+1、A)$

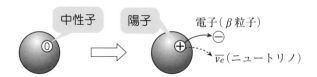

■ γ崩壊

核から γ 線が放出。γ線の正体は波長の短い電磁波だが、X線と同様に光子と考えることもできる。光子が出ても核の中身に変化はないよね！

崩壊前の原子核　　　　　　　崩壊後の原子核
　$(Z、A)$　　　　　　　　　$(Z、A)$

② **放射線の透過力と電離作用**

透過力とは物質を通過する能力だ。α線(^4_2He)は透過力が小さく、1枚
の紙でさえぎることができる。β線(電子)は紙は通過するがアルミの板で
さえぎることができる。透過力が一番大きいのがγ線(電磁波または光子)
であり、厚い鉛の板でやっとさえぎることができるんだ。

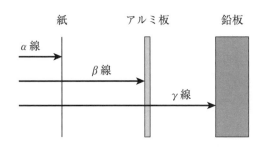

これに対し**電離作用**とは、放射線が物質に当たるときに物質内の軌道電
子を原子核から引き離す作用だ。

電離作用が最も大きいのがα線であり、これにβ線、γ線が続く。

以上を表にまとめると、次のようになる。

	α線(^4_2He)	β線(電子)	γ線(電磁波 or 光子)
透 過 力	小	中	大
電離作用	大	中	小

放射線の透過力と電離作用の順序は
正反対だってことに注意しよう!

③　放射線の単位（ベクレル、グレイ、シーベルト）

放射性物質が放出する放射能の強さは、**ベクレル〔Bq〕**という単位で表す。ベクレルは、**1s当たりに崩壊する原子核の数**なんだ。例えば、1s間に200個の原子核が崩壊した場合は、200Bqと表す。

物質が受け取る放射線の強さは、**グレイ〔Gy〕**で表す。グレイは、**1kg当たりの物質が吸収するエネルギー〔J〕**ジュールだ。

ところが、同じ1Gyの強さでも放射線の種類によって人体に及ぼす影響が全然違う。②で学んだように、放射線には電離作用があるので人体が放射線をあびると、細胞が破壊されるよね！

人体に及ぼす影響を加味した放射線の強さがシーベルト〔Sv〕なんだ。

α線は電離作用が大きいので、β線やγ線に比べて人体に及ぼす影響が大きい。

α線1Gyは20Sv、β、γ線は1Gyは1Svに換算して人体に及ぼす影響が評価できるんだ。

4-3　半減期：T

放射性原子核が、はじめN_0個あったとする。放射性原子核は時間とともに崩壊が進むので、最初にあった放射性原子の個数はどんどん減る。

放射性原子核の個数がはじめの個数の半分＝$\frac{1}{2}N_0$になるまでの時間が**半減期**：Tであり、原子核の種類で決まる定数だ。半減期はスタートの個数N_0によらないことに注意しよう。

例えば、${}^{238}_{92}\mathrm{U}$（ウラン）ならば半減期Tは45億年、${}^{234}_{90}\mathrm{Th}$（トリウム）ならば半減期Tは24日だ。

半減期Tごとに時間を追うと、放射性原子核の数は半分、半分、半分……と指数関数的に減少する。

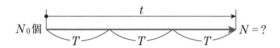

$$N_0 個 \xrightarrow{\ T（半減期）\ } \frac{1}{2}N_0 \xrightarrow{\ T（半減期）\ } \frac{1}{4}N_0 \cdots\cdots$$

$$N_0 個 \xrightarrow{\hspace{8cm}} N = ?$$

任意の時間 t 経過後……

　では N_0 個からスタートし、任意の時間 t 経過後の放射性原子核の個数はどう表すことができるのかを考えよう。

　もし、次の図のように経過時間 t がぴったり半減期3個分だったとするよね？　この場合の N はいくらかな??

$$N_0 個 \xrightarrow[\ T \quad\quad T \quad\quad T\ ]{\hspace{6cm}t} N = ?$$

　もちろん経過時間 t 後の個数 N は、スタートの個数 N_0 に $\dfrac{1}{2}$ を3回掛ければよいので、次のように表すことができる。

$$N = N_0 \times \left(\frac{1}{2}\right) \times \left(\frac{1}{2}\right) \times \left(\frac{1}{2}\right) = N_0\left(\frac{1}{2}\right)^3$$

　ところで累乗を表す3という数字は、t の中に含まれる半減期 T の個数なので $3 = \dfrac{t}{T}$ だ。

　この $\dfrac{t}{T}$ を用いて、一般的に放射性原子核の個数 N は、次のように表すことができる。N は経過時間 t の指数関数であることがわかるよね。

> **時間 t 経過後の放射性原子核の数**：$N = N_0\left(\dfrac{1}{2}\right)^{\frac{t}{T}}$
>
> N_0：スタートの個数、　T：半減期

基本演習

$^{232}_{90}$Thは、崩壊を繰り返して次々にほかの原子核に変わっていき、最後に安定な$^{208}_{82}$Pbになる。この原子核崩壊の過程で、α崩壊とβ崩壊はそれぞれ何回起こるか。

解答

α、β崩壊が起きたときの原子番号Z、質量数Aの変化に注目！

> **α崩壊**（$^4_2$Heが核から放出）
>
> | 崩壊前の原子核 | 崩壊後の原子核 |
> |:---:|:---:|
> | $(Z、A)$ ⟶ | $(Z-2、A-4)$ |
>
> **β崩壊**（電子が核から放出、核内で中性子nが陽子pに変わる）
>
> | 崩壊前の原子核 | 崩壊後の原子核 |
> |:---:|:---:|
> | $(Z、A)$ ⟶ | $(Z+1、A)$ |

$^{232}_{90}$Thがα崩壊をx回、β崩壊をy回起こし、$^{208}_{82}$Pbに変わったとする。

質量数Aは、α崩壊が起きると4減るが、β崩壊は質量数Aに影響を与えない。

$$質量数A：232-4x=208 \qquad \cdots\cdots①$$

原子番号Zはα崩壊が起きると2減り、β崩壊が起きると1増える。

$$原子番号Z：90-2x+1\cdot y=82 \qquad \cdots\cdots②$$

①より、$x=6$　∴ α崩壊6回 ……答

$x=6$を②に代入し、

$$90-2\times6+1\cdot y=82$$

$$y=4 \quad ∴ \beta崩壊4回 \cdots\cdots答$$

　天然に存在しているウランUの大部分は$^{238}_{92}$Uであり、$^{238}_{92}$Uに対する$^{235}_{92}$Uの現在の存在比は0.7%である。

　$^{235}_{92}$U、$^{238}_{92}$Uの半減期をそれぞれ7億年、42億年とすれば、42億年前における$^{235}_{92}$Uの存在比はいくらか。

解答

　$^{235}_{92}$Uの半減期を$T\,(=7億年)$、$^{238}_{92}$Uの半減期を$T'\,(=42億年)$と表し、42億年前をスタート$(t=0)$として、$^{235}_{92}$U、$^{238}_{92}$Uの個数をそれぞれN_0、N'_0とする。現在$(t=42億年)$の$^{235}_{92}$U、$^{238}_{92}$Uの個数N、N'を半減期を用いた式：$N=N_0\left(\dfrac{1}{2}\right)^{\frac{t}{T}}$を用いて計算すると次のようになる。

$^{235}_{92}$**U の現在の個数**：$N=N_0\left(\dfrac{1}{2}\right)^{\frac{t}{T}}=N_0\left(\dfrac{1}{2}\right)^{\frac{42億年}{7億年}}=N_0\left(\dfrac{1}{2}\right)^{6}$

$^{238}_{92}$**U の現在の個数**：$N'=N'_0\left(\dfrac{1}{2}\right)^{\frac{t}{T'}}=N'_0\left(\dfrac{1}{2}\right)^{\frac{42億年}{42億年}}=N'_0\left(\dfrac{1}{2}\right)^{1}$

　問題文にある$^{238}_{92}$Uに対する$^{235}_{92}$Uの現在の存在比0.7%とは、$^{235}_{92}$U、$^{238}_{92}$Uの個数N、N'の比$\dfrac{N}{N'}$なので、42億年前$(t=0)$における存在比は$\dfrac{N_0}{N'_0}$を計算すればよい。

$$\frac{N_0}{N'_0}=\frac{N\cdot 2^6}{N'\cdot 2^1}=\frac{N}{N'}\times 2^5=0.7\%\times 32=22.4\%\ \cdots\cdots 答$$

現在の存在比

この章では、光電効果でノーベル賞を授与されたアインシュタインの再登場である。

アインシュタインといえば相対性理論が有名なのだが、この理論で質量とエネルギーは同じ価値をもつという、常識では考えられない結論を導き出している。

原子爆弾や、原子力発電は核反応を通じて質量をエネルギーに変換していることを学ぶ。

5-1 質量とエネルギーの単位

質量の単位といえば〔kg〕、エネルギーの単位は〔J〕だよね。ところが原子の分野では〔kg〕、〔J〕より使われる単位がある。

質量の単位は〔**u(ユニットまたは原子質量単位)**〕、エネルギーの単位は〔**eV(エレクトロンボルトまたは電子ボルト)**〕だ。まず、それぞれの単位を説明しよう。

$$1u = 質量数12の炭素原子{}^{12}_{6}C 1個の質量の\frac{1}{12}$$
$$= 1.66 \times 10^{-27}kg$$

炭素原子${}^{12}_{6}C$には陽子pと中性子nが合計で12個含まれている。陽子と中性子の質量をm_p、m_nとすると、両者の質量は非常に近いので、$m_p \fallingdotseq m_n \fallingdotseq 1u$であることがわかるよね!

$$1eV = 1Vで加速した電子の運動エネルギー$$

3章X線の発生で電子をV〔V〕で加速した際の運動エネルギーは、$K = eV$〔J〕であることを学んだよね。1eVは加速電圧$V = 1V$の場合なので次の関係が成り立つ。

$$1\,\text{eV} = e\,[\text{J}]$$

[eV]を[J]にするにはe倍

[J]を[eV]にするにはeで割る

5-2 原子核反応式（A、Z 保存の法則）

イギリスの物理学者ラザフォードは1919年に窒素原子に α 粒子 $_2^4\text{He}$ を当てて、酸素と水素が生まれる反応実験を成功させた。

人類初の人工的な核反応である。その核反応式を次に示す。

$$_7^{14}\text{N} + _2^4\text{He} \quad \Longrightarrow \quad _イ^{17}\text{O} + _1^口\text{H}$$

ここで問題なのだが、上記の核反応で**イ**と**ロ**に入る数字を考えよう！

核反応は、陽子の数と中性子の数は変化しないから、質量数Aと原子番号Zが保存されるよね！

核反応では、原子番号Zと質量数Aが反応前後で保存されるんだ。

原子番号Z：$7 + 2 = イ + 1$　　よって**イ**は8

質量数A　：$14 + 4 = 17 + 口$　　よって**ロ**は1

改めて上記の核反応を表すと、次のとおりだよ。

$$_7^{14}\text{N} + _2^4\text{He} \quad \Longrightarrow \quad _8^{17}\text{O} + _1^1\text{H}$$

5-3 質量とエネルギーの等価関係

次の核反応は、原子力発電所で行われている核反応の一例だ。

$$\underbrace{{}^{235}_{92}U + {}^{1}_{0}n(中性子)}_{m(kg)} \rightarrow \underbrace{{}^{144}_{56}Ba(バリウム) + {}^{89}_{36}Kr(クリプトン) + 3{}^{1}_{0}n}_{m'(kg)}$$

上記はウラン235に中性子を当て、クリプトン、バリウムの2つに核が分裂し、3個の中性子が飛び出した**核分裂**である。

じつは核反応では、**質量が保存されない！** 反応前の質量を$m(kg)$、反応後の質量を$m'(kg)$とすると、上記の核分裂では$m(kg) > m'(kg)$であり、反応前に比べ反応後の質量はわずかに減るんだ。

減った質量はいったいどこへ、いっちゃったの……??

ここでアインシュタインが再登場だ。アインシュタインは相対性理論で質量$m(kg)$とエネルギー$E(J)$が根本的に同じであることを証明したんだ。

真空中の光速$c = 3.0 \times 10^8 m/s$を用いて、次の関係がある。

> **質量とエネルギーの等価関係**：$E(J) = m(kg)c^2$
> 光速：$c = 3.0 \times 10^8 m/s$

等価とは、まさに質量とエネルギーが同じ価値をもつということであり、質量がエネルギーに変わったり、エネルギーが質量に変わる場合があることを示している。常識じゃ考えられない概念だね！

核反応で失われた質量$m - m'$を$\Delta m(kg)$とおく。この核反応では質量が減ったのだから、エネルギー$E(J)$が生まれたはずだ。

核反応で生まれたエネルギー$E(J)$は、次のように表すことができるよね。

核反応で生まれたエネルギー：$E = \Delta m c^2$

　上記の式で注目したいのはc^2である。質量の減りΔm〔kg〕がわずかでもc^2が9.0×10^{16}という非常に大きな数字なので、核反応で生まれるエネルギーが莫大であることがわかるよね。

　さらにウランに中性子1個を当てて、3個の中性子が発生している。すぐそばに3個のウランUがあり、中性子が当れば同じ反応が起き、これが繰り返されるよね。このため核分裂反応が3、9、27、81……と、等比級数的に増えてゆく。1回の反応が引き金となって、ねずみ算的に反応が繰り返される。これを**連鎖反応**という。

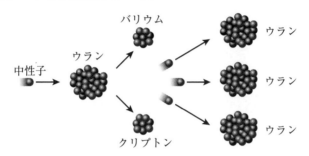

　原子力発電所では、この連鎖反応を常に制御してるんだ！

5-4　核の結合エネルギー

　核の**結合エネルギー**とは、原子核をばらばらの核子(陽子および中性子)にぶち壊すために必要なエネルギーなんだ。例としてヘリウム$^4_2$Heの結合エネルギーE〔J〕を考えよう。

$$\underset{m\,〔kg〕}{^4_2He + E〔J〕} \quad \underset{m'\,〔kg〕}{< \quad p+p+n+n}$$

　上記の核反応は、反応前の質量mより、反応後の質量m'のほうが大きくなる。なぜなら、質量とエネルギーの等価関係より反応前に与えたエネルギーが質量の増加をもたらすからだ。

　つまり核の質量は、ばらばらの核子の質量より小さい。

　$m' - m = \Delta m$を**核の質量欠損**と呼ぶ。原子核の結合エネルギーは等価関係より、$E = \Delta m c^2$で計算できるよね！

5-5 素粒子

　物質を細かく切り分けると段階的に分子、原子、原子核、陽子……など
の粒子が現れるよね。これ以上切り分けることができない最小単位となる
粒子を**素粒子**というんだ。1930年代には、陽子、中性子、電子が素粒子と
考えられていたのだけれども……。

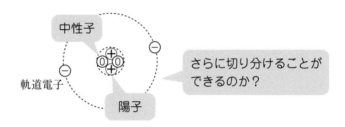

　ところがそれ以降、地球に降り注ぐ宇宙線や粒子の加速器による実験か
ら陽子、中性子、電子以外の様々な粒子が発見されたんだ。

①　素粒子論の始まり——湯川秀樹博士

　核の中で＋の電荷を持つ複数の陽子の存在は非常に不思議だよね。なぜ
なら＋の陽子は互いに反発力がはたらくからだ。原子核は＋の陽子と電気
量0の中性子からなり、－の粒子がないのになぜバラバラにならず安定し
ているのか？　当然この反発力に逆らって核子（陽子、中性子）を結び付け
る力が必要となるんだ。

　1934年、27歳の湯川秀樹博士は、核子の間で未知の粒子のやり取りに
よって核子を結び付ける力＝**核力**がはたらくと考えた。湯川博士は未知の
粒子の質量を電子の200倍程度と予測し、電子と陽子の中間の質量を持つ
ことから、新粒子を**中間子**と名付けた。

　原子物理学の開拓者であるボーアが1937年に来日した際に、湯川博士に
「君は新粒子が好きなのか」と苦々しく言ったようだ。ところが、1947年に
宇宙線から中間子が観測され、湯川博士のアイディアが正しいことが証明
され、1949年に中間子論で日本人初のノーベル賞を受賞！　これ以降、宇
宙線の観測からΔ粒子、Λ粒子、Σ粒子などの粒子が100以上見つかった。
ここから、より基本的な粒子は何かが研究されるようになった。まさに湯

川秀樹博士によって素粒子論の扉が開かれたんだね。

② クォークとレプトン

現代物理学では、この世に存在する素粒子は次の6種類のクォークと6種類のレプトンに分類される。

	第一世代	第二世代	第三世代	電気量
クォーク	u アップ	c チャーム	t トップ	$\frac{2}{3}$e
	d ダウン	s ストレンジ	b ボトム	$-\frac{1}{3}$e
レプトン	ν_e 電子ニュートリノ	ν_μ ミューオンニュートリノ	ν_τ タウニュートリノ	0
	e 電子	μ ミューオン	τ タウ	$-$e

クォークが6種類（3世代）存在することは小林誠博士、益川敏英博士の両名が発表したのだが、後にすべてのクォークが確認されたことを受けてノーベル賞を受賞した。

例として陽子、中性子は次のアップ；uとダウン；dの3種類の組み合わせでできているよ。

$$陽子(+e) = u(\frac{2}{3}e) + u(\frac{2}{3}e) + d(-\frac{1}{3}e)$$

$$中性子(0〔C〕) = u(\frac{2}{3}e) + d(-\frac{1}{3}e) + d(-\frac{1}{3}e)$$

レプトンの第1世代に分類されるニュートリノはβ崩壊で登場したが、電気量が0で質量もほぼ0なので観測が非常に困難なんだ。小柴昌俊博士主導の岐阜県のカミオカンデが太陽系外で発生したニュートリノを世界で初めてとらえたことで、ニュートリノ天文学の道を開いた業績でノーベル賞を受賞。また、ニュートリノに質量が存在することを梶田隆博士が示し、ノーベル賞を受賞。素粒子論は多くの日本人物理学が関わっているんだね。

基本演習

　ホウ素の原子核 $^{10}_{5}$B に中性子を照射したところ、リチウム $^{7}_{3}$Li と
ある原子核 X が生まれた。次の問いに答えよ。ただし、数値は有効
数字 2 桁とする。

　ただし、1 u の質量はエネルギーに換算して 9.3×10^{2} MeV
（M メガ $= 10^{6}$）とし、この核反応で登場した核および中性子の質量
は次のとおりとする。

　　ホウ素 $= 10.0129$ u

　　中性子 $= 1.0087$ u

　　リチウム $= 7.0160$ u

　　ある原子核 X $= 4.0026$ u

(1)　質量数、原子番号を付して核反応式を示せ。

(2)　この核反応で生まれたエネルギーを〔MeV〕で求めよ。

核反応では質量数 A と原子番号 Z が保
存されるよね。1 u $= 9.3 \times 10^{2}$ MeV っ
て質量とエネルギーの等価関係だ！

解答

1uの質量はエネルギーに換算して9.3×10^2MeVとあるのは、質量とエネルギーの等価関係：$E[\text{J}] = m[\text{kg}]c^2$から得られた数字だ。

エネルギーの単位[J]を[eV]に、質量の単位[kg]を[u]に直したものだよ！

(1) 核反応では、反応前後で質量数A、原子番号Zが保存されることに注意しよう。

未知の原子核Xの質量数Aと原子番号をZとすると、核反応式は次のように表現できる。

$$_{5}^{10}\text{B} + {}_{0}^{1}\text{n} \quad \rightarrow \quad {}_{3}^{7}\text{Li} + {}_{Z}^{A}\text{X}$$

質量数　$10 + 1 = 7 + A$、よって$A = 4$

原子番号　$5 + 0 = 3 + Z$、よって$Z = 2$

原子番号2の原子は、ずばりヘリウムHeだよね！

$$_{5}^{10}\text{B} + {}_{0}^{1}\text{n} \quad \rightarrow \quad {}_{3}^{7}\text{Li} + {}_{2}^{4}\text{He} \quad \cdots\cdots \boxed{答}$$

(2) 反応前の質量の和をm、反応後の質量の和をm'とする。

反応前 $m = 10.0129 + 1.0087 = 11.0216$[u]

反応後 $m' = 7.0160 + 4.0026 = 11.0186$[u]

上記の結果から$m > m'$なので、質量が減ったことがわかるよね。

質量の減りΔmは差を計算するだけだ。

$$\Delta m = 11.0216 - 11.0186 = 0.0030[\text{u}]$$

$1\text{u} = 9.3 \times 10^2$MeVより、生まれたエネルギー$E$は次のように計算できる。

$$E = 0.0030 \times 9.3 \times 10^2$$

$$= 2.79 (有効数字2桁に直そう！)$$

$$\fallingdotseq 2.8[\text{MeV}] \quad \cdots\cdots \boxed{答}$$

演習問題

　重水素 $^{2}_{1}\text{H}$ の質量欠損を〔kg〕単位で求めよ。また、結合エネルギーを〔MeV〕単位で求めよ。解答は有効数字2桁で示し、必要なら次の数値を用いよ。

　$1\text{u} = 1.66 \times 10^{-27}\text{kg}$、光速 $c = 3.0 \times 10^{8}\text{m/s}$、$1\text{MeV} = 10^{6}\text{eV}$、

　　電気素量 $e = 1.6 \times 10^{-19}\text{C}$

　　陽子の質量 $= 1.0073\text{u}$、中性子の質量：1.0087u、

　　重水素の質量：2.0136u

解答

　まず、重水素にエネルギー E を与えて、ばらばらの核子にぶっ壊してみよう！　このエネルギー E が**結合エネルギー**だね。

　　$^{2}_{1}\text{H} + E$(結合エネルギー)　→　p(陽子)＋n(中性子)

核反応前の質量 m は重水素の質量そのものだから、$m = 2.0136\text{u}$

　反応後の質量 m' は、陽子と中性子の質量和だから次のように計算できる。

　　$m' = 1.0073\text{u} + 1.0087\text{u} = 2.0160\text{u}$

　よって $m < m'$ であることがわかるよね。質量欠損を Δm と表すと、次のように計算できる。

質量欠損：$\varDelta m = m' - m$

$$= 2.0160 - 2.0136 = 0.0024 \, [\mathrm{u}]$$

$1\mathrm{u} = 1.66 \times 10^{-27} \mathrm{kg}$ を用いて、質量欠損を kg に直そう。

$\varDelta m = 2.4 \times 10^{-3} \times 1.66 \times 10^{-27}$

$\quad = 3.984 \times 10^{-30}$（有効数字2桁に直そう！）

$\quad \fallingdotseq 4.0 \times 10^{-30} \, [\mathrm{kg}]$ ……答

結合エネルギー E は質量とエネルギーの等価関係：$E = mc^2$ を用いて計算できるよね。

結合エネルギー $E = \varDelta m c^2$

$$= 3.984 \times 10^{-30} \times (3.0 \times 10^8)^2$$

$$= 3.984 \times 9.0 \times 10^{-14} \, [\mathrm{J}]$$

$[\mathrm{J}]$ を $[\mathrm{eV}]$ に直すには次の関係を使おう！

$1\mathrm{eV} = e\,[\mathrm{J}]$

$[\mathrm{eV}]$ を $[\mathrm{J}]$ にするには e 倍

$[\mathrm{J}]$ を $[\mathrm{eV}]$ にするには e で割る

$[\mathrm{J}]$ で求めた結合エネルギーを $[\mathrm{eV}]$ にするには電気素量 $e = 1.6 \times 10^{-19}$ で割るんだね！

結合エネルギー $E\,[\mathrm{eV}] = \dfrac{3.984 \times 9.0 \times 10^{-14}}{1.6 \times 10^{-19}}$

$$= 22.41 \times 10^5 \,（有効数字2桁に直そう！）$$

$$\fallingdotseq 2.2 \times 10^6 \, [\mathrm{eV}]$$

$10^6 \mathrm{eV} = 1\mathrm{MeV}$ より、

結合エネルギー $E = 2.2\mathrm{MeV}$ ……答

困 る 質 問

　予備校では生徒さんから、さまざまな質問を受けるのだか、とても困る質問がある。

　「先生、力と加速度は運動方程式：$ma = F$で結ばれることはわかったのですが、そもそも**力って何ですか？**」

　一瞬、血圧と脈拍の上昇を感じる。

　「え!!　そ、それはだなー……。ちょっと良くわかっていないところがあって、現在のところ、**万有引力**、**電磁気力**、**強い相互作用**、**弱い相互作用**の4種類があることがわかっていて、この4つの力を1つの式で表すことは、未だにできていないんだ」

　なんて答えながら、「ああ……これって、答えになっていないよなぁ……」と思いつつ、

　「まぁ、俺も力の根本はよくわからないから、君が大学行ってからの研究対象にしてくれ。何か、わかったら教えてくれ！」

　冷や汗をかきながら質問した生徒に、物理の未解決の問題を託してしてしまう。

　「力は何ですか？」に続く難問、「**質量って何ですか？**」（汗）

　質量がどのように生じるかの問いに、多くの物理学者は長年悩んできたが、この質問に答えたのが、ヒッグスの理論（2013年度のノーベル物理学賞）だ。

　英国の物理学者ピーター・ヒッグスが、質量が生じる原因を**ヒッグス粒子**という素粒子が原因と考えた。

　ヒッグス粒子なんてものが、本当に存在するのか??　これは、実験によって確かめるしかない。そして、2012年のこと。

　スイスにある**CERN**（欧州原子核研究機構）内で、全長27kmの円形加速器からヒッグス粒子と思われる粒子が観測された。

　人間の頭で考えた粒子が現実の世界で見つかっちゃうって、本当にすごいことだよね!!

索 引

ご案内！

本書『改訂新版 鈴木誠治の物理が初歩からしっかり身につく「波動・電磁気・原子編」』とあわせて、「力学・熱力学編」も活用しながら，物理をものにしよう！

『改訂新版 鈴木誠治の物理が初歩からしっかり身につく「力学・熱力学編」』

2023年11月23日発売
A5判／320ページ
定価(本体1,400円＋税)
ISBN 978-4-297-13787-8

～著者プロフィール～

鈴木 誠治（すずき せいじ）

　河合塾講師。志望校合格のために一切の無駄を排除し最小限の努力で最大限の学習効果をあげさせる講義が持ち味。最近では、大学受験参考書にとどまらず、一般向けの本も執筆し、物理の面白さを世に広める活動もしている。
　主な著書に『儲かる物理』（技術評論社）、『エントロピーの世界』（朝日新聞出版社）、『新しい高校教科書に学ぶ大人の教養高校物理』（秀和システム）がある。

カバーデザイン	●神原宏一（デザインスタジオ・クロップ）
カバー・本文イラスト	●サワダサワコ
本文制作・編集	●株式会社トップスタジオ
DTP	●株式会社トップスタジオ

かいていしんばん すずき せいじ ぶつり
改訂新版 鈴木誠治の 物理が
しょほ み
初歩からしっかり身につく
はどう でんじき げんしへん
波動・電磁気・原子編

2023 年 11 月 23 日　初版　第 1 刷発行

著　者	鈴木誠治
発行者	片岡 巌
発行所	株式会社技術評論社
	東京都新宿区市谷左内町 21-13
	電話　03-3513-6150 販売促進部
	03-3267-2270 書籍編集部
印刷／製本	昭和情報プロセス株式会社

定価はカバーに表示してあります。

造本には細心の注意を払っておりますが、万一、乱丁（ページの乱れ）や落丁（ページの抜け）がございましたら、小社販売促進部までお送りください。送料小社負担にてお取り替えいたします。

ISBN 978-4-297-13785-4 C7042
Printed in Japan

●本書に関する最新情報は、技術評論社ホームページ（http://gihyo.jp/）をご覧ください。

●本書へのご意見、ご感想は、技術評論社ホームページ（http://gihyo.jp/）または以下の宛先へ書面にてお受けしております。電話でのお問い合わせにはお答えいたしかねますので、あらかじめご了承ください。

〒162-0846
東京都新宿区市谷左内町 21-13
株式会社技術評論社書籍編集部
『改訂新版 鈴木誠治の物理が初歩からしっかり身につく「波動・電磁気・原子編」』係
FAX：03-3267-2271